JN269665

基礎シリーズ

畜産入門

実教出版

もくじ

畜産を学ぶ　　1

第1章　養鶏

1 ■ 鶏の特性　14
 1. 鶏のからだ　14
 2. 鶏の生理的特性　16
 3. 鶏の習性　17
 4. 鶏の一生と生産　18

2 ■ 鶏の品種と選びかた　20
 1. 鶏の歴史　20
 2. 鶏の品種とその特徴　21
 3. 品種と系統の選びかた　22
 4. 改良増殖　23

3 ■ ふ化　24
 1. 卵からひなになるまで　24
 2. 種卵の採取　27
 3. 人工ふ化　28
 4. 初生びなの選びかた　29

4 ■ 育すう　30
 1. ひなの発育とその特徴　30
 2. 育すう方法　32
 3. ひなの飼育管理　33

5 ■ 産卵鶏の飼育　34
 1. 消化生理　34
 2. 産卵生理　36
 3. 産卵と栄養　37
 4. 産卵鶏の管理　39
 5. 鶏卵の品質と販売　41
 6. 産卵鶏飼育の評価　42

6 ■ ブロイラーの飼育　43
 1. ブロイラーの生産　43
 2. ブロイラーの飼育方式　44
 3. ブロイラーの管理　45
 4. 鶏肉の品質と販売　45
 5. ブロイラー飼育の評価　46

7 ▪ 予防衛生と病気	*47*
1. 健康管理	*47*
2. 予防衛生	*48*
3. おもな病気とその対策	*50*
4. 薬剤利用の影響と対策	*51*
8 ▪ 施設・設備とその利用	*52*
1. 鶏舎の条件	*52*
2. 鶏舎の種類と構造	*52*
3. 設備	*54*
9 ▪ 鶏ふんの利用と処理	*56*
1. 鶏ふんの排せつ量と性質	*56*
2. 鶏ふんの利用と処理方法	*56*
3. 排せつ物と環境衛生	*57*

第2章　養豚

1 ▪ 豚の特性	*60*
1. 豚のからだ	*60*
2. 豚の性質	*61*
3. 豚の一生と生産	*63*
2 ▪ 豚の品種と選びかた	*66*
1. 豚の歴史	*66*
2. おもな豚の品種	*67*
3. よい豚の選びかた	*70*
4. 交雑種の利用	*71*
3 ▪ 豚の繁殖と育成	*72*
1. 生殖器の構造とはたらき	*72*
2. 繁殖に用いる時期	*73*
3. 発情周期	*74*
4. 交配方法	*75*
5. 妊娠豚の管理	*77*
6. 分べん看護	*77*
7. ほ乳子豚の管理	*78*
8. 子豚の離乳	*79*
9. 子豚の育成	*80*
10. 繁殖技術の評価	*81*

4 ▪ 豚の飼育	*82*
1. 採食行動	*82*
2. 豚の消化器	*83*
3. 飼料の栄養素	*84*
4. 飼料の給与	*85*
5. 一般管理	*87*
5 ▪ 豚の肥育	*88*
1. 肥育素豚	*88*
2. 肥育の方法	*89*
3. 生産物の品質	*91*
4. 肥育技術の評価	*92*
6 ▪ 豚の病気と予防衛生	*93*
1. 豚の健康管理	*93*
2. 豚のおもな病気とその対策	*94*
3. 予防衛生	*95*
7 ▪ 豚舎と付属設備・器具	*98*
1. 豚舎の構造	*98*
2. 豚房の種類とその器具	*98*
3. 豚舎の環境	*99*
8 ▪ ふん尿の利用と処理	*100*
1. 豚のふん尿の状態	*100*
2. ふん尿の利用	*100*
3. 豚舎汚水の処理	*101*
9 ▪ 養豚の経営	*102*
1. 経営の形態	*102*
2. 経営計画	*103*
3. 経営診断	*103*
4. 生産物の流通	*104*

第3章　酪農

1 ▪ 乳牛の特性	*106*
1. 乳牛のからだ	*106*
2. 乳牛の性質・生態・行動	*109*
3. 乳牛の一生と生産	*112*
2 ▪ 乳牛の品種と選びかた	*113*

1. 乳牛の歴史	*113*
2. おもな品種	*114*
3. よい乳牛の選びかた	*115*

3 ■ 乳牛の繁殖　*120*
1. 生殖器の構造とはたらき	*120*
2. 繁殖に用いはじめる時期	*122*
3. 発情と発情周期	*123*
4. 交配	*123*
5. 妊娠と出産	*125*
6. 繁殖障害の原因と対策	*128*

4 ■ 子牛の育成　*129*
1. 子牛の発育とその特性	*129*
2. ほ育期の管理	*131*
3. 育成期の管理	*132*

5 ■ 乳牛の飼育管理　*134*
1. おもな飼料とその特徴	*134*
2. 飼料給与の基本	*136*
3. 飼料の与えかた	*140*
4. 乳牛の管理	*142*
5. 乳牛の乳生産能力と繁殖能力調査	*145*

6 ■ 乳の生産と搾乳　*148*
1. 乳の生産	*148*
2. 乳の処理と乳質の改善	*152*

7 ■ 乳牛の病気と予防衛生　*154*
1. 乳牛の健康管理	*154*
2. 乳牛のおもな病気とその対策	*155*
3. 予防衛生	*155*

8 ■ 牛舎と付属施設・器具　*158*
1. 牛舎	*158*
2. 付属施設と器具・機械	*159*

9 ■ ふん尿の利用と処理　*162*
1. ふん尿の排せつ量と性質	*162*
2. ふん尿の利用と処理の方法	*163*

10 ■ 酪農の経営　*164*
1. 酪農の形態	*164*
2. 酪農の計画	*166*
3. 経営の診断	*166*
4. 牛乳の流通	*167*

第4章　肉用牛の飼育

1 ■ 肉用牛の特性　*170*
1. 肉用牛のからだ	*170*
2. 肉用牛の性質	*172*
3. 肉用牛の一生と生産	*173*

2 ■ 肉用牛の品種と選びかた　*176*
1. 肉用牛の歴史	*176*
2. おもな品種	*179*
3. よい種牛の選びかた	*183*

3 ■ 繁殖と育成　*187*
1. 繁殖	*187*
2. 子牛の育成	*190*

4 ■ 肥育　*198*
1. 肉用牛の肥育	*198*
2. 肉用牛肥育の方法	*200*
3. 素牛の選びかた	*200*
4. 肥育の方法	*201*
5. 乳用種去勢牛の肥育	*203*

5 ■ 肉用牛の病気と予防衛生　*207*
1. 肉用牛の健康管理	*207*
2. 肉用牛のおもな病気とその対策	*208*
3. 予防衛生	*209*

6 ■ 牛舎と付属設備・器具　*211*
1. 牛舎	*211*
2. 付属施設と器具・機械	*214*

7 ■ ふん尿の利用と処理　*215*
1. ふん尿の排せつ量	*215*
2. ふん尿の利用	*215*

8 ■ 肉用牛経営　*216*
1. 肉用牛経営の種類と形態	*216*
2. 肉用牛経営の改善	*219*

  3. 生産物の流通　　　　　　　　　*221*

第5章　畜産の新しい技術

1 ■ 繁殖の新しい技術　　　　　　　*224*
  1. 牛の胚移植技術の利用　　　　　*224*
  2. 体外受精技術　　　　　　　　　*226*
  3. クローン技術　　　　　　　　　*228*

2 ■ 飼育管理の新しい技術　　　　　*230*
  1. 迅速自動分析による乳質の管理　*230*
  2. 飼育管理作業の機械化とロボット化　*232*
  3. 情報管理の進展　　　　　　　　*233*
  4. 生産物の品質管理・衛生管理へのHACCP
   の導入　　　　　　　　　　　　*234*

付録

飼養標準　　　　　　　　　　　　　*238*
  1. 鶏　　　　　　　　　　　　　　*238*
  2. 豚　　　　　　　　　　　　　　*239*
  3. 乳牛　　　　　　　　　　　　　*240*
  4. 肉用牛　　　　　　　　　　　　*241*
  5. 肥育牛　　　　　　　　　　　　*242*
さくいん　　　　　　　　　　　　　　*243*

実験・実習・観察
 中びな期における寄生虫の観察　　　*58*
 豚の観察　　　　　　　　　　　　　*64*
 豚の卵胞内卵子の観察　　　　　　　*76*
 豚の発育調査　　　　　　　　　　　*90*
 豚の健康診断　　　　　　　　　　　*97*
 乳牛の体型審査　　　　　　　　　　*119*
 牛の除角　　　　　　　　　　　　　*133*
 肉用牛(繁殖雌牛)の審査　　　　　　*186*
 肉用牛の去勢　　　　　　　　　　　*195*
 牛の削蹄　　　　　　　　　　　　　*197*
 繁殖用雌牛(授乳牛)の
  1日あたりの飼育費の算出　　　　*218*

畜産を学ぶ

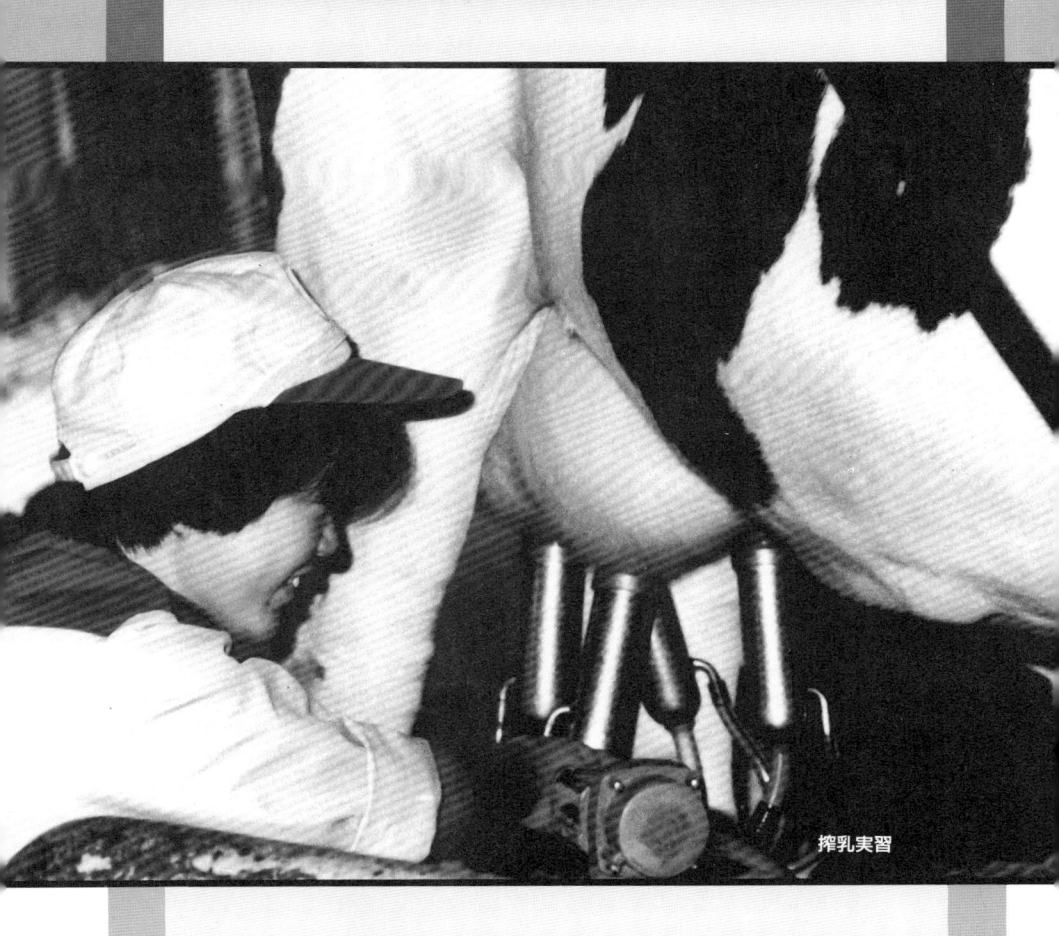

搾乳実習

1 ■ 家畜との出あい

> **ねらい**
> - 人類は，どのようにして家畜を飼うようになったかを理解する。
> - 野生種(原種)と，現在のおもな家畜と品種との関係について理解する。
> - 世界のおもな家畜の分布はどうなっているか，その実態を知る。

❶中央下の牛は，人間をおし倒しているが，左手の2人の婦人は牛に手をふれているようにみえる。これは，旧石器時代マグダレニアン期(約1万7000年から1万2000年まえ)における，人間と野牛のたたかいとふれあいを示すものといわれる。

1 ■ 野生動物との出あい

たたかいとふれあい　先史時代の人類は，野生の植物を採集し，動物を狩猟して食料をえていた。そのさい，動物との狩猟のたたかいとともに，いっぽうでは，その子を手にいれて育てるなどのふれあいがあった。そして長い年月のあいだに，しだいに野生動物との親しいふれあいがまし，やがて生活のために利用するよ

図-1　人間と野牛（コグール洞穴の絵）❶
（クロナヘル「畜産学総論」1927年による）

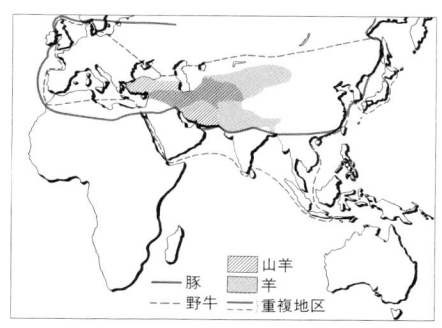

図-3　家畜化が行われたと考えられる地域

①木の枝を切って山羊に与えている。②羊による種子のふみこみ。③牛に練りえを与えている。④牛に所有者の焼印をおしている。⑤体型のよい種雄牛の飼育。⑥角のない牛の飼育。⑦豚の飼育。

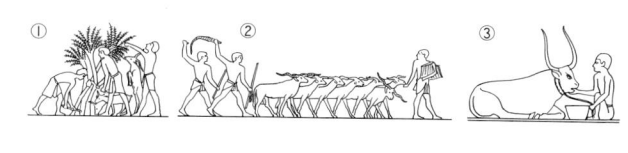

図-2　古代エジプトの壁画にみられる家畜の飼育

うになった(図-2)。

| 家畜化のは じまり | 牛・羊・山羊がはじめて家畜化されたのは，図-3に示したようにオリエント地方で，いまから約1万年まえのころであろうといわれる。この地方で家畜化がひろがったのは，オリエント地方の最古の古代文明をになった人々が，その地方にいた子孫をたくさんうみ出すことのできる多数の野生種と，家畜化された動物(図-2を参照)とを交配させることができたからである。|

2 ■ 野生種と現在のおもな品種

| 原牛 | 図-1に描かれた牛は，**原牛**とよばれる牛の野生種の元祖であると思われる。原牛は，1627年にポーランドのヤクトローの森林で絶滅したが，古代オリエントではじめて家畜化された野生種である。インドで家畜化された**インドこぶ牛**も，その原種をたどれば，原牛と関係が深い野生種の一種である(図-4)。|

| 野生種とおもな品種 | 現在のおもな家畜のもとになったと考えられている野生種と，現在のおもな家畜の品種について示 |

インドこぶ牛　　　　　　沼沢水牛

図-4　インドこぶ牛と沼沢水牛

表-1　野生種と現在のおもな品種

牛	原牛 ── ホルスタイン種（乳用）・ヘレフォード種（肉用）
水牛	アルネー ── 沼沢水牛（役用）・河川水牛（乳用）
羊	地中海から西アジアに生息する野生種 }── { メリノー種（毛用）・サフォーク種（肉用）・カラクール種（毛皮用）
山羊	野生山羊（ベゾアール種など）── ザーネン種（乳用）
馬	野生馬（プレッワルスキー種，タルパン種）── サラブレッド種（競走馬）・ペルシュロン種（鞍馬）
豚	ヨーロッパイノシシとアジアイノシシ }── ランドレース種・バークシャー種
鶏	赤色野鶏 ── 白色レグホーン種（卵用）・白色コーニッシュ種（肉用）

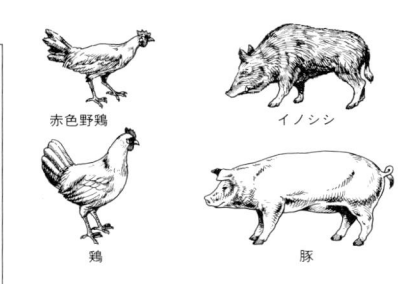

赤色野鶏　　イノシシ

鶏　　豚

図-5　鶏と赤色野鶏および豚とイノシシの体型比較

| 改良による変化 | 人類は，家畜化した動物を生産性が高く利用しやすいように，じょじょに長い年月をかけて改良してきた。

そして最近200年のあいだに，品種改良は急速に発展した。前ページの図-5は，現在の鶏・豚の体型を，これらに近い関係にある野生種の体型とくらべたものである。今日の家畜が，多くの卵と肉あるいは乳を生産するのに適した体型にかわってきているかがわかる。体型ばかりでなく，性質も大きく変化している。たとえば，豚は，イノシシと異なり，主として日中に行動する性質，相手をあまり攻撃しない性質，人間にたよる性質など，野生動物にはみられない性質が強められている。

3 ■ おもな家畜の分布

❶図中にソ連とあるのは，旧ソ連のことである。

世界における羊・豚・鶏の分布状況を示すと，図-6のとおりである。インドが牛の国であり，アフリカやオーストラリアが羊の国，中国が豚と鶏の国であることがわかる。

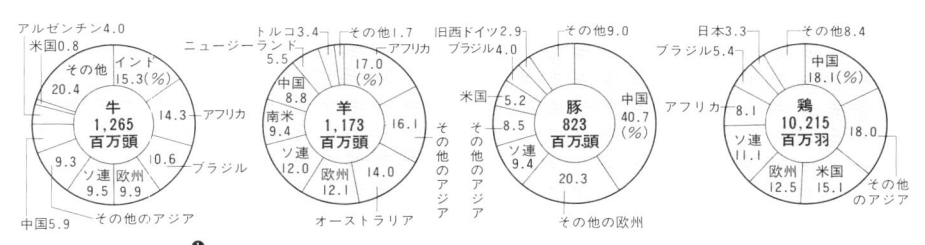

図-6 おもな家畜の分布（「1988年FAO農業生産年報」1989年によって作成）

図-7 農業の第1次中心地と第2次中心地
第1次中心地(実線で示す)のHは，くわによる農耕，Pは，すきによる農耕，aは，最も重要な第2次中心地で，破線で示している。　　　　　（ウエルトの原図による）

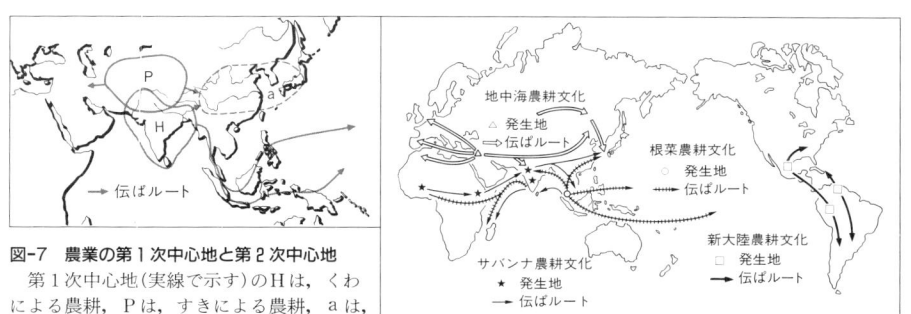

図-8 農耕文化の発生とひろがり
（中尾佐助「農業起源論」1967年によって作成）

2 ■ 畜産のなりたちと人間生活

ねらい
- 農耕文化と畜産のなりたちとの関係について，その基本的な内容を理解する。
- 畜産のかたちと物質循環の関係を理解する。
- 畜産と人間生活との関係について，その基本的な内容を理解する。

1 ■ 畜産のなりたち

農耕文化　人間は自分の住んでいる地域に適した作物を栽培し，家畜を飼育して，食料を手にいれ，文化をきずいてきた。長い人類の歴史をふりかえってみると，**根菜農耕文化・地中海農耕文化・サバンナ農耕文化・新大陸農耕文化**など，人々はそれぞれの地域に独特な農耕文化をうみ出してきた。そして，これらのすぐれた農耕文化は，その地域にとどまることなく，図-7, 8に示すようにまわりの地域へひろがり，変化していった。

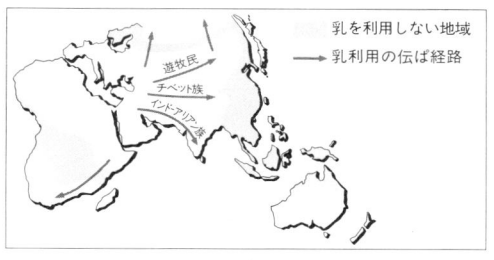

図-9　わが国の江戸時代における牛の利用
（宮崎安貞「農業全書」1697年による）

図-10　1500年ころの乳利用圏
（サウエル，1952年によって作成）

| 農耕文化と | 地中海農耕文化の例をとると，ヨーロッパでは，
| 畜産 | 作物栽培が進歩して飼料が豊富になると，家畜の

飼育が著しく発達した。家畜の増加は，労働の面や土を肥やすうえで作物栽培を有利にした。このように，農耕と畜産が密接になり，乳や肉・皮・羊毛などの利用が発達し，家畜の種類も用途に応じて多くなった。

これとは対照的に，くわとすきで耕すインドの農耕文化が流れついた東南アジアでは，前ページの図-9に示したように，おもに牛や水牛がもっぱら役用に使われ，豚・鶏・羊・山羊は小規模に飼育する程度であった。地域の家畜の種類や飼育の方法には，このようにそれぞれの農耕文化の流れと深いつながりがみられる。

| 風土と畜産 | 家畜を飼育するかたちには，ひろい地域を牛・
| のかたち | 馬・羊を追って移動する**遊牧**，草地や野草地に家

畜を放し飼いする**放牧**，畜舎内で家畜を飼う**舎飼い**，あるいはこれらの中間のかたちなどがある。たとえば，前ページの図-10に示したように，畜産のかたちによって乳を利用する地域と利用しない地域にわかれてきた。そして，このなかで飼育されているさまざまな家畜の品種も，それぞれの地域の自然条件や社会・経済条件(風土

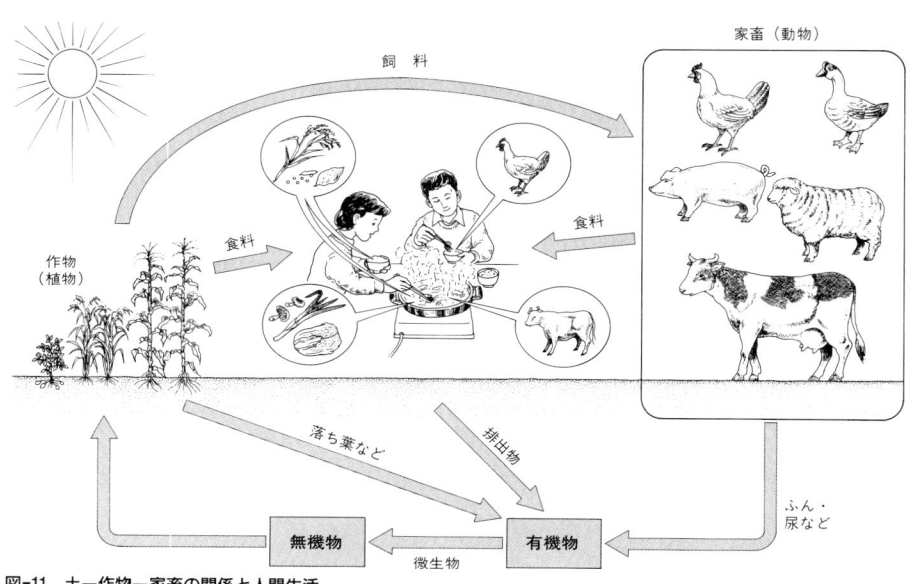

図-11　土―作物―家畜の関係と人間生活

という）と切りはなして考えることはできない。今日の畜産は，このような家畜の飼育を中心としたせまい意味の畜産のほかに，畜産物の加工・利用，家畜・畜産物の販売・流通，飼料の生産・販売などの部門が急速に拡大・分化し，国際化がすすんでいる。

自然生態系の循環と畜産のありかた　図-11は，土―作物―家畜の関係と人間生活とのつながりについて説明したものである。家畜は土からうみ出された飼料をもとにした有機物の流れと，太陽の光エネルギーが植物を経由して循環するエネルギーの流れのなかに組みこまれている。そして人間に食料を供給している。今日，畜産は飼育頭羽数が大規模化し，施設・設備は機械化され，また飼料生産の国内的，国際的分業化や化学工業で生産される有機合成物質の利用など，飼料基盤が多様化している。また，汚水処理やふん尿処理などの問題がある。

　その解決方法のためには，今後のわが国の畜産のありかたとしては，図-12に示すように土地や飼料資源をさらに有効に利用して，家畜排せつ物は土壌に還元し，水質汚染や悪臭の発生がないように，地域の自然生態系との調和をじゅうぶんはかっていくことがたいせつである。

図-12　山あいに放牧された肉用牛

2 ■ 畜産と人間生活

畜産の重要性

人間の生活は，道具と家畜を手にいれてから根本的にかわったといわれている。まず人間は，家畜から食料や衣料の原料をえて，その生活を安定させた。経済が発達すると，乳や肉・卵あるいは毛・皮のほか，畜力やきゅう肥の利用を通して生活に必要な生産物をえるとともに，それらを市場の対象としてきた。さらに現在の農業のなかでは，畜産物は付加価値生産性の高い生産物として，農家経営に重要な意義をもつようになった。

いっぽう，畜産食品からとる動物性タンパク質は，小麦粉などに不足するリジンなどの必須アミノ酸❶を含み，人間の栄養生活においても，それぞれの地域で欠かすことのできない役割をはたしてきた。

❶栄養素として，なくてはならないアミノ酸のことをいう。

畜産物需要の増加

わが国の国民食生活の多様化，高級化にともなって，畜産物の需要はさらにのびると予測されている。世界的には，発展途上国においても，それぞれの経済発展に応じた食生活の向上にともなう需要ののびが予測されている(図-13)。

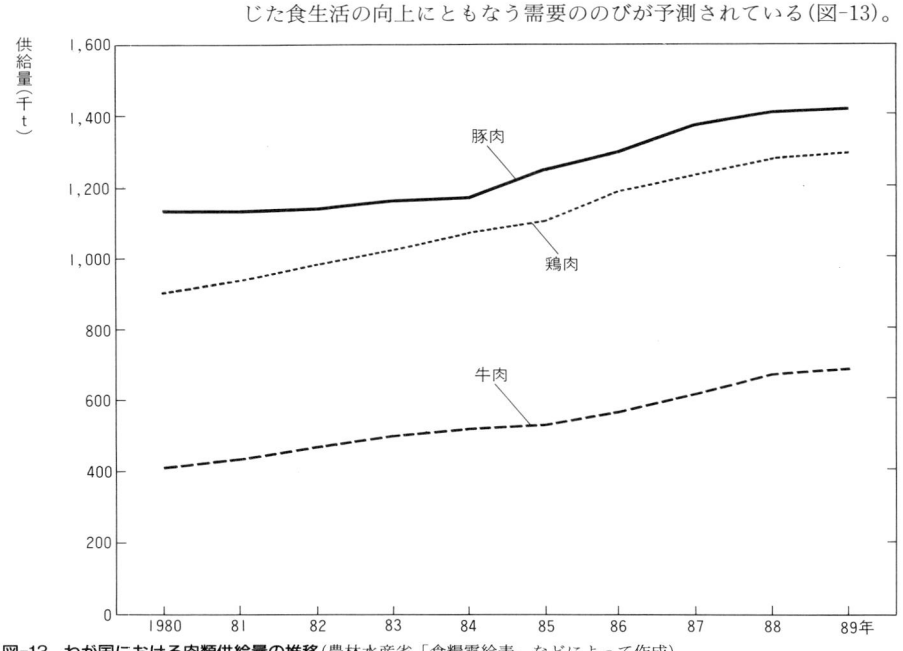

図-13 わが国における肉類供給量の推移（農林水産省「食糧需給表」などによって作成）

注．肉類供給量は，国内生産量と輸入量を含み，枝肉(骨つき肉)から骨部分をとりのぞいた純食料を示す。在庫放出量も含む。

3 畜産を学ぶ

ねらい
- 食料生産と資源の利用からみた畜産の将来の姿を理解する。
- 畜産物の生産と家畜の福祉の立場との関係を理解する。
- 将来の畜産経営者のつとめを自然との関係から理解する。

1 これからの畜産

世界の畜産　人口の増加にともない，21世紀には食料不足がいっそう深刻になるであろうと心配されている。先進国の畜産は，生産量と消費量との関係から，その経済的な面と資源の節約という面において，また，発展途上国の畜産は，生産量拡大の技術的な発展やそれによる飼料生産の拡大維持と，自然草地の保全や森林の維持などを目標とする自然生態の保全とをじょうずに調和させていく面において，各国それぞれに問題をかかえている。しかし，これらの困難は，先進国では，農業人口の減少，国土・環

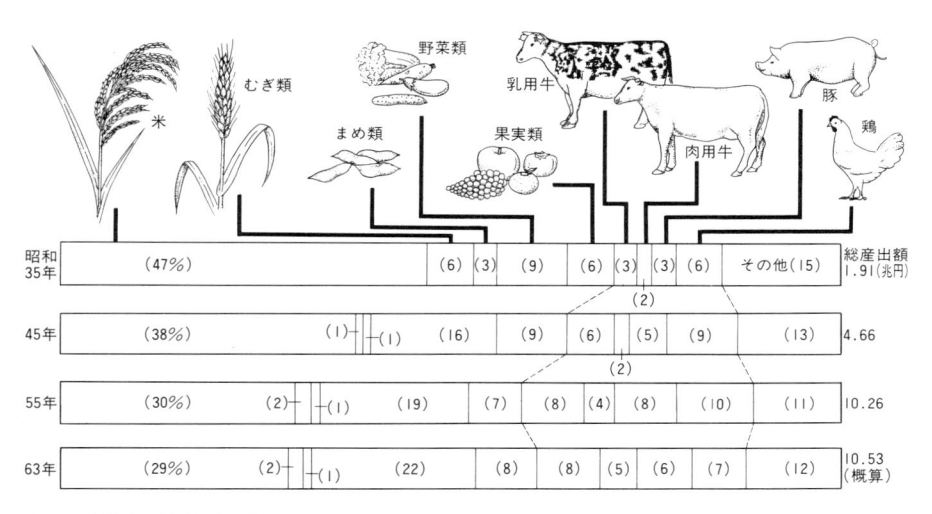

	米	むぎ類	まめ類	野菜類	果実類	乳用牛	肉用牛	豚	鶏	その他	総産出額
昭和35年	(47%)	(6)	(3)	(9)	(6)	(3)	(3)	(6)	(その他含)	(15)	1.91(兆円)
45年	(38%)	(1)	(1)	(16)	(9)	(6)	(2)	(5)	(9)	(13)	4.66
55年	(30%)	(2)	(1)	(19)	(7)	(8)	(2)(4)	(8)	(10)	(11)	10.26
63年	(29%)	(2)	(1)	(22)	(8)	(8)	(5)	(6)	(7)	(12)	10.53(概算)

図-14　農業生産(産出額)の移りかわり
注．昭和35年は沖縄県を含まない。また，(　)内の数値は，農業総産出額に対する各産出額の割合(%)を示す。　　　　(農林水産省「昭和63年生産農業所得統計」平成2年によって作成)

境保全機能増進に対する要請など，発展途上国では，人口の増加，技術や資金の不足，土地の砂ばく化の拡大などの問題が加われば加わるほど，それぞれの地域に適した家畜を用いて，その地域で生産される飼料の利用効率を高め，より少ない管理労働力で，より多くの畜産物が生産されるように努力する必要がある。そして，世界の畜産は，わが国の畜産を含めて，先進国型の畜産と発展途上国型の畜産，および，両者の中間とさまざまなかたちをとって発展することがのぞまれる。

わが国の畜産

わが国の農業生産（産出額）の移りかわりのなかで，畜産は前ページの図-14に示したように生産をのばしてきた。今後，わが国の畜産は，家畜の種類によっては，システム化した畜産物生産工場に似た労働生産性の高いかたちがいっそう発展すると思われる。しかし，いっぽうでは，比較的小規模であっても，能力の高い家畜を飼い，多様な飼料資源を有効に利用し，飼いかたをくふうした家畜生産性の高いかたちの畜産も併存していくことと思われる。

図-15　ケージによる鶏の飼育

2 ■ 畜産と人間

畜産と工業生産　現在のシステム化された畜産では，家畜は畜産物を生産する単位として，工業の機械にたとえることができる。しかし畜産では，家畜は人間がつくったものであるが，1個の動物としてうまれ，育ち，繁殖している。人間は，家畜に飼料と生活の場としての環境を与えているが，家畜自身が行う生産活動に手をかし，家畜がうみ出す生産物を利用するにとどまっている。人間は，新しい技術の導入によって，資源の利用と経済効率を高めるために，家畜が行っている生産活動の内容をさらに高めようと努力しているが，この人間と家畜との関係は，将来もつづくことであろう。

飼育環境と家畜の福祉　これまでの畜産施設は，図-15に示したように単位面積にできるだけ多くの家畜を収容し，管理労働力を少なくしようとする立場からつくられてきた。したがって，高い密度で飼育され，また，せまいケージなどにとじこめられた動物のなかには，やや異常な行動を示すものがみられる。現在，図-16に示すように家畜の福祉，すなわち家畜の生活の立場からみた快適な空間や場所を考えて，その生産性を維持または向上させる考えかたは，世界的に関心がもたれている。

図-16　コッテージ型豚舎

| **畜産経営者のつとめ** | 人間は大地を耕し，家畜を飼いならし，そしてその生産物を利用している。このことは，人間の営みとしての農業や畜産が自然の生態系のなかに含まれながら，調和を保っていく責任があるということである。そして，このことを理解することによって，「農業者は自然にたちむかいながらも，また，自然を愛し，守り，自然と調和することを知る産業人でなければならない」ということの真の意味を理解しよう。これからの畜産経営者は，なかまとともに，変化のはげしい国内・国際情勢のなかで，みずからの経営を確立して生活を楽しみながら，それぞれの地域の社会と自然を守る人間になることが期待されている。そのためには，体験学習を深めながら畜産を真剣に学び，考えていくことがたいせつである(図-17)。

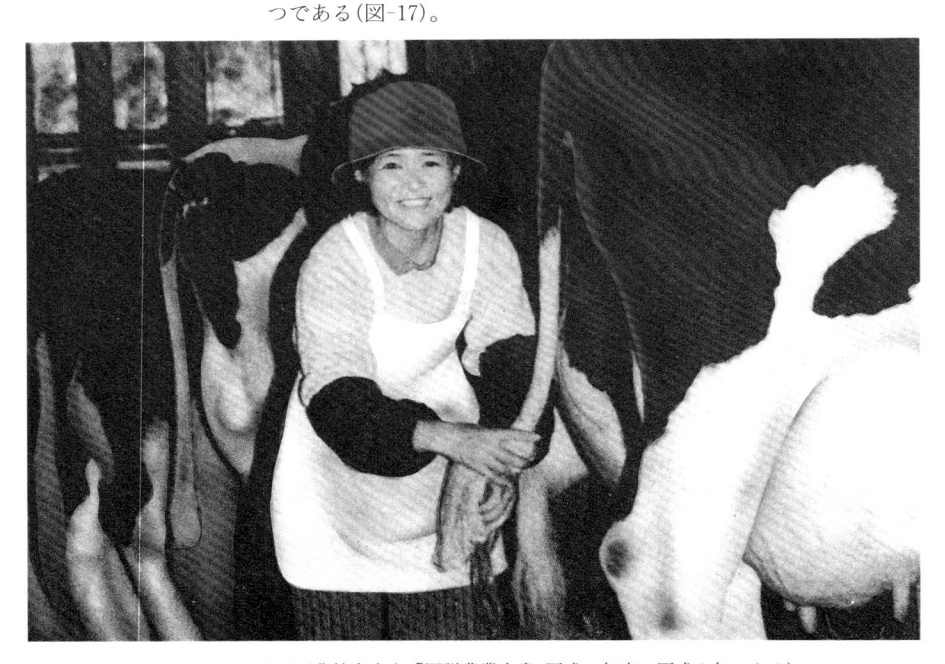

図-17　農業をささえる農家の婦人（農林水産省「図説農業白書 平成2年度」平成3年による）

第1章 養鶏

❶ 白色レグホーン種の
　ケージ養鶏
❷ 体重の測定実習

1 鶏の特性

ねらい
- 鶏の形態や習性・食性などを観察する。
- 鶏の生理・生態的な特性を理解する。
- 鶏の飼育管理の科学的根拠を理解するとともに、鶏の飼育と飼育管理との相互関係を理解する。

1 鶏のからだ

　鶏のからだをよく観察してみると、頭はトカゲの頭によく似ている。また、からだをささえている2本のあしは、鱗片におおわれている。このことから、鶏は、は虫類から進化したものであることが想像できる。そして、鶏は、頭や胴体が小さく、翼がついていて、とびやすいように、からだを軽くするような構造になっている。

　鶏のからだの各部分のよびかたと骨格は、図1-1に示すとおりである。鶏を観察するばあいには、骨格の構造を頭のなかにいれて観

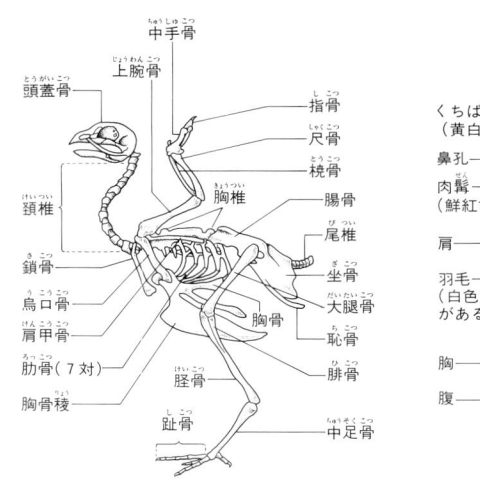

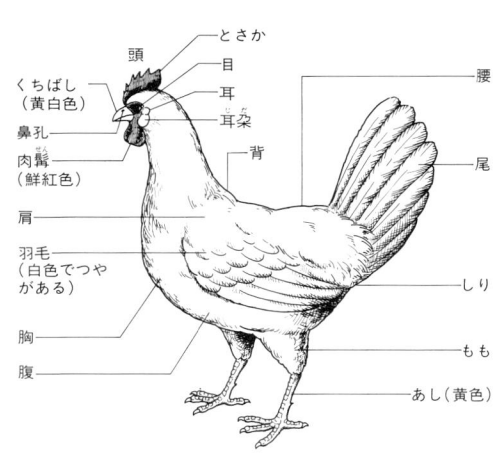

図1-1　鶏の骨格と各部位の名称（右は白色レグホーン種の雌）

察することがたいせつである。

頭　頭にはくちばしがあり，大きくひらくことができ，穀類（こくるい）やこん虫類をついばむことができる。くちばしの基部には，鼻孔があり，目の後部の少し下には耳がある。目は大きく，視野がきわめてひろい。頭の上部には1個のとさかと，下あごには1対の肉髯がある。これらは皮ふがとくに発達したもので，血管が多く分布していて，鮮紅色である。

くびと翼　くびは長く，頚椎の数が多いので，自由に動かすことができる。翼は，ほ乳動物にみられる前肢（ぜんし）に相当し，短い距離ならとぶことができる。

羽毛　からだは，は虫類の角鱗（かくりん）❶から進化したと考えられる羽毛で全体がおおわれている。羽毛は，体温の発散をふせぎ，雨水や外部の衝撃から，からだを守るようになっている。

羽毛には，図 1-2に示すような**正羽**（しょうう）と**綿羽**（めんう）および**毛羽**（もうう）がある。正羽は，主として体表をおおう翼と胸の羽で，綿羽は正羽の根もとにはえ，毛羽とともに保温の役割をはたしている。

❶は虫類のうろこで，表皮が角質化したものである。

観察してみよう

外気温と毛羽との関係について，開放鶏舎において，冬などの寒い環境では毛羽の発達が著しいが，あまり寒くならない無窓鶏舎では，毛羽の発達がみられないことを観察し，なぜそうなのか調べてみよう。

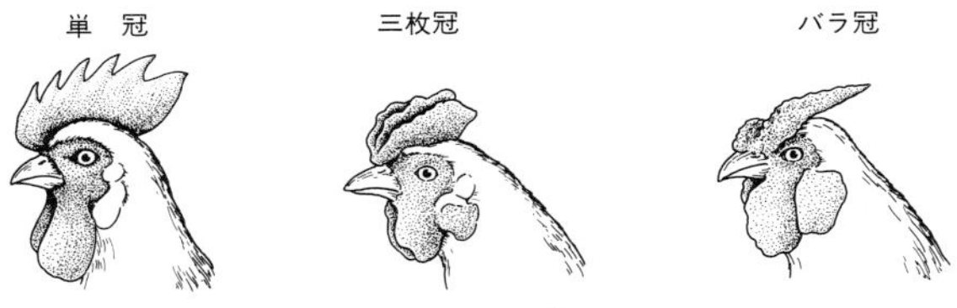

とさかの形

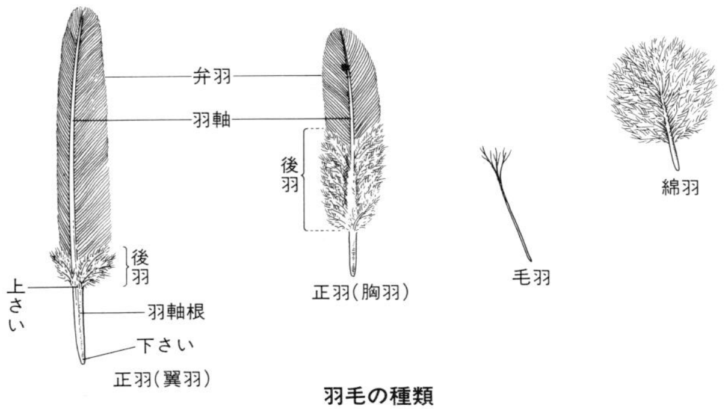

羽毛の種類

図 1-2　とさかの形と羽毛の種類

| 皮ふと排せつ腔 | 皮ふはうすく，汗腺や脂腺がないため，つねにかわいている。鶏が卵性であるため，尿管や消化管・卵管の開口部が一つにまとまり，**総排せつ腔**をつくっている。

| あし | あしは，趾骨でからだの安定を保ち，地上を歩いたり，走ったりすることができる。また，趾骨はよくまがり，樹木の枝や止まり木などにとまることができる。

2 ■ 鶏の生理的特性

| 就巣性 | 鶏はある期間産卵をつづけたあと，産卵をやめ卵をだいてひなをふ化して育てる性質をもっている。これを**就巣性**という（図 1-3）。就巣性は下垂体前葉から分泌される❶ホルモンによっている。就巣性の強い鶏は，年間の産卵個数が少なく，経済的に不利である。そこで現在では，就巣性のない改良種をつくり，ふ化・育すうは，ふ卵器や育すう器によって人工的に行っている。

❶下垂体は大脳の下部に位置し，前葉・中葉・後葉にわかれる。成長や精巣・卵巣の機能促進などのホルモンを分泌する。

| 換羽 | 鶏は古い羽毛がぬけ，新しい羽毛にかわる性質をもっている。これを**換羽**とよぶ。一般的に換羽は

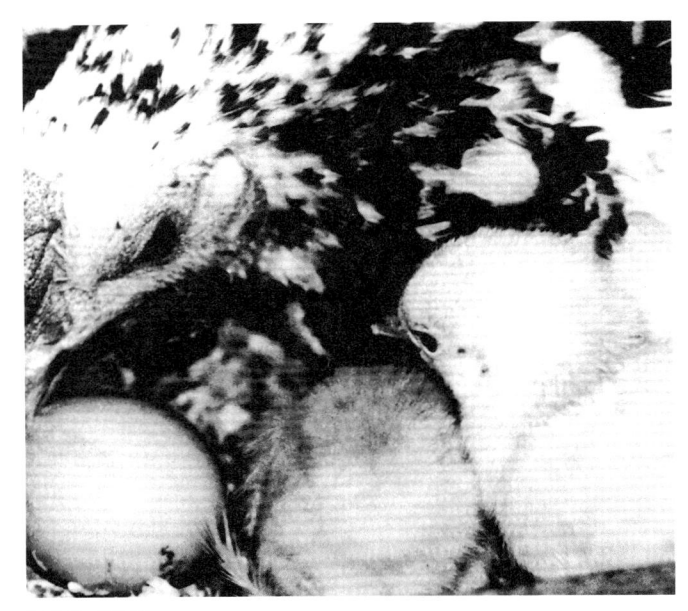

図 1-3 就巣性

発育中にも少しずつ行われるが，成鶏では換羽にはいると産卵を中止する。換羽の原因は，羽毛の衰えと**卵胞ホルモン**❶などの減少による。また，換羽は，日の短くなる秋ぐちからおこることから，日の長さと強さが関係していることが知られている。したがって，人工的に日の長さや光の強さを調整して，換羽の時期をはやめたり，おそくしたり，あるいは絶食により換羽させたりすることもできる。

換羽は，一般には，頭・くび・胸・胴体・尾・翼の順にすすみ，全身が新しい羽毛にかわる。図 1-4に翼羽の換羽の順序を示す。

❶卵胞ホルモンは，卵胞の発育をうながし，鶏の繁殖に関係するホルモンである。36ページを参照。

3 ■ 鶏の習性

外敵に対する警戒心　鶏は視覚や聴覚がよく発達し，また，外敵に対する警戒心が強い。わずかな動きや音にも敏感に反応するので，鶏をおどろかさないように接することがたいせつである。鶏をおどろかせたり，さわがせたりすると食欲がなくなり，産卵率が低下する。

つつきあい　つつきあいには，本能的に強弱の順位からくるものと，好奇心や欲求不満によるものとがある。

本能的な強弱の順位は，強いものが弱いものをつつき，いじめる

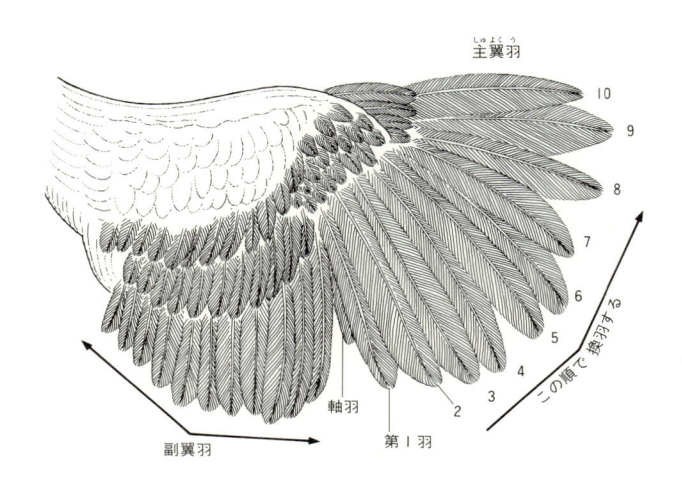

図 1-4　翼羽の換羽の順序
　主翼羽が1枚換羽するのに2週間かかり，10枚換羽するのに20週間かかるのがふつうである。

性質であり，これによって強いものを中心とした集団生活が保たれている。これを**ペックオーダー**という。

　好奇心や欲求不満からつつきあうばあいは，産卵時に露出する総排せつ腔や，なにかの原因によってできた出血部位を好んでつつく。これを**カンニバリズム**という。これは，密飼いや，高温・多湿，明るすぎなどの不良環境やカルシウムなど栄養分の不足によってもおこる。つつきの味をおぼえると，悪癖(あくへき)となるので，注意しなければならない。図1-5に，つつきあいによって傷ついた状況を示す。

4 ■ 鶏の一生と生産

| 産卵鶏の一生

産卵鶏の一生は，ふ化してから産卵をはじめるまでのひなの期間と，産卵をはじめてそれを継続する成鶏の期間との，二つの期間からなっている。ひなの期間は，ふ化から140～150日間くらいで，初生びな・幼びな・中びなおよび大びなの4期にわけられる。この期間にそれぞれの生育段階に応じた飼育管理を行うことによって，よくうむじょうぶな鶏を育てることができる。成鶏は，多くのばあい，産卵開始後1年間うみつづけ，

図1-5　鶏のつつきによる傷

換羽の時期に2か月くらいの**休産**がある。これは，2年め，3年めも同じであるが，年次がすすむにつれて産卵数が少なくなる。一般のケージ養鶏では，初産後1年間くらい産卵させ，その後は採算を考え，いっせいに**とうた**❶したり，産卵成績の悪いものから順次とうたしたりしている。

　産卵鶏の一生についてまとめてみると，表1-1のとおりである。

❶淘汰とかき，よい個体をのこして，悪い個体をとりのぞくことをいう。

表1-1　鶏の一生（白色レグホーン種のばあい）

	名称	日齢	区わけ	標準体重(g)	特徴
発生	初生びな	2日 ↕ (2)	ふ化してからえづけまで	35〜40	卵のからを破って発生したばかりのひなで，羽毛は黄色がかっている。卵黄がまだのこっていて，食欲はあまりない。
	幼びな	30 ↕ (30)	えづけ後，給温育すうし，約1か月で廃温するまで	40〜350	よくえさをついばむ。体重が急速にまし，日ましによく歩き，はばたくようになる。給温なしには体温が保てない。
	中びな	30 ↕ (60)	1か月齢から2か月齢まで	350〜700	雄と雌との差が外見上はっきりしてくる。自分の体温で育ち，運動量も多くなる。できるだけ運動させるようにつとめる。8週齢ころ若羽へ換羽する。
初産	大びな	90 ↕ (150)	2か月齢から初産（5か月ころ）まで	700〜1,500	ひなとして最後に仕上げる期間である。個体の差もはげしく，とくに体重差が出てくる。20週齢ころ成羽への換羽をはじめ，いっそう美しくなる。
廃鶏	成鶏		産卵率 とうたされた鶏は，肉用として利用される。	1,500〜2,000	とさかや肉髯も大きくなり，顔も赤みをおびてくる。初産のころは卵の大きさは45gくらいで小さく，毎日少しずつ大きくなっていく。卵殻は厚くてかたい。ふ化後7か月もたつと産卵最盛期となり，産卵率も90％以上になる。からだが充実して，卵重も60g以上になる。産卵開始後1年半もたつと産卵率が極度に低下する。一般には，ふ化後1年5か月から1年8か月でとうたする。

注. 給温をやめることを廃温という（32ページを参照）。産卵率は，総産卵個数を成鶏延べ飼育羽数で割ったもので，パーセントで示す。

2 鶏の品種と選びかた

> ねらい
> ● 鶏の歴史を知り，品種の特徴を理解する。
> ● 遺伝のしくみ，選抜方法・交配方法を理解する。
> ● 目的にあった品種・系統の選抜・導入方法を理解する。

1 鶏の歴史

　鶏の祖先は，約3,000～4,000年まえに現在のインド・インドネシア・ミャンマー・タイ地方にすんでいる数種の野鶏から飼いならされたもので，この地方を中心に全世界にひろまった。

　鶏のわが国への渡来については，弥生時代(約2,000年まえ)に中国から朝鮮半島をへて伝えられたと考えられている。❶

　その後，中国大陸や東南アジア地方から小国(中国産)・シャモ(タイ産)・チャボ(インドネシア産)などの品種が伝えられ，これらを基礎鶏として日本鶏とよぶ地鶏がつくり出された。

❶このことは，貝塚から発見された鶏類の骨や古墳の鶏埴輪の出土などによって確認されている。

野鶏(雄)　　　　小国(雄)

シャモ(雄)　　　　チャボ(左：雄　右：雌)

図 1-6　野鶏・小国・シャモ・チャボ

2 ■ 鶏の品種とその特徴

卵用種　卵用種には，白色レグホーン種・褐色レグホーン種・黒色ミノルカ種など多くの品種がある。からだがあまり大きくなく，卵が大きく，よく産卵するのが特徴である。わが国で現在飼育されている代表的な卵用種は，白色レグホーン種またはその雑種が大部分を占めている。

卵肉兼用種　卵肉兼用種には，横はんプリマスロック種・ロードアイランドレッド種・ニューハンプシャー種・白色プリマスロック種（中型）および名古屋種がある。体型が大きく肉量も多く，肉質・食味がすぐれている。現在では，実用鶏をつくり出すためのもとになる鶏として利用されている。

肉用種　白色コーニッシュ種・白色プリマスロック種（大型）・ブラーマ種・コーチン種などの品種がある。

現在の実用種は，白色コーニッシュ種を雄系とし，比較的産卵性の高い白色プリマスロック種・ニューハンプシャー種，あるいはこれら両方の交配種を雌系にして交雑したものが利用されている。

白色レグホーン種（卵用種） 　　横はんプリマスロック種（卵肉兼用種）　　ロードアイランドレッド種（卵肉兼用種）

名古屋種（卵肉兼用種） 　　白色プリマスロック種（肉用種） 　　白色コーニッシュ種（肉用種）

図 1-7　鶏のおもな品種

3 ■ 品種と系統の選びかた

　採卵・採肉いずれのばあいも，ふ化業者から初生びなを購入することが多い。そのばあい，まず，ふ化業者が販売する品種・銘柄はなんであるかを確かめ，その標準的な性質と能力についてよく調べなければならない。標準成長曲線・初産日齢・標準産卵曲線・標準飼料摂取量・標準飼料要求率❶などは重要な項目で，これらが自分の養鶏の内容や技術に適したものを選ぶことがたいせつである。同時に，導入した品種や銘柄にはやくなれ，それに適した飼育技術を身につけることが必要である。

　また，ひなの病気をふせぐために，衛生管理がいきとどいた種鶏場を選び，さらにその性質と能力および価格についてよく調べ，信用のある業者から購入する必要がある。

　よいひな悪いひなの選びかたについては，あとで学ぶ要領(29ページ参照)で行うが，購入する側でも，よいひなのみわけかたをじゅうぶん知っておき，悪いひなを購入することのないように技術を身につけておくことがたいせつである。

❶飼料要求率
$$=\frac{飼料消費量(kg)}{総産卵重量(kg)}$$
であらわす。

❷ヘンハウス産卵数は，検定期間の総産卵数を検定開始時の羽数で割ったものである。

❸ヘンディ産卵数は，総産卵数をその期間の生存鶏の延べ羽数で割ったものである。

❹鶏群の産卵率が50％になる週齢をいう。

❺育成率は，同腹または群の産子数に対する育成を完了した個体数の割合(％)である。

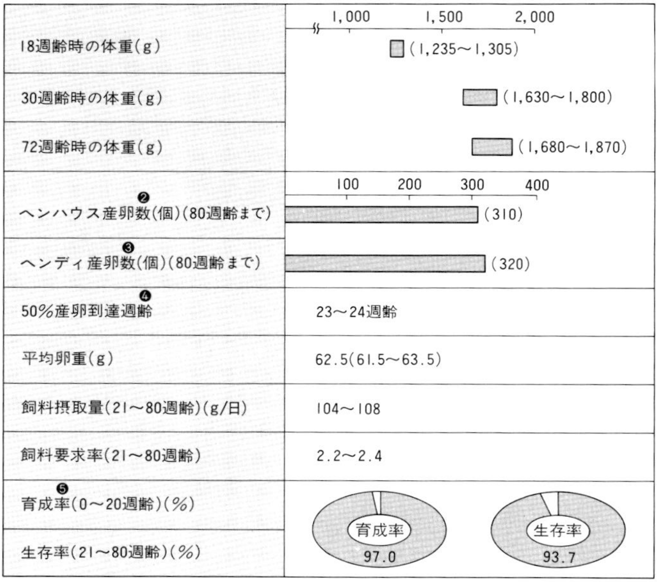

18週齢時の体重(g)	(1,235～1,305)
30週齢時の体重(g)	(1,630～1,800)
72週齢時の体重(g)	(1,680～1,870)
ヘンハウス産卵数❷(個)(80週齢まで)	(310)
ヘンディ産卵数❸(個)(80週齢まで)	(320)
50％産卵到達週齢❹	23～24週齢
平均卵重(g)	62.5(61.5～63.5)
飼料摂取量(21～80週齢)(g/日)	104～108
飼料要求率(21～80週齢)	2.2～2.4
育成率❺(0～20週齢)(％)	育成率 97.0
生存率(21～80週齢)(％)	生存率 93.7

図 1-8　産卵鶏の性能指標の一例

4 ■ 改良増殖

　わが国では，明治初期に名古屋種や三河種が卵肉兼用種として育種され，ひろく国内で飼われていた。その後，イギリス・アメリカ合衆国❶で改良された卵用種の白色レグホーン種が明治20年(1887年)に，わが国に輸入され，鶏の品種改良の一役をになった。

　明治から大正にかけては，鶏卵・鶏肉ともに国内での消費量は少なかったが，大正の末から昭和のはじめに鶏の卵や肉の需要が急激に増加し，輸入量が増大してきた。そこで，当時の農林省は，**有畜農業**❷の一環として副業的養鶏の普及につとめ，白色レグホーン種を中心に，鶏改良の種畜牧場を埼玉・兵庫・愛知・青森県に設置し，強健で産卵能力の高い系統の育種に努力した。

　第2次世界大戦後，鶏卵・鶏肉の急激な消費量の増加にともない，規模の大きい専業養鶏家がふえた（図 1-9）。これら専業養鶏家は，国内産の鶏よりも能力のすぐれたアメリカやカナダなどのひなを大量に導入している。**近親交配**❸によってすぐれた原々種をつくり，その交配によって**雑種強勢**❹を利用し，実用鶏をつくり出している。

❶以下，単にアメリカという。
❷昭和のはじめ，農業経営のなかに家畜をとりいれ，ほかの農産物の生産を助ける目的で，国が奨励した政策である。
❸家畜の改良では，親と子，子どもどうしなど血液の近いものどうしで行う交配である。
❹二つの異なる品種のかけあわせによる一代雑種（F_1）は，その両親のいずれよりもすぐれた能力をあらわすばあいがあり，この現象を雑種強勢という。ヘテローシスともいう。

図 1-9　大規模な専業養鶏舎

3 ■ ふ化

ねらい
- 卵の受精からひなになるまでの過程を理解する。
- 人工ふ化を体験してみる。
- 初生びなの雌雄鑑別の技術方法を理解する。

1 ■ 卵からひなになるまで

卵からひながふ化するまで

野鳥やハトなどを春さきに観察していると,親どりたちが巣をつくり,卵をうみ,それをだき,一定の日数がたつとひながうまれるのをみかける。これは鳥類の自然の生態で,種を維持し,子孫をふやす習性である。卵をだくということは,卵に適した温度・湿度・空気を与え,さらに卵をころがすなどの動作を一定期間行うことである。鶏のばあい,雌鶏がこの動作を21日間つづけることによって,卵からひながうまれる。

❶ 図1-10に鶏卵の構造を,また,図1-11に受精卵と不受精卵のちがいを示す。

一般に,受精卵が卵割をはじめて以後胎子になるまでの発生期にある個体を胚という。

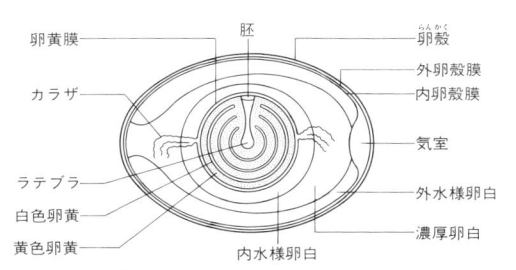

図 1-10 鶏卵の構造

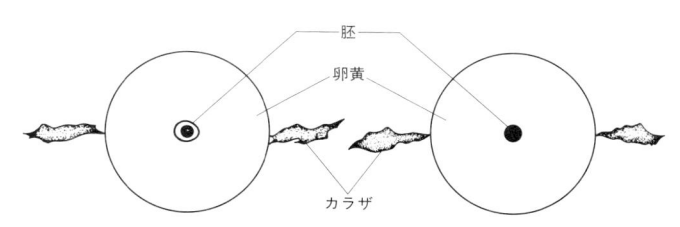

受精卵（有精卵）
胚の明域（ややだ円形）と暗域があり,直径は4.4mmくらいで,無精卵よりも大きい。

不受精卵（無精卵）
胚の明域と暗域の区別がなく,直径は3.5mmくらいである。

図 1-11 受精卵と不受精卵のちがい

ふ卵中の胚の発生

卵巣から卵黄が排卵されたあと，卵管内で胚の細胞の分裂がすすみ，**胚盤**❶が形成される。この胚盤から2層の細胞層ができる。この外側の層が外胚葉，内側の層が内胚葉❷となる。

このような胚盤の形成は，放卵(産卵)され体外に出ると同時に停止する。この胚盤の形成は，**受精卵**(**有精卵**ともいう)だけにみられ，**不受精卵**(**無精卵**ともいう)ではみられない。

産卵された受精卵を37.8℃で温めると，分裂をいちじ停止していた細胞層はふたたび分裂をはじめる。外胚葉・中胚葉・内胚葉は，つぎにあげるような，ひなのからだの器官をつくる。

外胚葉——皮ふ・羽毛・くちばし・つめ，口の周縁，肛門・神経系

内胚葉——呼吸器系・内分泌系・消化器系

中胚葉——骨・筋肉・血液・外分泌系・生殖器系

こうして，最後にひなとなってふ化するまでの胚の発育の状態は，図1-12，次ページ図1-13および27ページ図1-14に示すとおりである。

❶卵割ともいう。

❷卵割がすすむと，細胞層は卵割腔のなかにおちこみ，内外2層の細胞層が形成される。この内側の細胞層を内胚葉，外側の細胞層を外胚葉という。それらのあいだにある胚葉を中胚葉という。

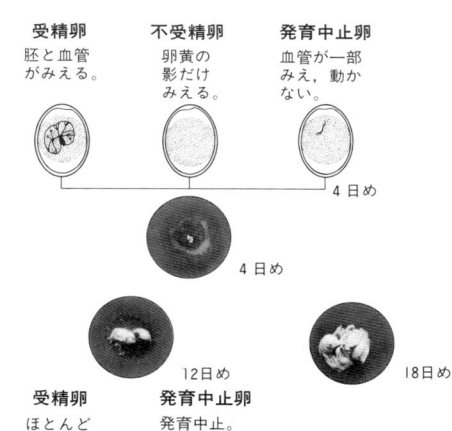

受精卵 胚と血管がみえる。

不受精卵 卵黄の影だけみえる。

発育中止卵 血管が一部みえ，動かない。

4日め

4日め

12日め

18日め

受精卵 ほとんど全体が暗色となり，ゆれ動かない。

発育中止卵 発育中止。黒点や血の輪がみえる。これが動かない。

作 業	温度	湿度	日
ふ卵器の整備，温度調節，消毒(ホルマリンくん蒸)			入卵まえ
入 卵			1
			2
			3
第1回検卵(不受精卵・発育中止卵をとりのぞく)			4
			5
	37.8℃	60%	6
			7
			8
			9
			10
			11
			12
			13
			14
			15
			16
第2回検卵(発育中の卵をふ化台に移す)			17
	37.2℃	70%	18
			19
			20
ふ化開始			21
			22
ふ化完了			23

(転卵は1日10回くらい／転卵の必要なし)

図1-12 ふ化操作の日どり(立体ふ卵器のばあい)と検卵器で透視した発育状態および胚の直接観察図
注．転卵については，28ページの注❷を参照。また，入卵については，28ページ5〜6行を参照。

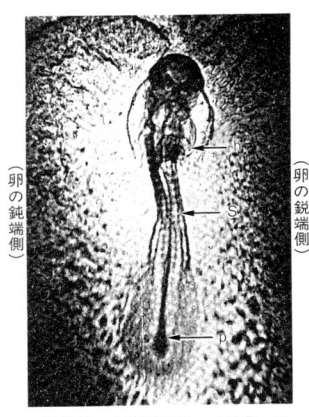

16体節，ふ卵50時間。p：原条，Sの部分にみえるしまが体節，h：心臓 （卵の鈍端側）（卵の鋭端側）

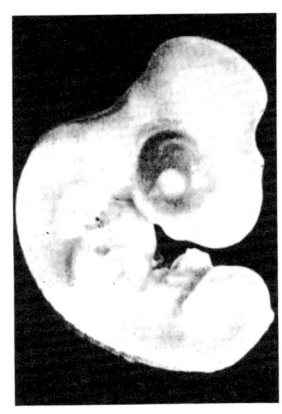

ふ卵5日。胚が立体化し，四肢や尾部などがはっきりしている。

ふ卵15日。ひなとほとんどかわらない形をしている（×8/10）。

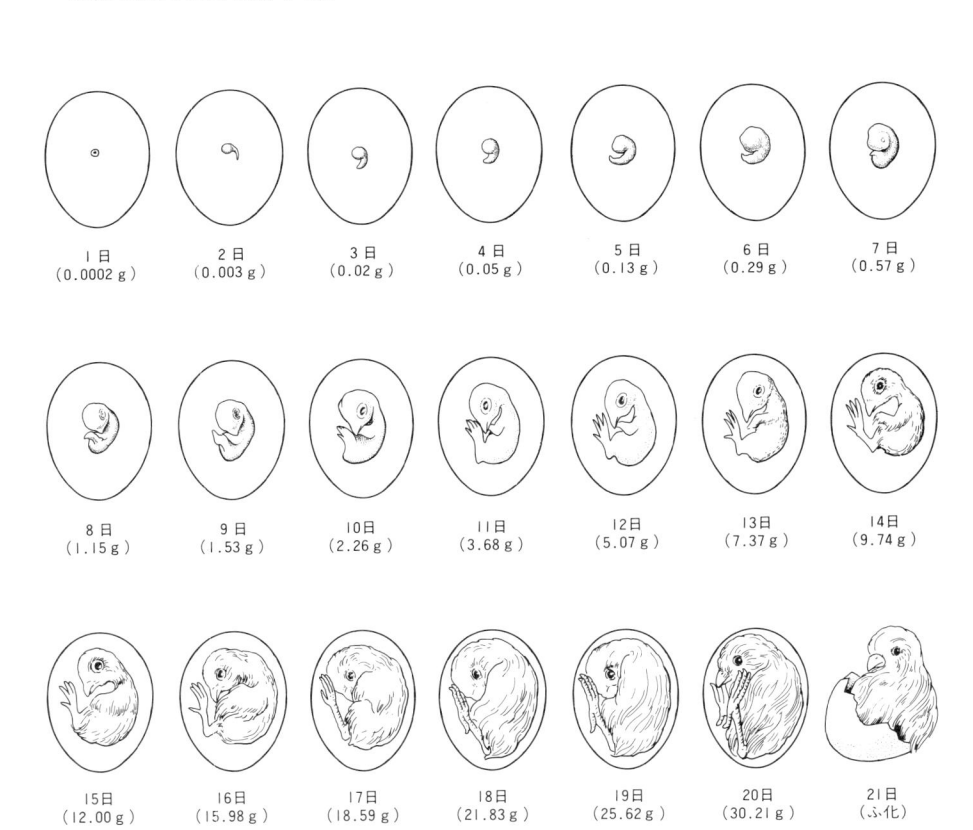

| 1日 (0.0002 g) | 2日 (0.003 g) | 3日 (0.02 g) | 4日 (0.05 g) | 5日 (0.13 g) | 6日 (0.29 g) | 7日 (0.57 g) |

| 8日 (1.15 g) | 9日 (1.53 g) | 10日 (2.26 g) | 11日 (3.68 g) | 12日 (5.07 g) | 13日 (7.37 g) | 14日 (9.74 g) |

| 15日 (12.00 g) | 16日 (15.98 g) | 17日 (18.59 g) | 18日 (21.83 g) | 19日 (25.62 g) | 20日 (30.21 g) | 21日 (ふ化) |

図1-13　ひなとなってふ化するまでの胚の発育状態　（コーネル大学「Rural Science Leaflet」1939年などによる）
注．かっこ内は，胚の重さを示す。また，左上写真の原条は将来退化する。

2 ■ 種卵の採取

種卵のとりかた　ふ化を目的にした卵を**種卵**といい，種卵は雄と雌の交配によってえられる。種卵をとることを目的に飼う雄と雌の鶏を**種鶏**という。種鶏は，品種や系統が利用目的にじゅうぶんあうものを選び，さらに防疫のための予防注射をすませたものや，種鶏検査に合格したものを使用する。

種卵は，一般に種鶏を平飼い鶏舎(53ページを参照)で飼い，自然交配によって産卵したのを用いる。このばあい，白色レグホーン種では雄1羽に雌10〜15羽，卵肉兼用種では雄1羽に雌7〜12羽をあてる。受精卵がとれるのは，雌の群に雄をあててから7日以降とみるのが確実である。ケージ飼いでは人工授精を行うが，人工授精は受精率が悪く，また，技術を要するので，あまり行われていない。

よい種卵　種卵は，その品種の特徴をそなえ，大きさが適当で，形の正常なものを選ぶ。卵殻があまりうすかったり，表面が粗雑なもの，傷のあるもの，あるいはひどく汚れたりしている卵は，ふ化率が低いので使えない。ふつう，産卵後2週間，夏では1週間以内の新鮮な種卵を用いる。種卵の貯蔵は，10〜16℃くらいの温度で，風通しのよい場所に鈍端を上に並べておく。

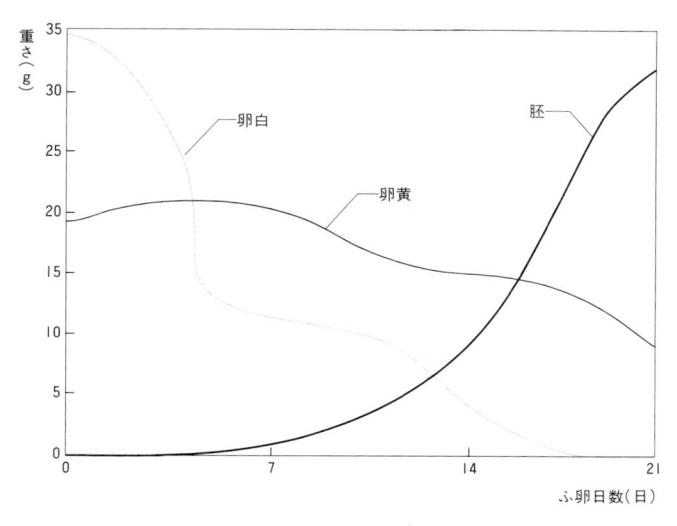

図 1-14　胚の発育と卵白・卵黄の重さの変化

3 ■ 人工ふ化

| ふ卵器 | 鶏が巣につき種卵をだき，ひなをふ化させる**自然ふ化**のかわりに，人工的に自然ふ化と同じ条件を与えてふ化させる（**人工ふ化**）器具を**ふ卵器**（図1-16）という。

ふ卵器は，一般に**立体ふ卵器**が利用される。これには，1回に数百個から数万個の種卵をいれて（入卵）ふ化することができるものがあり，操作も自動的になっている。

| ふ卵器の操作 | ふ卵器内は，細菌類の増殖に好適な環境になるので，入卵の数日まえに，ふ卵器内をふ卵室といっしょに消毒する。また，ふ卵器を試運転して，ふ卵器内が適度の温度と湿度になるように調節しておく。入卵後，18日めまでは温度37.8℃，湿度は60%にする。ふ化台に移してからは，温度37.2℃，湿度は70%に保つ。器内に新鮮な空気がはいるように，換気口を調節して換気をはかる。

転卵は，立体ふ卵器では自動的に1日10回くらいできるようになっている。これは，胚が卵殻膜にゆ着しないようにするために，また，卵に温度や湿度がまんべんなくあたるようにするためである。

❶ふ卵器には，立体型と平面型がある。平面型は，実験的に少ない数の種卵をふ化させるのに使用される程度で，一般には用いられない。

❷ふ卵器内の種卵を図1-15に示すように角度を90°かえることをいう。自然ふ化では，母鶏が抱卵中にあしで種卵を回転させている。

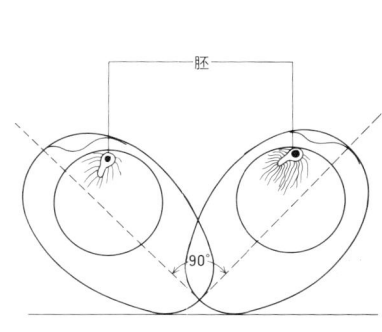

図 1-15　転卵の角度と胚の移動（4日め）　　図 1-16　ふ卵器

4 ■ 初生びなの選びかた

初生びなの雌雄鑑別　雌雄鑑別法には，**指頭鑑別法**（肛門鑑別法）・**機械鑑別法・翼羽鑑別法**などがある。指頭鑑別法は，初生びなの総排せつ腔の腹側にある小突起（退化交尾器）の有（雄），無（雌）を確かめる方法である。図1-17に示す方法によるもので，熟練すれば100羽を5〜6分で鑑別でき，正確度は100％である。

　機械鑑別法は，**チックテスター**という光学機械のレンズの部分を直腸内にさしこみ，直腸壁を通してひなの精巣と卵巣を観察して雌雄を鑑別する方法である。❶

　実用鶏としてひろく利用されている横はんプリマスロック種の雌鶏に白色レグホーン種の雄鶏を交雑すると，雌びなは主翼羽ののびがはやく，雄びなはおそいので，翼羽鑑別法としてひろく利用されている（図1-18）。これは**伴性遺伝**にもとづくものである。

ひなの選別　ひなは，活力があり，からだが大きく，へそじまりのよいもの，奇形でないもの，羽毛がはえそろったものがよい（図1-19）。

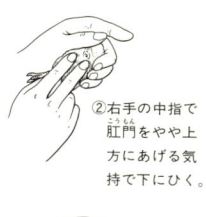

❶熟練しないと腸を破りひなをいためるし，指頭鑑別法よりも時間を要するので，あまり利用されていない。

図1-17　指頭鑑別法による雌雄鑑別

図1-18　主翼の発育の遅速による雌雄鑑別法
写真の左が雄，右が雌の主翼である。

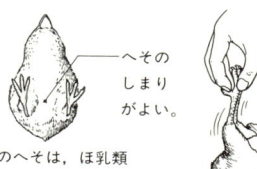

図1-19　よいひなと悪いひな
あしをもってさかさにすると，よいひなはおきあがろうとする。

4 ■ 育すう

> **ねらい**
> - ひなの発育段階別の特徴を理解する。
> - ひなの発育期に応じた適切な管理を理解する。

1 ■ ひなの発育とその特徴

**発育各期の　　**産卵鶏のひなは，つぎの4期にわけられ，それぞ
**ひなの特徴　　**れの時期の発育のしかたに特徴がある。

❶図1-20を参照。

　　　　　初生びな期❶　ふ化したひなは，図1-21に示すように卵黄嚢のなかに，まだ未吸収の卵黄がのこっている。ひなは，これを栄養源としているが，全部吸収するのに40～48時間かかる。ふ化したばかりのひなは，白色レグホーン種のばあいは全身が黄色の初生羽におおわれているが，2日もすぎると，白い若羽がはえはじめ換羽する。また，この時期のひなは，体重がへり，寒さに対する抵抗力が弱い。

　　　　　幼びな期（えづけ～4週齢）　卵黄が吸収されるころになると食欲

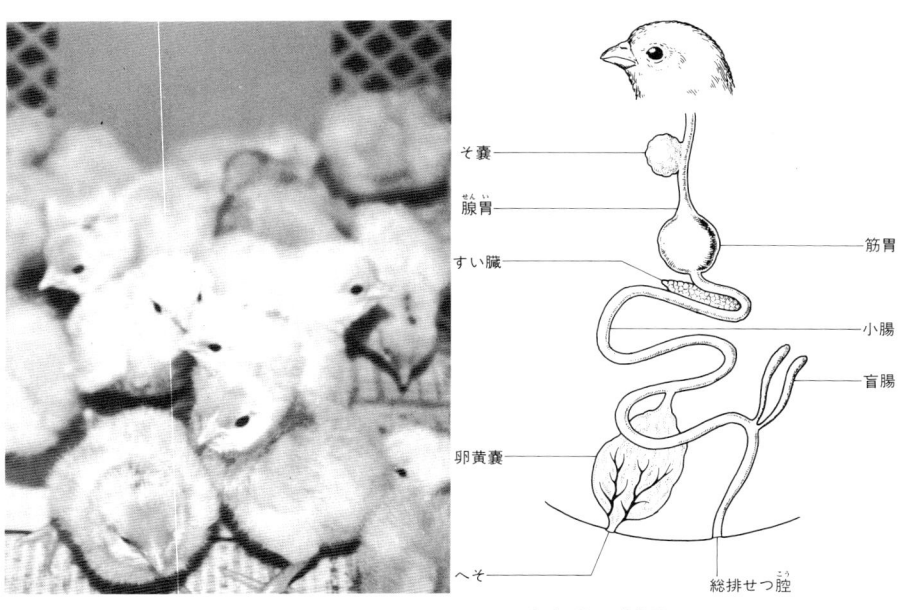

図1-20　初生びな　　　　　　　　図1-21　初生びなの消化器

が出て，よく飼料を食べるようになる。減少していた体重はじょじょに増加し，4週間めころにはふ化時の8倍くらいに達する。

えづけのころより翼から順次はえはじめた若羽は，からだの各部にもはえ，初生羽から若羽へ換羽し，体温調節能力もましてくる。

中びな期（4～10週齢）　この時期は，みずからの体温で育ち，からだも充実してくる。とくに骨格や筋肉がよく発育する時期である。35日齢ころから2回めの換羽がはじまり，50日齢ころまでには若羽にはえかわる。ひきつづいて，若羽は成羽へと換羽がすすむ。

大びな期（10～20週齢）　骨格がほぼできあがり，性成熟も急速にすすむ。性成熟がすすむと，顔は赤みをおび，とさかも鮮紅色になり，急に若雌らしくなる。初産日齢は遺伝的形質と栄養状態のほか，大びな期の日長の長短によって影響を受ける。初産日齢をあまりはやめると，からだがじゅうぶんできないで卵をうみはじめることになり，卵も小さく，産卵能力の低下がはやくくるので好ましくない。

ひなの栄養

ひなを健康でじょうぶに発育させるためには，発育段階に応じた栄養を含む飼料を給与することがたいせつである。この条件を満たすために**日本飼養標準**が決められ，❶238ページを参照。
ひなの発育に応じた各段階の必要栄養量を示している（表1-2）。

表 1-2　ひなの週齢と標準体重および各期における飼料の摂取量と必要栄養量

週　齢	0	1	2	3	4	5	6	7	8	9	10	12	14	16	18
平均体重（g）	35	60	130	195	275	380	480	555	630	700	770	910	1,050	1,170	1,280
1日あたり飼料摂取量（g）	6.1	11.8	17.1	22.8	28.6	35.1	40.0	43.6	47.1	49.8	52.9	58.6	62.9	68.6	72.9
CP（%）	19					16					13				
ME（kcal/kg）	2,800					2,800					2,600				

注．CPは，Crude Proteinの略で粗タンパク質の総量。飼料を化学分析して，窒素量を6.25倍したもので，このなかには，純タンパク質のほかに，窒素化合物を少量含む。含有率（%）で示す。
　　MEについては，37ページを参照。

| ひなの環境 | ふ化したばかりのひなは，体温調節能力が弱く，病気にも弱いので，それを守ってやる環境が必要である。その環境をととのえるのが**育すう**である。

2 ■ 育すう方法

❶バタリーとは，鉛直方向に数段積み重ねてつくった木あるいは針金などのケージをいう。かさ型育すう器は，金属性のかさに，高さの調節できる脚をつけるか，天じょうからの高さを自由に調節できるようにつりさげて，床面に設置するものをいう。

| 温度 | 育すう中の適温は，表1-3のとおりであるが，一般に図1-22に示すような方法でひなの状態を観察し，適温の調節を行うのがよい。給温期間は季節によってちがうが，15～30日間くらいでやめる。給温をやめることを**廃温**という。

| 湿度 | 育すう器内は高温であるために乾燥しやすい。過度の乾燥はひなの健康によくないので，最初の1～10日間は60～65％，それ以降は50～55％にさげる。

| 換気 | ひなの発育には新鮮な空気が必要である。ひなは体重が少ないので，体重あたりでは牛や豚の約2倍の酸素が必要である。換気が不足すると，病気にかかりやすくなるので注意する。

表 1-3 育すう中の適温

寒びな		春・秋びな	
日　齢（日）	給温の温度（℃）	日　齢（日）	給温の温度（℃）
えづけ後7	32.2	えづけ後3	32.2
8～14	29.2	4～7	29.4
15～21	26.4	8～10	26.6
22～28	23.6	11～17	23.8
29～35	20.8	18～23	21.1
29～35日で廃温する。		18～23日で廃温する。	

注．寒びなは12～2月ころにふ化したひな，春・秋びなは3～4月，9～11月ころにふ化したひなをいう。

低温すぎる
ひなは温源を中心に集まり，重なりあう。

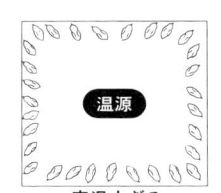

適　温
ひなは全床面にまんべんなく分散し，よく眠る。

高温すぎる
ひなは温源からはなれ，周辺に分散し，あくびをよくし，ほとんど眠らない。

図 1-22 バタリー式あるいはかさ型育すう器内での適温のみわけかた
　　　　（ひなの分布状態）

3 ■ ひなの飼育管理

初生びなのえづけ　ふ化後40〜48時間は，卵黄嚢に未吸収の卵黄がのこっているので，それ以降に飼料を与える。これを**えづけ**という。えづけは，幼びな用飼料を半練りにしたものを紙面の上にまき，手で紙の上をこつこつたたいて，えさを食べることをおぼえさせる。ときどき体重をはかり，標準の発育をしているかどうかを調べる。

幼びな　飼料は給餌器にいれ，ひながいつでも食べられるようにする。水はいつでも飲めるようにしておき，毎日新しくいれかえる。幼びなは，からだの成長に多量のタンパク質・ビタミン・無機物を必要とするので，飼養標準にみあった幼びな用配合飼料が用いられる。

中びな　みずから体温調節ができるので，できるだけ窓を開放し，外気になれさせ，環境の変化や病気に対する抵抗力をつけるようにする。4週齢ころから中びな用の飼料にかえる。

大びな　強健なからだに仕上げる期間である。運動量も多くなるので飼育面積をひろげ，外気にふれさせ，できるだけ環境に適応する抵抗力をつけるようにこころがけることがたいせつである。

表1-4に，育すう器と各週齢に必要な飼育床面積を示す。

表1-4　育すう器と各週齢に必要な飼育床面積

育すう器の種類	週齢	1 m²床面積あたり適羽数	備　考
バタリー育すう器	1〜3 3〜6 6〜12 12週齢以降	75〜100 35〜50 18〜25 15羽以下	給温中は温室床面積による。
かさ型育すう器	1〜4 4〜8 8〜12 12〜16	（直径1mあたり） 145 （3.3m²あたり） 36 24 18	かさの面積に対して 　育成床面積

5 ■ 産卵鶏の飼育

> **ねらい**
> ● 消化・吸収の生理機能について理解する。
> ● 栄養素の体内でのはたらきを理解する。
> ● 産卵鶏飼育の基本について理解する。

1 ■ 消化生理

消化器の特徴　くちばしは，図1-23に示すように，先端がするどく，歯がない。かまないで飲みこまれた飼料は，そ嚢にたくわえられ，やわらかくして腺胃に送られる。鶏が飼料をじゅうぶん食べているかどうかは，くびの右側にあるそ嚢を外部からさわってみるとよくわかる。腺胃からは消化液が分泌され，飼料は消化液といっしょに筋胃に送りこまれる。筋胃は，きわめて厚い筋肉からできていて，収縮運動と飲みこんだ小石によって，歯のかわりとなる物理的な粉砕が行われ，消化が促進される。

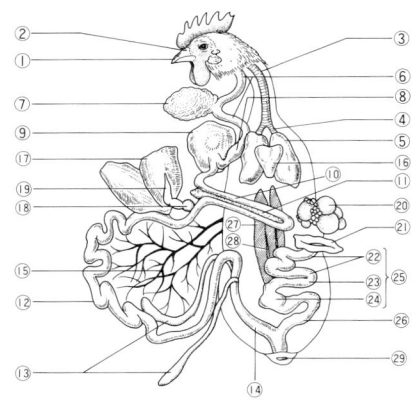

①くちばし	②鼻　孔	③気　管	④気管支	⑤肺　臓	⑥食　道
⑦そ　嚢	⑧腺　胃	⑨筋　胃	⑩十二指腸	⑪すい臓	
⑫小腸（空腸・回腸）		⑬盲　腸	⑭結　腸	⑮腸間膜	⑯心　臓
⑰肝　臓	⑱ひ　臓	⑲胆　嚢	⑳卵　巣	㉑漏斗部	
㉒膨大部（卵白分泌部）		㉓峡　部	㉔子宮部	㉕卵　管	㉖膣　部
㉗腎　臓	㉘尿　管	㉙総排せつ腔			

図 1-23　雌鶏の内臓諸器官

小腸は短く，**盲腸**が１対ある。これらには微生物がいて**セルロース**(繊維素)を消化するが，じゅうぶんとはいえない。口からとりいれた飼料が排出される時間は，飼料のセルロース量などによって異なるが，一般に１〜６時間くらいで比較的短い。

　このような消化器をもつ鶏には，セルロースが少なくて消化がよく，栄養価の高い飼料を与える必要がある。

| 飼料から肉と卵へ |

　飼料中の消化された養分は，表面積の大きい小腸(図 1-24)ではじめて完全に消化され，ここから吸収される。飼料中のタンパク質はアミノ酸に，炭水化物は糖類に，脂肪は脂肪酸とグリセリンにそれぞれ分解され，腸の**柔毛**❶から吸収されて血管にはいり，肝臓に運ばれる。これらの栄養源は，肝臓から血管によってからだの各組織に送られて，エネルギーになったり，タンパク質に合成されて肉になったり，卵黄や卵白の成分になったり，あるいは体脂肪になったりする。

　鶏は，**卵殻**❷をつくるために無機物のなかでとくに大量のカルシウムを必要とする。カルシウムは，リンやカリウムなどのほかの無機物とともに小腸の血管から吸収され，卵殻や骨の成分となる。

❶小腸粘膜にみられる高さ０.５mmくらいの棒状の小突起である(図1-25)。

❷卵殻に含まれる無機物の82.7%は，カルシウムである。

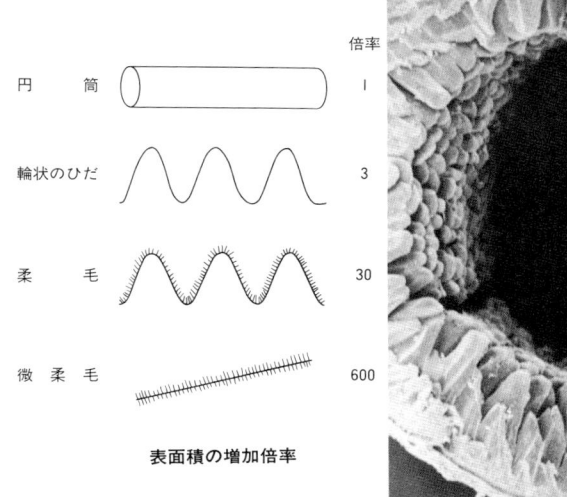

図 1-24　消化器の表面積を大きくして，効率よく吸収するしくみ

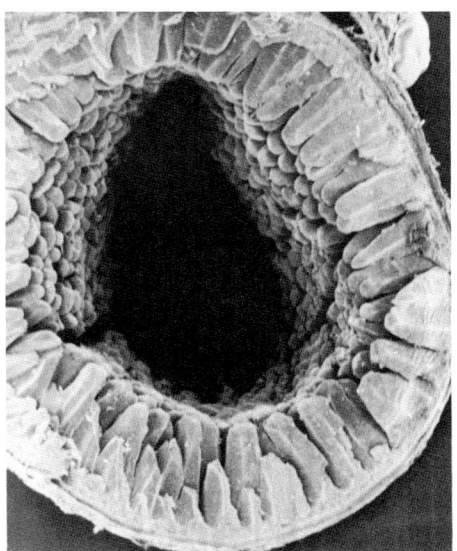

図 1-25　腸の柔毛の顕微鏡写真

2 ■ 産卵生理

雌鶏の生殖器と産卵生理　雌鶏の生殖器は，図1-26のように卵巣と卵管からなり，腹腔の左側にある。ほ乳類では，卵巣は左右に1対あるが，鶏では左側の卵巣だけが発達し，右側のものは退化している。これを拡大して図1-27に示す。卵巣は，ブドウの房のように大小さまざまな黄色い球状の卵胞が集まった器官である。卵巣で成熟した卵胞は，卵胞膜が破れ，そのなかの卵黄が卵管に排卵される。卵管にはいった卵黄は，卵白分泌部（膨大部）で卵白とカラザに周囲をとりまかれ，峡部では卵殻膜ができ，子宮部では，血液中のカルシウムが分泌され，卵殻がつくられる。このようにして完成された卵は，排卵から約24時間後に放卵される。

❶24ページの図1-10を参照。

産卵とホルモン　産卵は，下垂体前葉から分泌される性腺刺激ホルモンと，卵巣から分泌される雌性ホルモンが関係している。性腺刺激ホルモンは，卵巣にはたらき，排卵を促進する。雌性ホルモン（黄体ホルモン・卵胞ホルモン）は，肝臓にはたらきかけて，卵黄成分の生成をうながし，また，血中のカルシウム増加を促進させ，卵殻の形成に役だつ。

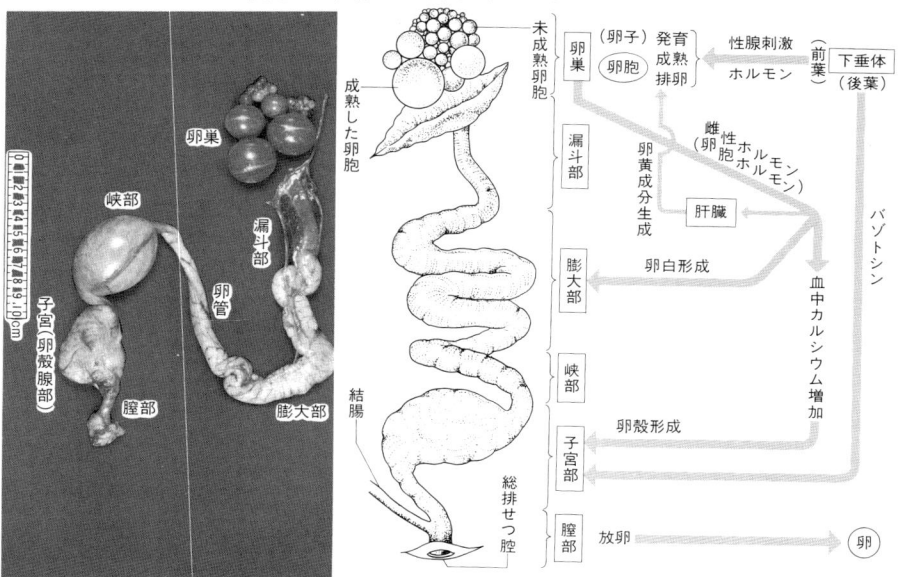

図1-26　産卵鶏の生殖器　　図1-27　生殖器の構造と卵のつくられるまで

3 ■ 産卵と栄養

産卵鶏の栄養　鶏は150日齢くらいから卵をうみはじめる。産卵鶏は，飼料によって自分のからだを維持し，産卵のために必要な栄養素をとっている。飼料に含まれるおもな栄養素は，タンパク質・炭水化物・脂肪・無機物およびビタミンである。飼料摂取量は，まず**代謝エネルギー量(ME)**❶によって決まるので，MEと粗タンパク質(CP)が適量であるかに注意し，ついで無機物・ビタミンが適量であることを確かめる。産卵鶏に必要な養分要求量は，日本飼養標準に示されている。それによると，飼料中に，MEで2,800 kcal／kg，タンパク質はCPで15％が含まれていればよいとされている。❷

このように，一定の養分を含んだ飼料(表1-5)を給与すると，それぞれの鶏は，気温とみずからの体重と産卵率に応じた必要なME量の飼料を摂取する。したがって，飼料が適量な養分を含んでいれば，鶏は自由に食べて本能的に必要な要求量を満たすから，摂取養分に過不足を生じるようなことはほとんどない。

❶ Metabolizable Energyの略である。体内で代謝されるエネルギーのことで，鶏では可消化エネルギーから尿のエネルギーをさしひいたものをいう。

なお，代謝とは，体内にとりいれられた物質がさまざまな変化を受け，最終的には，ふんや尿になって排せつされ，この間，生命維持に必要な物質とエネルギーを生成する過程のことをいう。

❷ 242ページを参照。

表 1-5　産卵鶏飼料の配合例

		配合割合(%)	C P (g/100)	M E 量(kcal/100)
単味飼料	トウモロコシ	50.0	4.5	163.5
	グレインソルガム	16.0	1.5	51.4
	ふすま	4.0	0.6	8.3
	脱脂米ぬか	3.8	0.7	6.6
	大豆油かす	7.5	3.5	17.9
	魚粉	7.0	4.7	20.9
	アルファルファミール	3.0	0.5	4.3
	油脂	0.8	0	6.5
無機物	炭酸カルシウム	6.7		
	リン酸カルシウム	0.6		
	食塩	0.3		
	微量無機物添加剤	0.05		
ビタミン	ビタミンA・D・E剤	0.05		
	ビタミンB剤	0.05		
	塩化コリン	0.15		
	合　　計	100.00	16.0	279.4

注 1.　単味飼料とは，鶏の好む穀類や魚粉などの個々の飼料をいう。
　 2.　無機物・ビタミンは単味飼料に少量含まれているが，それだけでは不足するので，添加物として8％程度補う。
　 3.　必須アミノ酸は魚粉で充足する。

鶏の好む飼料と給与のかたち

鶏の好む飼料とその特徴は，表1-6に示すとおりである。鶏はこのなかでも，とくに穀類や動物性飼料および緑餌類(りょくじ)を好む。飼料給与のかたちには，粉え(こな)(オールマッシュ)・練りえ・固形飼料(ペレット)などがある。粉えは，鶏がえり好みするのをふせぐことができ，貯蔵や取り扱いが容易で自由給餌や自動給餌器に適するので，多羽数飼育に適する。

飼料の与えかた

飼料の給与にさいしては，つねに鶏の産卵率・日齢・食欲・換羽・健康の状態などを観察し，給与量を調節するくふうがたいせつである。与えかたには，**制限給餌**と**自由給餌**とがあり，自動給餌器での給与もひろく行われている(160ページを参照)。

制限給餌 鶏に与える飼料の量を制限し，養分を必要量だけ合理的に与えることができる。しかし，群飼では，強いものが多く食べ，弱いものが少なくなり，食べる量が不均衡になりやすい。

自由給餌 つねに飼料を給餌器内にいれておき，鶏がほしがるだけ無制限に自由に摂取できるようにした方法である。この方法によれば，群飼しているすべての鶏が飼料をじゅうぶんに食べることが

表 1-6 鶏の好む飼料とその特徴

区　　分	品　　名	特　　徴
穀　　類	トウモロコシ・コムギ・オオムギ・エンバク・ヒエ・キビ	デンプンが多く，粗繊維が少なく，消化しやすい。黄色トウモロコシ・コムギには，キサントフィルという黄色の色素が含まれていて，卵黄を黄色にする。ひき割って与えるほうが消化がよい。
ぬか・ふすま類	米ぬか・麦ぬか・ふすま	麦ぬかやふすまは粗繊維が多く，カルシウムが不足している。ふすまはリンとマンガンが多い。米ぬかは脂肪が多いので，脱脂して利用することがたいせつである。
油かす類	大豆油かす・綿実油かす・あまに油かす・落花生油かす・なたね油かす	植物性タンパク質の供給源である。大豆油かすが最もよく，そのほかは，必須アミノ酸が不足する。
動物性飼料	魚粉・魚かす・肝臓粉末・肉粉・さなぎかす・乳製品副産物	成長・産卵に必要な良質なタンパク質を含む飼料である。さなぎかすを多量に与えると卵黄が臭気をおびる。
緑餌類	牧草(アルファルファミールなど)，野菜くず(ダイコンの葉，コマツナなど)	鶏がひじょうに好んで食べる。ビタミンCおよび黄色色素を含むので，適量与えるとよい。

でき，産卵能力を発揮できる。労力の大きな節約になり，現在では，多羽数飼育のばあいはほとんどこの方法による。しかし，なかには飼料を食べすぎて養分が過剰になり，ふとりすぎて能力が低下する鶏が出ることがある。

4 ■ 産卵鶏の管理

日常の管理　日常の管理は，まず早朝鶏の健康を観察することからはじまる。食欲・鳴き声・ふんの観察によって健康状態を判断する。給餌や給水を自動装置によって行っているばあいは，漏水など装置の異常の早期発見につとめる。集卵には，卵を汚したり，傷つけたりしないように注意する。破卵は，飼料の無機物が少ないときに生じやすいので，飼料の養分を検討する必要がある。

四季の管理　毎日の管理作業以外に，病気の予防，寄生虫の駆除(48ページ参照)をはじめとして，季節に応じた防暑・防寒・換気などの調節が必要である。

産卵の調節　一般に鶏は，春さき，日が長くなるにつれて卵をよくうみ，真夏の暑い時期は，春さきのうみ疲れと暑さのために産卵率はさがる。秋は，日が短くなるにつれて産卵量がへり，冬はきびしい寒さの影響を受け，産卵率がさがる。このように鶏の産卵は，日の長さや暑さ・寒さの影響を大きく受ける。

表 1-7　点灯の要領

鶏の区分	点灯の目的	点灯方法	
		開放鶏舎	ウインドレス鶏舎
育成鶏	性成熟の調整	自然日長	20週齢まで9時間一定
成鶏	産卵低下の防止	8月中旬〜5月中旬まで日長とあわせて14時間	20週齢以後14時間になるまで漸増，以後一定

点灯飼育　秋から冬にかけて日が短くなる季節に産卵が減少するので，この時期に鶏舎内に点灯して，休産させないようにする。

点灯の要領は，前ページの表1-7に示すとおりである。光源は，ふつうの電球を用い，高さは床面から1.8 mくらいとし，標準の明るさは，18㎡あたり40 Wの電球1個が適当である。

鶏の更新　産卵鶏の産卵率が低くなり，経済的に不利になると，それをとうたし，新しい若鶏をいれることを，**鶏の更新**という。

産卵率が低下した鶏や，まったく産卵しない鶏(**だ鶏**)は，健康状態，換羽・休産の状態，あるいは産卵調査の結果をみたうえでとうたする。また，1群が10,000～20,000羽という鶏舎単位の大群を飼育している養鶏場では，鶏群の産卵率が全体的に一定以下に低下して経済的に不利になると，1群全部の鶏を更新する**オールインオールアウト** (all in all out)方法をとっているのがふつうである。若鶏を補充して成鶏とともに飼育することは，病気の予防，衛生管理面および光線管理にふつごうが生じるなどの理由があるからである。

図1-28に示すように，鶏は週齢がすすむにつれ，産卵の最盛期をすぎると産卵率は低くなるが，いっぽうでは卵重が重くなる。

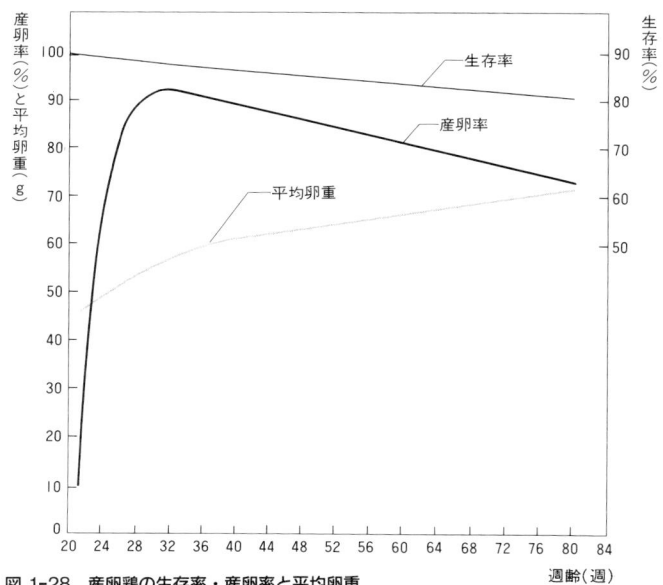

図 1-28　産卵鶏の生存率・産卵率と平均卵重

5 ■ 鶏卵の品質と販売

鶏卵の品質 鶏卵の品質は，鶏の遺伝的な素質によって異なるが，一般には，鶏の月齢，栄養と健康，卵の取り扱いかたなどによって差が生じる。したがって，これらの点にじゅうぶん注意して，管理することがたいせつである。

鶏卵の品質は，つぎのような条件をもつものがよい。

① 卵殻は厚くて，かたいもの。卵殻の厚さや強さは，月齢がすすむにつれて，うすく弱くなる。

② 卵のかたちが正常で，卵殻の表面が美しく，ひびがあったり，汚れたりしていないこと。

③ 飼料によるにおいや貯蔵中の悪臭がないもの。

④ 卵白と卵黄がもりあがり，卵黄の色が適度に黄色いもの。

⑤ 新鮮であること。

鶏卵の規格と販売 鶏卵は，昭和54年に農林水産省が定めた取引規格によって取り引きされている。その規格は，表1-8に示すとおりである。

表 1-8 鶏卵の規格

1　種類の基準

種　類	基　　　　準
L L	鶏卵1個の重さが70g以上，76g未満であるもの
L	〃　　　　　64g以上，70g未満　〃
M	〃　　　　　58g以上，64g未満　〃
M S	〃　　　　　52g以上，58g未満　〃
S	〃　　　　　46g以上，52g未満　〃
S S	〃　　　　　40g以上，46g未満　〃

2　箱づめ鶏卵1箱の等級

等　級	品　　　　質
特　級	包装中に特級の品質の鶏卵が個数で70％以上あり，かつ，それ以外は，1級品質の鶏卵であるもの。ただし，それ以外のうちに総個数の3％以下の2級の品質の鶏卵および1％以下の級外の品質の鶏卵を含むことができる。
1　級	包装中に1級の品質以上の鶏卵が個数で80％以上あり，かつ，それ以外は2級品質の鶏卵であるもの。ただし，それ以外のうちに総個数の3％以下の級外の品質の鶏卵を含むことができる。
2　級	包装中に級外の品質の鶏卵が個数で5％以下であるもの。
級　外	包装中に級外の品質の鶏卵が5％をこえるもの。

注．品質の等級は，卵質検査による等級である。

（農林水産省「鶏卵規格取引要綱」昭和54年による）

6 ■ 産卵鶏飼育の評価

産卵調査❶を行い，調査した結果は毎日，産卵調査票に記録する。個々の鶏の産卵記録から，連産性・換羽・就巣・奇形卵・死亡日時などがわかり，産卵鶏の能力をつかむことができる。

このほかに，鶏は外観によって産卵状態を推定することができる。一般に，産卵鶏は，からだの幅・長さ・深さが産卵鶏らしくあって，胸骨と恥骨とのあいだと左右の恥骨のあいだがひろいものがよい（図 1-29）。さらに，とさかが鮮紅色で，総排せつ腔が大きく湿っているものは，卵をよくうんでいることを示す（図 1-30）。白色レグホーン種では，くちばしやあしの黄色くあせたものは，現在，卵を多くうんでいる鶏である。また，換羽の観察によって産卵能力の判断もできる。7月ころから換羽するものは，休産期間が長い。9月ころから換羽をはじめるものは，休産期間が短く，1～2か月の休産で産卵を開始する。

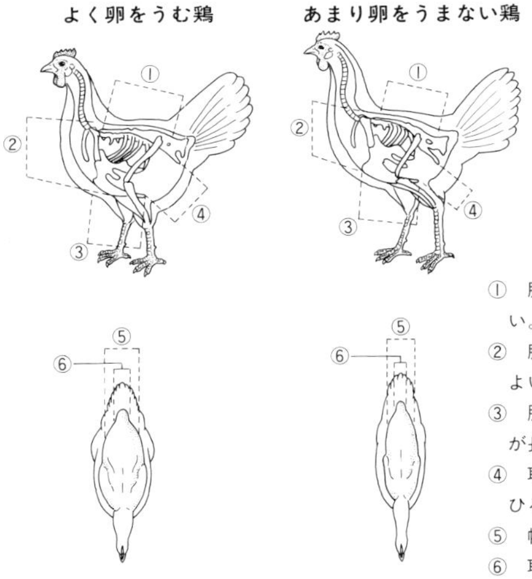

❶ ケージ1羽飼いのばあいは調べやすいが，平飼いのばあいは，トラップネストを用いて調査する。トラップネストは産卵箱の一種で，鶏が自由にはいれるが，はいると戸がとじて出られなくなるようにしてある。このばあいは，個体を識別するために翼や脚に翼帯や脚帯（アルミ製の番号札）をつける。

よく卵をうむ鶏　　あまり卵をうまない鶏

① 胴のびがよいものがよい。
② 胴の深さが深いものがよい。
③ 胸骨（りゅう骨）ののびが長いものがよい。
④ 恥骨と胸骨のあいだがひろいものがよい。
⑤ 幅がひろいものがよい。
⑥ 恥骨と恥骨のあいだがひろいものがよい。

図 1-29　多産鶏と少産鶏の体型と骨格のちがい

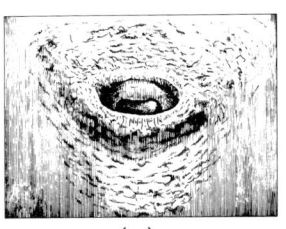

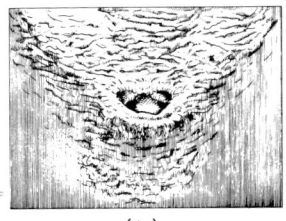

図 1-30　産卵鶏と休産鶏の恥骨・総排せつ腔のちがい
　(a) 産卵鶏　(b) 休産鶏

6 ブロイラーの飼育

ねらい
- ブロイラーの発育の特徴と飼育方法を理解する。
- ブロイラー飼育と採卵鶏飼育とのちがいを理解する。

1 ブロイラーの生産

ブロイラーとは　ブロイラー(図1-31)は本来，若どりで体重1.2 kgくらいのあぶり焼料理用❶のものをいったが，いまでは，3か月未満の若どりで，体重が2.5～3.3 kgくらいの肉用鶏をいう。ブロイラー生産は，利用目的に応じて，適宜出荷する養鶏であり，飼育期間が短いため，資本の回転率が高いという生産の利点がある。

ブロイラー用品種　ブロイラーに適する品種は，肉用種である白色コーニッシュ種や白色プリマスロック種(図1-32)の一代雑種などである。これらの品種のなかにも多くの銘柄があるので，育成率，発育速度や飼料要求率など，すぐれたものを選んで飼育する。

❶あぶり焼くことを英語でbroilという。

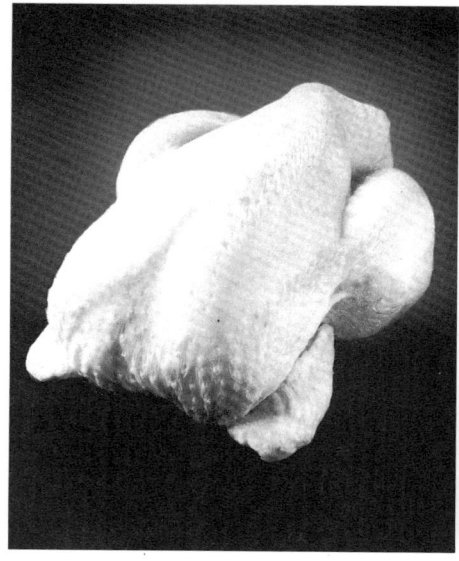

図1-31　ブロイラー

図1-32　白色プリマスロック系統の雌

ふつう，ブロイラーの飼育にあたっては，雌雄鑑別を行わないで雌雄いっしょに飼育するが，雄と雌で発育のはやさがちがうので，理想的には，雌雄をべつべつに飼うと管理しやすい。

2 ブロイラーの飼育方式

ブロイラーの育成には，**バタリー**または**平飼い鶏舎**が用いられる。多羽数飼育のばあいには，平飼い飼育によるのがふつうである。

バタリーのばあいは，幼びな用バタリー（4週齢未満）から仕上げ用バタリー（5週齢以降）に移動する。バタリーによる飼育は，移動のために管理に手間がかかり，移動や密飼いによってストレスをおこしやすく，また胸部に水腫を生じ，商品価値が低下するなどの欠点がある。平飼いは，幼びなから仕上げまで同じ場所で飼い，しかも，鶏体を傷つけることもない。

平飼いには，幼びな育すう期に，**かさ型育すう器**を用いるばあいと，**床面給温方式**によるばあいとがある。床面給温方式によると，ひなのためにもよく，給温のための労力が少なくてすむ。この方式は，ふつう**無窓鶏舎**で用いられ，保温しやすく，明るさも調節でき，

図 1-33 ブロイラーの飼育

ストレスもふせぐことができて、ブロイラーの飼育に適している。

床面給温方式は、つぎのような特徴がある。ひなは、パイプとパイプのあいだに温度差があるため、自由に適温を選ぶことができる。また、床面から保温するため、乾燥鶏ふんが自然にできる。

3 ■ ブロイラーの管理

| ブロイラー用の飼料 | 短期間に発育させて、からだに肉をつけるので、産卵鶏の飼料にくらべて高タンパク質・高エネルギーの飼料を給与する。4週齢まではCPは21％とし、以降、仕上げ期までは、17％とする。MEは、幼びな期3,000 kcalから、仕上げ期には3,100 kcalくらいにあげていく。

| ブロイラーの飼いかた | 温度・湿度などの管理は、卵用鶏のばあいに準じて行えばよい。一般には密飼いをさけ、初生びなはくちばしを切り、しりつつきをふせぐ必要がある。

4 ■ 鶏肉の品質と販売

| 食鶏の規格 | 食鶏とは、農林水産省の**食肉取引規格**に、「食用に供する健康鶏、またはその部分」と決められて

表 1-9 食鶏の分類

名　称		定　義
生体	若どり	3か月齢未満の食鶏。
	肥育鶏	3か月齢以上5か月齢未満の食鶏。
	親雌	5か月齢以上の食鶏の雌。
	親雄	5か月齢以上の食鶏の雄。
と体	中ぬき	と体から内臓（腎臓をのぞく）・総排せつ腔・気管・食道を除去したもの。
	解体品	と体または中ぬきから分割または採取したもの（胸腺・甲状腺、および尾腺を除去したものにかぎる）。
	生鮮品	凍結していないと体・中ぬき・解体品。
	凍結品	生鮮品をすみやかに凍結し、その中心温度を－15℃以下にさげ、以降、平均温度を－18℃以下に保存するように冷蔵したもの。
	正肉	と体を解体し、骨を除去した皮つきのもの。

注 1.「生体」とは、生きている鶏をいう。
　 2.「と体」とは、生体を放血・脱羽したものをいう。
（農林水産省「食鶏取引規格」昭和52年による）

いる。食鶏のうち，流通段階において，その名称を前ページ表1-9のように分類している。一般に，若どりを飼育し，出荷するのがふつうで，若どりの流通量が最も多い。

| 若どり | 若どりは，と体として販売されるので，と体の品質標準をじゅうぶん理解して，市場の需要に応じるようにこころがけ，出荷することがたいせつである。若どりは，生体で出荷するのがふつうであるが，図1-34のように，処理場をもち，と体にして出荷することもある。

若どりの生体と，と体の重量区分について示すと，表1-10のとおりである。

5 ■ ブロイラー飼育の評価

ブロイラーの飼育期間は短いので，飼料の摂取量と体重の増加量とのかかわりがブロイラー飼育の利益に影響する。また，育成率をどのくらい高めるかもたいせつなことである。

図 1-34　若どりの処理場

表 1-10　若どりの生体と，と体の重量区分　　　　　　　　　　（単位　g）

生　　体			と　　体		
若どり	大	1,900以上	若どり	特大	2,100以上
〃	中	1,400以上1,900未満	〃	大	1,700以上 2,100未満
〃	小	1,400未満	〃	大小	1,500 〃　1,700 〃
			〃	中	1,300 〃　1,500 〃
			〃	中小	1,100 〃　1,300 〃
			〃	小	900 〃　1,100 〃

（表 1-9と同じ資料による）

7 ■ 予防衛生と病気

ねらい
- 予防衛生の意義・役割について理解する。
- 鶏のおもな病気の特徴について理解する。
- 薬による生産物や人体への影響について理解する。

1 ■ 健康管理

健康状態の観察　鶏の飼育において，健康状態の観察は欠かせないものである。健康状態の変化に気がついたら，すばやくそれに対する最適の対応をする。健康状態の観察は，鳴き声・外観・動作・ふん便，および飼料の食べのこしなどを中心として行う。

呼吸器系の病気のばあいは，奇声やくしゃみをする特徴がある。ふん便のうち，水様便・緑色便・白色便・赤色便(血便)は，いずれも健康状態が不良か，病気のばあいに排出される。

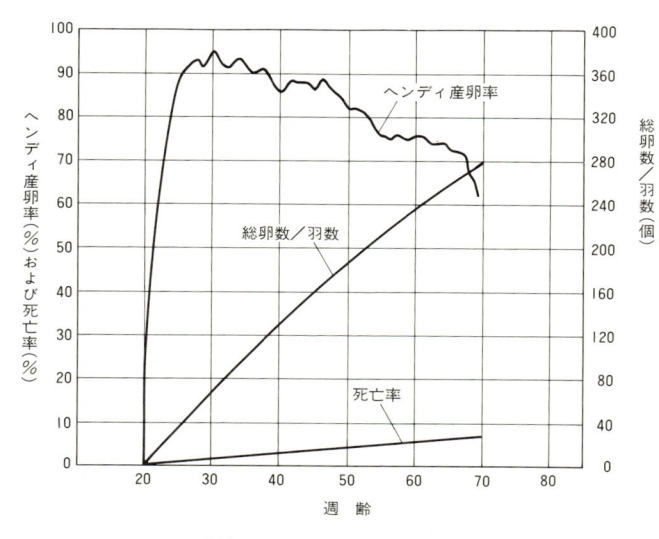

図 1-35　コンピュータを用いた産卵成績および死亡率のグラフ
(「第18回万国家禽会議資料」1988年による)

ヘンディ産卵率は，成鶏延べ飼育羽数に対する総産卵個数の割合(%)で示す。また，総卵数/羽数(個)は1羽あたり平均何個の卵をうんでいるかを，それぞれの週齢に応じた数値で示している。

コンピュータは，産卵成績などの解析に用いられるばかりでなく，飼料摂取量・飲水量などをそのつどチェックすることによって，鶏の健康状態をよりはやく知ることもできる。

よい環境の保持 鶏は、環境に順応する能力をもっているが、その能力以上に環境が不良になると、健康を保つことがむずかしく、病気に対する抵抗力も弱くなる。夏涼しく、冬暖かく、しかも換気がじゅうぶんである環境がよい。

2 ▪ 予防衛生

衛生管理の基本 伝染病予防の基本は、病原体の侵入をふせぐとともに、鶏に抵抗力をつけることである。病原体の伝染経路は、一般に鶏どうしの接触によるもの以外に、鶏ふんや人の衣類、器具・野鳥・カなどがその原因になっている。そのために、養鶏場入口への消毒槽の設置、人の出はいりの制限、器具類を養鶏場外で受けとり、消毒するなどの方法をとっている。また、抵抗力のないひなを、成鶏と隔離して育てる方法も、この考えかたにたっている。抵抗力のある個体をえるには、健康な鶏の育成が第一の条件である。

ワクチンの接種 ニューカッスル病・鶏痘・伝染性コリーザ・伝染性呼吸器病・マレック病などのワクチンがつくら

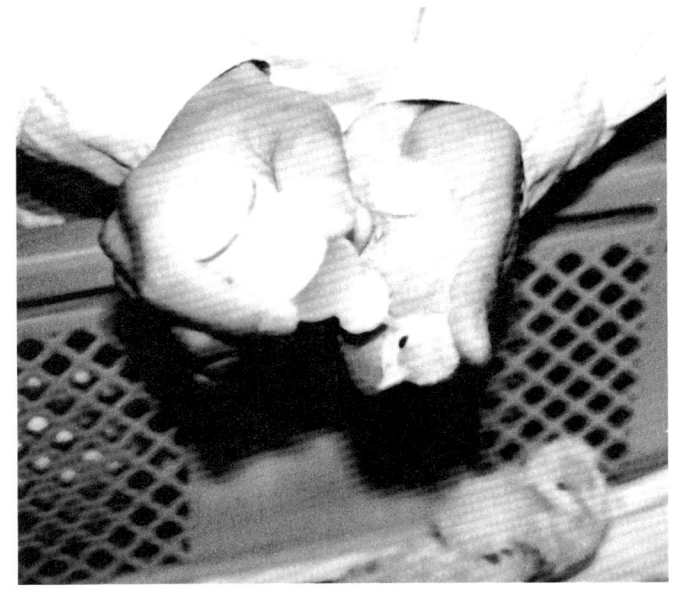

図 1-36 生ワクチンの点眼

れ，2～3種のワクチンをまぜた混合ワクチンもつくられている。これらのワクチンの計画的な接種と，飼育環境の改善によって予防に効果をあげている。おもなワクチンの接種法は，つぎのとおりである。

ニューカッスル病（卵用鶏）　えづけ後（生ワクチン点鼻❶または図1-36に示すような点眼），3～4週齢（生ワクチン点眼または飲水），3～4か月齢（不活化ワクチン接種❷）および必要に応じて，以下4～6か月ごとに不活化ワクチンを接種する。

鶏痘　2～4週齢，および4～5か月齢で，生ワクチンを接種する。

伝染性コリーザ　30～40日齢および100日齢以降，必要に応じて4～6か月ごとに不活化ワクチンを接種する。

予防薬の投与	

原虫によって発生する病気は，予防薬を飼料に加えることによって防止している。コクシジウム症には抗コクシジウム剤を，ロイコチトゾーン病にはピリメタミンとサルファ剤の合剤を与え，効果をあげている。しかし，これらの薬剤の使用法は，法律で規制があり，注意して使用する必要がある。

❶毒力を弱めた病原体を生きたまま接種するワクチンをいう。
❷ニューカッスル病の病原体を死なない程度に動きをとめて接種するワクチンをいう。

表1-11　鶏のおもな病気

病　名	原因と症状	予防と治療
ニューカッスル病（法定伝染病）	原因はウイルス。全日齢に発生し，病鶏の鼻汁・よだれのはいった飲水・飼料，病原体に汚染された器具，人・野鳥などによって伝染する。アジア型とアメリカ型があり，前者は，発熱・呼吸困難・緑色下痢便・奇声・起立不能・けいれん・産卵低下などの諸症状をおこし，死亡率は100%，後者はこれらの症状が軽く死亡率5～10%。	予防には，ワクチン（生ワクチンと不活化ワクチンがある）を接種する。伝染経路は種卵・野鳥・カによるばあいもあるので，地域の発生情報の収集と予防対策がたいせつである。判定は専門家に依頼し，指示にしたがう。病鶏・死体は焼却し，鶏舎の消毒は逆性せっけん・ヨードホール剤によって行わなければならない。
鶏痘	原因はウイルス。全日齢に発生し，カによって媒介される。粘膜型は，幼・中びなに多く，呼吸器がおかされる。あえぎ・呼吸困難。皮ふ型は，とさか・顔・あしに水ぶくれを生じる。死亡率5～60%。	予防には，ワクチンの接種。治療法はないが，2次感染防止に抗生物質を投与または注射するとよい。
呼吸器性マイコプラズマ病	原因は細菌。全日齢に発生し，おもに中・大びなに多い。卵から感染したり接触感染（2次感染ストレス関与）をする。開口呼吸・鼻汁・くしゃみ，眼下の腫脹，産卵低下。コリーザと混合伝染することが多い。死亡率0～10%。	接触感染が原因することが多いので，外来者の制限。異齢鶏群との混飼をさける。ストレスの除去。衛生環境に留意し，予防に重点をおく。また，抗生物質の投与は治療に効果がある。
伝染性コリーザ	原因は細菌。全日齢に発生し，病鶏の鼻汁・涙・鶏ふんから経口感染。水様性鼻汁・緑色下痢便・産卵低下・軟卵，卵の腹腔内脱落，脚弱。死亡率0%（混合感染で多くなる）。	予防には，良好な衛生環境での飼育，不活化ワクチンの接種，抗生物質を与える（マイコプラズマ病対策と併用）。治療には抗生物質を用いる。ビタミン剤を併用する。

消毒・その他　鶏の健康的な環境づくりにとって，定期的な消毒はたいせつな作業である。消毒の手順として，清掃→洗浄→乾燥→消毒→乾燥→再消毒が最も効果的である。消毒薬の使用にあたっては，その特性をよく理解し，用いる人の安全もじゅうぶん考え，マスクや手袋を着用して使うようにする。使用後は，よく手洗いやうがいをしておく。

　もし，伝染病あるいはその疑いのある病気が発生したばあいは，その症状をよくみきわめ，適切な治療を行うとともに，法定伝染病と思われるときは，すぐ家畜保健衛生所に報告し，その指示を受けて処置をする。

3 ■ おもな病気とその対策

　鶏のおもな病気は，細菌・ウイルス・原虫などが病原になる伝染性の病気が主であるが，そのほかに，ビタミンやミネラルの欠乏などの栄養上の欠陥や密飼い，空気の汚染などの不良環境が原因のもの，卵の腹腔内脱落症，腹水症のように，からだのはたらきの異常によって生じるものなどがある。いずれのばあいも，はやく発見し，

(表 1-11のつづき)

病　名	原因と症状	予防と治療
その他の伝染性呼吸器病	①伝染性気管支炎　ウイルスによる。全日齢に発生し，接触感染および空気感染をする。開口呼吸・くしゃみ・せき，黄白色の下痢，産卵低下・異形卵。死亡率 5～60%。②伝染性こう頭気管支炎　ウイルスによる。全日齢に発生し，接触感染。奇声・緑色下痢便・産卵低下。死亡率 0～60%。	①・②ともに，予防には，生ワクチン・不活化ワクチンの接種。消毒の徹底。治療法なし。2次感染防止のために抗生物質の投与。
マレック病	原因はウイルス。おもに120日齢未満のものに発生。空気・羽毛・敷きわらから感染。呼吸困難・緑便・全身まひ・貧血・発育不良。死亡率 3～60%。	予防には，生ワクチンの接種。治療法なし。消毒の徹底。
白血病	原因はウイルス。大びなから成鶏に発生。卵から感染したり，接触感染。緑便・冠い縮。内臓型リンパ腫症と神経型リンパ腫症がある。死亡率20～25%。①内臓型リンパ腫症　肝臓・腎臓・ファブリシウス嚢の肥大。②神経型リンパ腫症　あし・翼羽・頭などの末しょう神経をおかし，まひをおこす。	予防法も治療法もない。幼びなのうちに成鶏から感染すると考えられるので，育すう舎の消毒を徹底し，成鶏と隔離して飼育することがたいせつである。
ひな白痢(法定伝染病)	原因はひな白痢菌。初生・中びなに多く発生する。卵から感染，ふん尿による経口感染。粘りけのある灰白色下痢。死亡率20～60%。	保菌鶏の早期発見と病鶏のとうた(診断液による凝集反応の検出)。ふ卵器・育すう器の消毒。

その原因をとりのぞくことがたいせつである。

鶏のおもな病気とその予防法は，表1-11に示すとおりである。

鶏の病気のうち，家きんコレラ・家きんペスト・ニューカッスル病・ひな白痢の4種類は法定伝染病であり，**家畜伝染病予防法**の適用を受けるので，その規制にしたがわなければならない。法定伝染病が発生したばあいは，市町村へ届け出なければならない。また，発生の予防・まん延防止のための義務が飼育者に課せられている。ただし，これらの法定伝染病のうち，現在も発生が問題になるのは，おもにニューカッスル病だけである(図 1-37)。

4 ■ 薬剤利用の影響と対策

薬剤の利用は，畜産物の生産性の向上に役だっているが，食品の安全性の面から，①畜産物にのこった薬剤の人体への影響，②薬剤使用によって生じる菌の抵抗性(耐性)の2点で問題となっている。

そこで，これらの面から薬剤をはじめ，飼料添加物全般にわたって検討が加えられ，昭和51年に**「飼料の安全の確保及び品質の改善に関する法律」**が制定された。これにより，飼料添加物は，種類・用法・用量など使用上に一定の制限が加えられている。

図 1-37 ニューカッスル病にかかった鶏

8 施設・設備とその利用

ねらい
● 飼育管理に必要な施設・設備の構造と機能を理解する。
● 飼育環境制御の知識と技術を身につける。

1 鶏舎の条件

　鶏舎の基本的条件は，鶏にとって健康的な環境であること，作業能率が高いこと，野犬など外敵に対して安全であること，建築・管理にあたって経済的であることなどである。

　近年，飼育規模が大きくなってきているので，鶏の健康を第一に留意した鶏舎であることがたいせつである。

2 鶏舎の種類と構造

| 立体飼い鶏舎 | 金属製の**ケージ**を立体的に配列した鶏舎で，せまい面積に多くの鶏を飼うことができる。ケージは

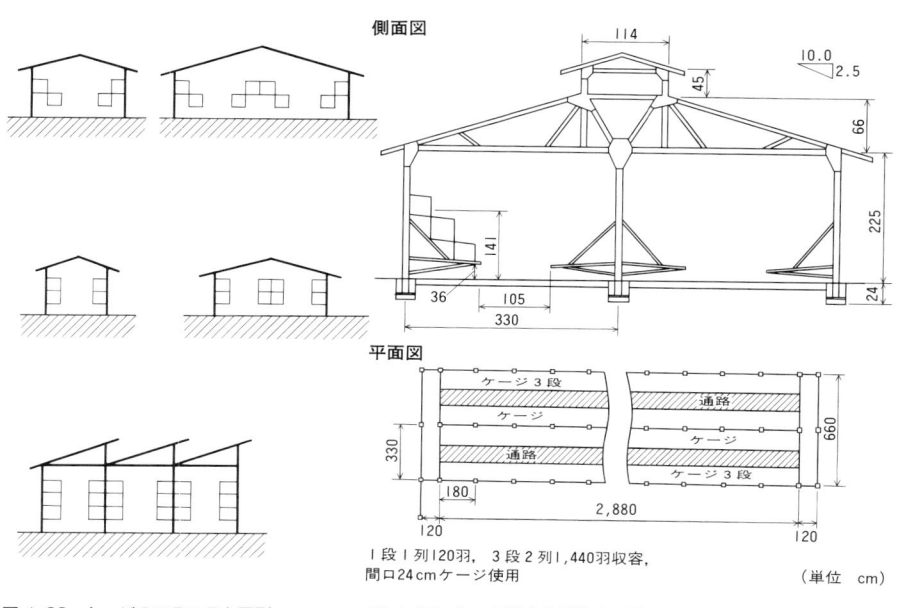

図 1-38　ケージのいろいろな配列

図 1-39　ケージ鶏舎の構造の一例

単飼用（1羽用）と複飼用（2〜4羽用）とがあり，1羽用の大きさは間口18〜24 cmのものが，2羽用は20〜30 cmのものが多く利用されている。

単飼用は産卵率が高く，個体の観察がしやすいなどの利点がある。複飼用は単飼用にくらべて産卵率が少し劣り，だ鶏のとうたがやりにくい，軟便の発生が多いなどの欠点があるが，単位面積あたりの収益は多くなるといわれている。

ケージの配列の例を図1-38に示す。立体飼いは，一般に上段と下段で温度・光・通風などの条件が異なり，管理もむずかしくなり，鶏の習性や健康に適しているとはいいにくい。しかし，空間の有効利用，ふんとの接触が少なく衛生的であり，機械化ができ能率的であるなどの利点をもち，採卵養鶏にひろく普及している（図1-39）。

| 平飼い鶏舎 | 床を土間またはコンクリートにした鶏舎に，運動場をつけたものがこれまでの代表的な平飼い鶏舎で，育すう，種鶏の飼育などに多く利用されている。近年は図1-40のような鶏舎で，給餌・給水設備の機械化をはかり，食鶏・採卵鶏の飼育に普及している。

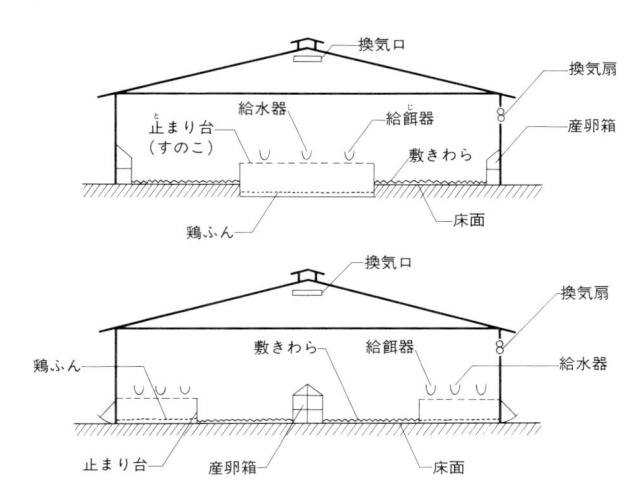

図1-40 平飼い鶏舎（多羽数飼育）の構造と設備の配置
平飼いで自動給餌するばあい，給餌器のなかを飼料送りチェーンコンベヤが移動し，ホッパ（飼料いれ）からチェーンコンベヤに送られて飼料がくばられるという方法もある。

❶冷たすぎたり，暑すぎたりする外気について配慮することがたいせつである。

無窓鶏舎 鶏舎内の環境調節，とくに外気・外風❶，強い日射など，鶏に対して悪影響を及ぼす気象条件から鶏を守り，人為的に環境を調節することによって生産性を高めようとする鶏舎である。窓はなく，外部とは断熱材でしきってあるので，外部から舎内のようすはみることができない。舎内は換気装置で温度・通風を，点灯によって光の調節を行っている。換気法には，給気だけの**陽圧換気**，排気だけの**陰圧換気**，および両者を組み合わせた方式がある。この鶏舎は，給餌・給水・集卵・除ふんなどの作業を機械で自動的に行い，採卵鶏ケージ飼いのばあい，1人で数万羽の飼育が可能である。

3 ■ 設備

| 付属施設 | 付属施設の必要性は，経営規模によって異なるので，経営にあったものを選択するのが基本である。

飼料貯蔵庫 飼料は，貯蔵中に湿気による変質や腐敗，ネズミの害やコナダニの発生などの被害を受けやすい。飼料をばらで購入し，ホッパで貯蔵する方法(図1-41)は，被害は少ないが，袋のままで貯蔵するばあいは，被害を受けないようにじゅうぶん注意する。

図 1-41 飼料貯蔵庫(ホッパ)

図 1-42 選卵処理装置

鶏卵処理室　鶏卵の洗浄・選卵・包装・荷づくりの作業と貯蔵のための施設である（図1-42）。とくに，鶏卵は，生鮮食料品としての鮮度を保つうえから，温度13～15℃，湿度78～85％に保てる貯蔵室をそなえると，ひじょうに便利である。

鶏ふん処理施設　鶏ふんの処理法には，焼却法・乾燥法・発酵法などがある。また，鶏舎の水洗・消毒などのさいに出る汚水の処理施設も必要である。

| 機械・器具 | 多羽数飼育にともなって，管理労働の省力化がすすんでいる。換気・点灯・給餌・給水・集卵・除ふんなどで機械化がすすんでおり，おもなものはつぎのとおりである。

給餌器　鶏舎内に円形皿形の給餌器をおき，屋外にある大型の貯蔵タンクからパイプで自動的に飼料を送りこむ方法，チェーンコンベヤを装置したとい形の給餌器を舎内に配列し，チェーンを循環させて飼料を送りこむ方法，ケージの上部に取りつけたレールにつりさげた小型タンクを往復させながら，給餌器に飼料を落としていく方法などがある。

除ふん装置　図1-43のように，ケージの下にスクレーパ（除ふん刀）を設置し，ワイヤロープでひっぱって鶏ふんを集める方法が一般的である。

図1-43　除ふん装置

図1-44　自動かくはん装置のついた鶏ふんのハウス乾燥処理

8　施設・設備とその利用

9 鶏ふんの利用と処理

> **ねらい**
> - 環境汚染しない衛生的な鶏ふん処理方式を理解する。
> - 鶏ふんのすぐれた有機質肥料としての価値を理解する。
> - 公衆衛生の重要性を理解する。

1 鶏ふんの排せつ量と性質

　鶏ふんの排せつ量は，飼料の摂取量と飲水量などによって変動する。とくに，夏は飲水量の増加のため，排せつ量は多くなりやすい（表1-12）。

　鶏ふんのすぐれた特徴は，豚ふんや牛ふんとくらべて表1-13のように，窒素・リン酸・カリなどの肥料成分を多く含み，その施肥効果もはやくあらわれることである。また，有機質を多く含むので，土の性質を改善するのに役だつ。

2 鶏ふんの利用と処理方法

　鶏ふんは，貴重な有機質肥料として耕地へ還元し，耕地の地力を高め，農作物栽培に役だてるのがのぞましい。

表1-12　鶏ふんの排せつ量
（産卵鶏，1日1羽あたり平均値）

気温 (℃)	飲水量 (mℓ)	鶏ふん水分 (%)	ふん量 (g)
10	200	78.0	110〜140
20	225	80.0	130〜150
25	250	82.0	140〜160

（「愛知県農業総合試験場資料」昭和60年によって作成）

表1-13　鶏ふんの肥料成分含有率
（乾物中の%）

区分	窒素	リン酸	カリ
生（なま）	4.45	7.02	3.21
発酵 （きゅう肥）	3.43	6.96	3.74
乾燥	3.37	6.90	3.50

注．平均値。
（「愛知県農業総合試験場資料」平成2年による）

鶏ふんの利用方法とその特徴を示すと，つぎのとおりである。

| **生ふんの利用** | 鶏ふんは生のまま施用できる手軽な方法であるが，大量の施用は，農作物に生育障害をおこす心配があるので，さけたほうがよい。

| **乾燥利用** | 生ふんは水分を多く含み，固有のにおいと熱をもつことから，乾燥することによって取り扱いが容易となる。乾燥には，プラスチックハウスによる方法（55ページの図1-44参照）や火力乾燥による方法が一般に用いられる。

| **きゅう肥の利用** | 鶏ふんの水分を60％くらいに調節し，発酵させてつくる。取り扱いや施肥効果にすぐれている。つくりかたや特徴については，第2章・第3章を参考にするとよい。

3 ■ 排せつ物と環境衛生

排せつ物などの処理を適切に行わないと，環境衛生上よくない。公害対策を推進するための「**公害対策基本法**」，公共用水の汚濁防止のための「**水質汚濁法**」，廃棄物を適正に処理するための「**廃棄物の処理及び清掃に関する法律**」などの法令が定められ，国民の健康を保護している。図1-45に環境にやさしい畜産の一例を示す。

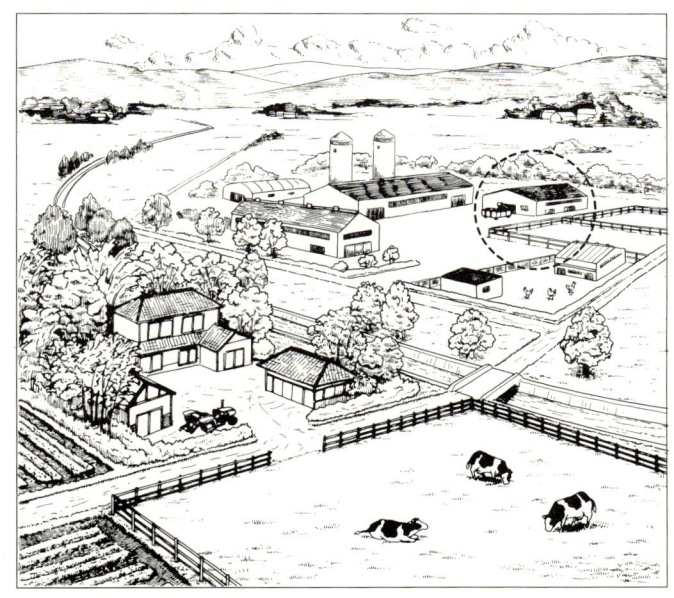

図1-45　環境にやさしい畜産が求められている

観察

中びな期における寄生虫の観察

目的
鶏ふんを調べ，寄生虫卵の検出ができる。

準備
ペトリ皿・ガラス棒・ビーカー・ガーゼ・試験管・カバーガラス・スライドガラス・食塩・顕微鏡。

方法
1. 鶏ふん約2gをビーカーにとる。
2. ビーカーに飽和食塩水を約100mℓ加えて，よくかきまぜる。
3. この液をガーゼで濾過して，試験管にとる。
4. これに飽和食塩水を静かに加えて，液面を試験管の上端よりももりあがらせ，15分以上放置しておく。
5. もりあがった面に浮いている卵をカバーガラスに軽くつけ，スライドガラスに密着させて検鏡する。

まとめ
1. ノートに寄生虫卵をスケッチし，その数も記録する。
2. 寄生虫の駆除のしかたについて考え，みんなで話しあう。

〈参考〉

養鶏の形態　養鶏の形態を生産目的からみると，表-1のようにわけられる。また，経営組織によるわけかたは，表-2のようになる。

表-1　養鶏の生産目的による分類

養鶏の分類	特　　徴
採卵養鶏	食用卵の生産を目的とするもので，一般には，種鶏業者から初生びなを，また，育すう業者から中びなを購入して採卵鶏に育てる。
食鶏養鶏	肉鶏を生産する養鶏で，肉用品種を8週齢くらいまで飼育し，若どりとして出荷する。
採種養鶏（ふ化業）	種卵を生産する養鶏で，採卵・採肉などの目的で飼われる鶏をつくる種鶏を飼育する。多くのばあい，その種卵をふ化する仕事（ふ卵業）をかねている。また，幼びな・中びなまで育すうをかねることもある。
育すう養鶏	ふ化業者から初生びなを購入しまたは依頼を受けて，それを幼びなあるいは，中びな期まで育すうし，そのひなを採卵業者に販売することを目的とする養鶏である。

表-2　経営組織と飼育規模

経営組織	労働力	飼育規模
複合養鶏	手労働を主とした家族労働力	5,000羽以下
専業養鶏	手労働を主とした家族労働力	5,000～10,000羽
	機械力を導入した家族労働力	15,000～20,000羽

（成鶏平均飼育羽数）

第2章 養豚

吸乳中の子豚

観察のためにマーキングした子豚

1 ■ 豚の特性

ねらい
- 豚のからだ各部の特徴を観察する。
- 豚がもっている性質を理解する。
- 肉用家畜として豚の一生を理解する。

1 ■ 豚のからだ

からだの各部の名称　豚のからだは肉生産のために改良されたものであり，豚肉の部分名はからだの各部の名称に関係がある。かた(肩)は前躯，ロースとばらは中躯，ハム(もも)は後躯である。現在の改良された豚の体型は前躯が小さく，中躯はふとくて長い。後躯は筋肉がよく発達して大きい。また，体上線はほぼ弓状になっていて，体下線は水平である(図2-1)。

豚の骨格　豚は，筋肉のかたまりのようであり，外ぼうから骨格を想像するのは，なかなかむずかしい(図2-2)。豚の椎骨を数えると，頸椎は7個で，首の長いウマの頸椎と同数である。

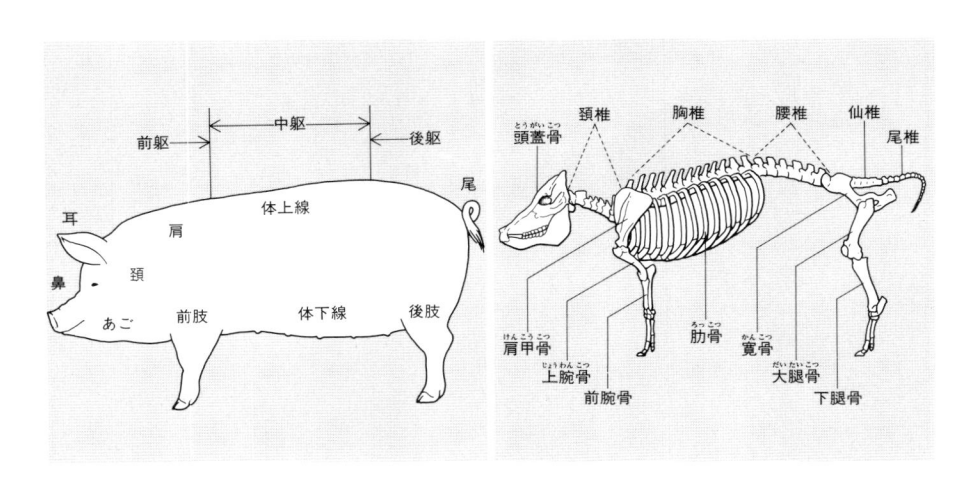

図2-1　豚のからだ各部の名称

図2-2　豚の骨格

胸椎は14〜16，腰椎は6〜7，仙椎は4，尾椎は20〜23である。したがって，胸腰椎数が多いと，中躯の長い豚になる。蹄(ひづめ)は偶蹄であり，蹄の裏は比較的やわらかい。

2 ■ 豚の性質

| 行動 | 繁殖豚の昼間の行動を観察すると，豚舎内では，採食時とその前後は立っているが，多くの時間は寝ている。しかし，放牧場に出すと，子豚のように走りまわり，草を食べ，強力な鼻で土を掘りおこす。また，夜間は豚舎内でも放牧場内でも寝ているのがふつうである(図2-3)。

| 採食 | 豚の口は鼻の下にかくれているようであるが，口をひらくと大きい。その口は粉状の飼料から根菜類までもほおばることができる。発育中の豚は1日に10〜20回採食し，1回の採食時間は1〜30分と決まっていない。また，採食時には，尾をふったり，足ぶみをしたりして採食する豚もいる。

| 飲水 | 豚は母豚の乳頭を吸乳しているように，給水カップもニップル給水器の水も同じように吸いこむ。1回の飲水時間は15〜30秒と短いが，暑いときはニップル給水器の水を出したり，給水カップの水に口先をいれて水遊びをする。

❶胸腰椎数の比較

	少ない	多い
胸椎	14	16
腰椎	6	7
計	20	23

❷66ページを参照。

豚の土掘り　　群がって寝る

図 2-3　豚の行動

| 排ふん・排尿 | 豚は，排ふん・排尿を決まった場所にするようになる。その場所は，豚房の片すみや隣接豚房がみえるところである。なかには，採食中でも排尿する雄豚がいる。また，豚房がかわったり，運動場に出したときなども排ふんする。 |

| 群がる | ほ乳子豚は全頭がそろって吸乳し，そろって寝ている。発育した豚でも群がって行動する。とくに，夜間や寒いときなどは，暖いところに群がっている。また，群からはなれているような豚は病豚である。 |

| 争い | 豚は，同腹子豚でも争いごとがたえない。ほ乳子豚❶は，出生時から乳頭順位が決まるまで，泌乳量の多い胸部乳頭をうばいあう。この子豚期の争いは短時間のかみあいでおわるが，肥育豚・繁殖豚の争いでは，重傷をおう豚もいる。とくに，種雄豚どうしのけんかでは死亡するばあいもある。❷ |

❶同じ母豚からうまれた子豚である。
❷それぞれの子豚は，生後2〜3日で吸乳する乳頭が強い順に決まる。

| 温度反応 | 豚の汗腺は退化しているので，皮ふからの体温放熱は困難である。したがって，暑いときは呼吸数が多くなり，鼻息が荒くなる。からだを冷やすためには水浴を好み，状況によってはふん尿のなかでも寝る。寒いときは運動を停止する。 |

2分割卵(200倍) 13〜15
胎子 100
ほ乳子豚 21〜35

受精 → 着床 → 胎子 → 出生 → 離乳

胎内発育期 / ほ乳期

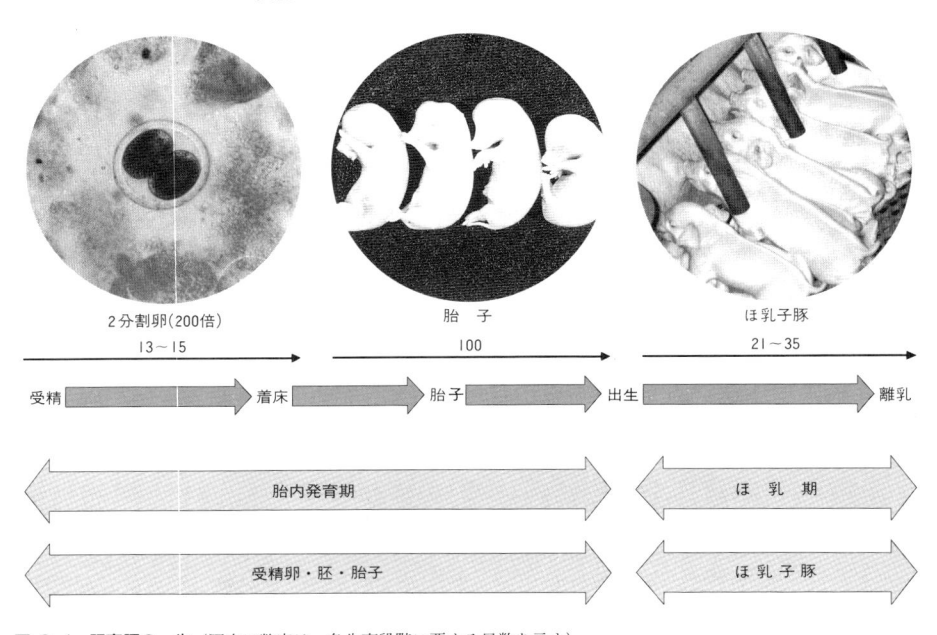

受精卵・胚・胎子 / ほ乳子豚

図 2-4 肥育豚の一生（図中の数字は，各生育段階に要する日数を示す）

3 ■ 豚の一生と生産

豚には，肉を生産するために飼育されている**肥育豚**と，その肥育豚になる子豚を生産する**繁殖豚**がいる。

|**肥育豚**| 肥育素豚の生産は繁殖豚の交配時からはじまり，受精・卵分割・胚形成・着床・胎子成長などの胎内発育期，出生後のほ乳・離乳，子豚育成などの子豚期，そして，肥育期となり，発育促進の肥育前期，赤肉量を増加させる肥育後期をへて肉豚として出荷される(図2-4)。

|**繁殖豚**| 繁殖素豚は育成期間中に性成熟に達し，発情周期をくりかえしたのち，交配・妊娠・分べん・授乳・離乳・発情回帰などの一連の繁殖周期をへて産歴を重ねる。この繁殖周期は妊娠日数の約114日，授乳期の21〜35日，発情回帰日数の5〜10日で，約150日となり，年間2.5回分べんできる。繁殖障害や事故などがなければ，生涯で10産以上分べんできる。

種雄豚は自然交配に用いるか，人工授精のための精液を採取する。ふつうの飼育をすれば，5〜8歳ころまで繁殖に用いられる。

❶性成熟に達した雌が，妊娠しないばあいは，発情が一定の周期でくりかえされる。このことを発情回帰といい，妊娠すると停止する。

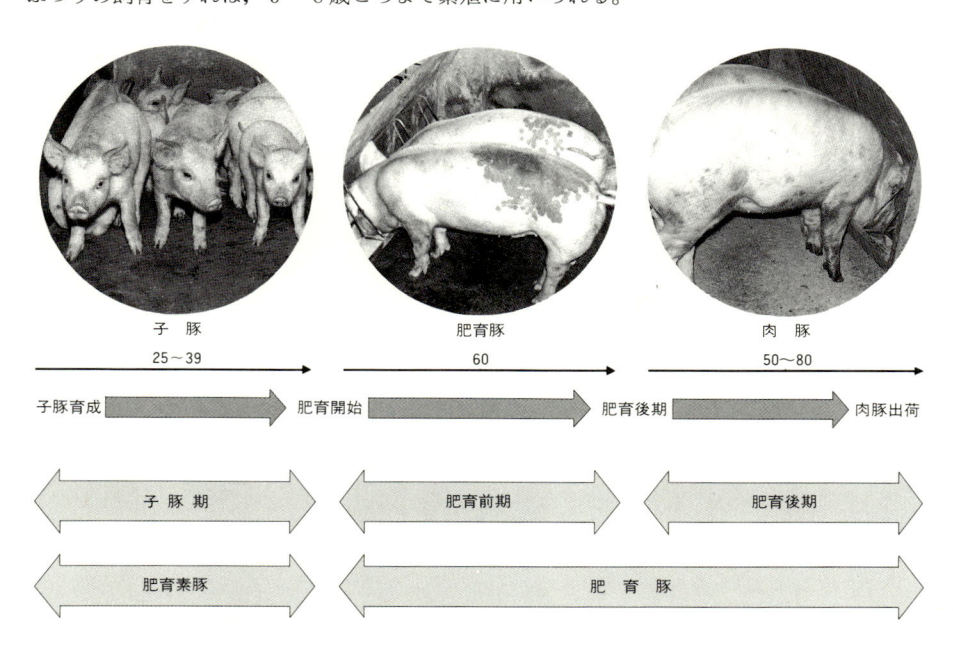

子　豚　　　　　　肥育豚　　　　　　肉　豚
25〜39　　　　　　60　　　　　　　50〜80

子豚育成　→　肥育開始　→　肥育後期　→　肉豚出荷

子豚期　　肥育前期　　肥育後期

肥育素豚　　　　　　肥　育　豚

観察

豚の観察

目的
豚の形態・行動を観察し，豚のからだの特性と習性を理解する。

準備
記録用紙・筆記用具・カウンター・ストップウォッチ。

方法
1. 豚房内の豚を静かに観察し，豚の形態をスケッチする。

    ここでは，品種による形態のちがいを発見しようとする観点をもつとよい。
    (a) からだ全体の形態
    (b) 各部の観察
        耳・目・鼻・口・蹄・毛皮・尾・乳頭の形態
2. 各個体にマーキングを行い，運動場に放して豚の行動を観察する。

    ここでは，いろいろな行動を数値化し，科学的に分析することがたいせつである。
    (a) 採食・飲水行動
        採食時のあごの動数などを計測する。
    (b) 排せつ行動
        場所・回数などを計測する。
    (c) その他の形態
        他の個体との接触，動作の特徴などを観察する。

まとめ
1. 豚の全体図に各部の名称を記入する。
2. 各部位の形態と行動との関連性を考える。

豚の行動観察

　　　　　　　　　　月　　　日　　観察者

観察開始時刻(　：　)

時間(分)	10	20	30	40	50	60
採食○─○ 飲水　×						
排ふん　○ 排　尿　×						
歩行(起立)○─○ 横臥（おうが）×─×						
(観察事項)						

マーキングの例

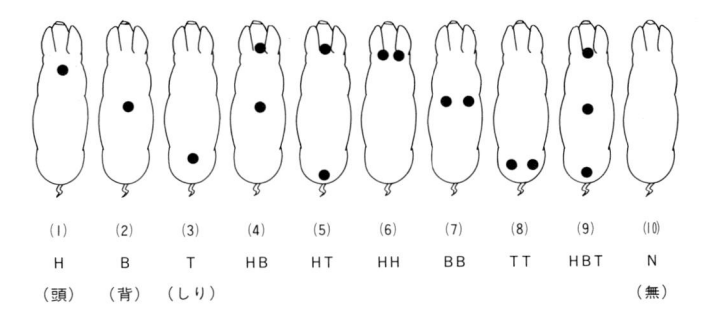

(1)	(2)	(3)	(4)	(5)	(6)	(7)	(8)	(9)	(10)
H	B	T	HB	HT	HH	BB	TT	HBT	N
(頭)	(背)	(しり)							(無)

2 ■ 豚の品種と選びかた

ねらい
- イノシシが家畜化されて豚になった歴史を理解する。
- 豚のおもな品種の特徴を理解する。
- よい豚の選びかたを理解する。
- 豚の体型審査を実習する。

1 ■ 豚の歴史

❶四肢の指の数が2本または4本で、ひづめをもつ動物のことをいう。キリン・ラクダ・牛・羊などである。

| イノシシ |

草食動物が多い偶蹄類❶のなかで、イノシシは雑食性であり、人間と同じ生活圏にいたために、狩猟民にとっては格好の獲物であった。また、イノシシの旺盛な食欲と多産性は肉用家畜にするのに最も適していた。

イノシシの体型は前躯が大きく、中躯が短いので、豚の体型とはまったく異なっている（図2-5）。そして、イノシシは年1回春に子をうむが、豚は年間を通して子をうむことができる。しかし、イノシシは改良種の豚と交配することができ、このことからも、豚の祖先はイノシシであることがわかる。

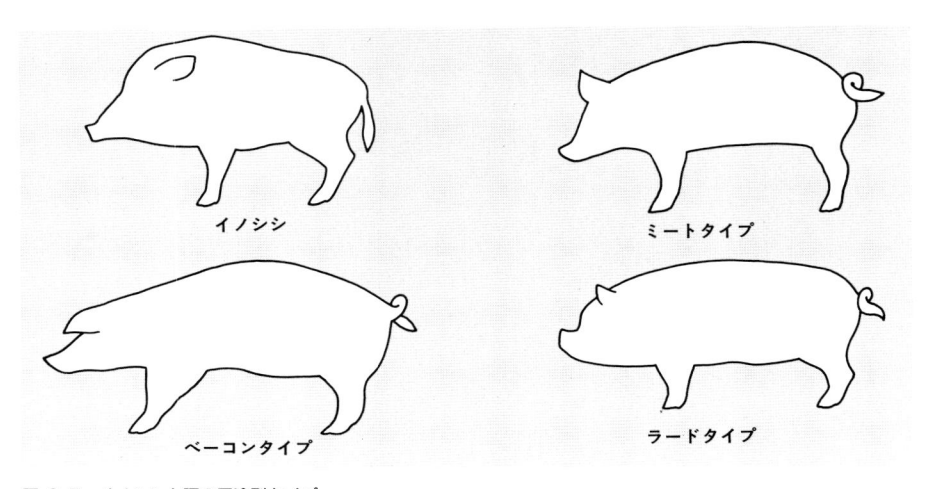

図 2-5 イノシシと豚の用途別タイプ

| 古代豚 | 遊牧民は牛・羊などをつれて移住していたが，豚を移動させるのは困難であった。

　紀元前8,000年ころのヨーロッパの古代遺跡から，イノシシとは異なった豚の骨が発掘されており，このことからも定着農耕民によって豚が飼われていたことがわかる。また，古代ギリシアでは，豚の土を掘りかえす力を利用して，農耕をしたともいわれている。

| 近代豚 | 肉用家畜としての豚の改良は1200年ころからはじめられ，1800年代にはイギリスを中心に，ヨーロッパ・アメリカなどで，豚の品種が数多くつくり出された。

　わが国では仏教伝来後，肉食が禁じられたため，豚は飼育されなくなった。養豚がわが国の事業として積極的に取り組まれるようになったのは明治時代以降であり，諸外国から多くの豚を輸入して，全国各地で飼育されるようになった。

2 ■ おもな豚の品種

| 用途別のタイプ | 豚肉の利用方法は数多くある。豚は，肉の用途に応じていろいろな品種がつくり出されており，つぎの3タイプに分類できる（図2-5）。

　生肉用型（ミートタイプ）　赤肉と脂肪の割合がよい生肉を生産す

中ヨークシャー種　　　バークシャー種　　　ランドレース種

図 2-6　豚のおもな品種

るタイプである。からだは幅がひろく，深みがあり，筋肉がよく発達している。中ヨークシャー種・バークシャー種が属している。また，ハンプシャー種・デュロック種も生肉用型であるが，加工用型としても利用されている。

　加工用型(ベーコンタイプ)　ベーコンをつくるために改良された豚であり，中躯が長く，脂肪量が少なく，赤肉量が多い。ランドレース種・大ヨークシャー種は加工用型としてつくり出されたものであるが，生肉用型としても利用されている。

　脂肪用型(ラードタイプ)　脂肪量が多く赤肉量が少ない。発育ははやいが，小型であり，産子数は少ない。チェスターホワイト種・ポーランドチャイナ種が属する。現在は，植物油がラードよりも多く使われるようになり，このタイプの豚は改良がすすんでいない。

| わが国の豚の品種 | 豚の品種は100種以上あるが，世界各地で飼育されている豚のおもな品種は，約30種である。 |

　わが国で飼育されている豚のおもな品種は，昭和30年代ころまでが中ヨークシャー種・バークシャー種であり，昭和40年代からは，ランドレース種・大ヨークシャー種・ハンプシャー種・デュロック種などである(図2-6，表2-1)。

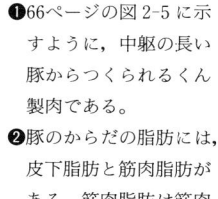

❶66ページの図2-5に示すように，中躯の長い豚からつくられるくん製肉である。

❷豚のからだの脂肪には，皮下脂肪と筋肉脂肪がある。筋肉脂肪は筋肉のあいだにあり，赤肉として測定される。ここでの脂肪量は，皮下脂肪である。

大ヨークシャー種　　　ハンプシャー種　　　デュロック種

(図2-6のつづき)

表 2-1 豚のおもな品種とその特徴

品種名(原産地)	特徴
中ヨークシャー種（イギリス）	大ヨークシャー種を基礎豚として，中型に選抜したものである。被毛・皮ふは白色，顔はしゃくれ，立ち耳である。性格は温順で飼いやすく，肉質は良好である。わが国では昭和30年代の前半まで本種が最も多く飼われていたが，大型種豚が導入されてから，激減している。
バークシャー種（イギリス）	原種は在来種にシアメース種・中国種などが交配されたものである。体色は，黒であるが，六白（顔の先，四肢の端，尾の端）がある。顔はわずかにしゃくれ，立ち耳である。体質は強健で飼いやすい。肉質は良好であり，わが国では黒豚肉として根強い人気がある。
ランドレース種（デンマーク）	在来種に大ヨークシャー種を交配してつくったものである。白色で，ほそい被毛，長い鼻，垂れさがった大きな耳である。体型は中躯が長く，流線的であり，後躯が発達している。肉質がよく，余分な脂肪がない。また，繁殖能力が高い。世界各地で飼われているランドレース種は，デンマークのランドレース種を基礎として改良増殖されたものである。
大ヨークシャー種（イギリス）	大型で粗野な骨格の白色在来豚をもとに改良されたものである。立ち耳で，あしが長く，体高があり，からだ全体がゆったりとしている。大ヨークシャー種は気候や環境の変化にたえられる強健性があり，繁殖能力が高いので，他の品種の能力改良や交雑種をつくり出すのに利用されている。
ハンプシャー種（アメリカ）	エセックス種・ウェセックス種・サドルバック種などを交配したものである。黒色であるが，肩から前肢にかけて白帯になっている。皮ふ・脂肪層がうすく，赤肉量が多く，肉質がよいことから，肉質改良のための交雑種豚として用いられている。
デュロック種（アメリカ）	原種はジャージーレッド種・デュロック種が基礎豚になっている。赤色豚で，赤かっ色から濃い赤色まである。顔は中等の長さで，垂れ耳である。性質は温順で，暑さに対して抵抗力がある。飼料効率がよく，肉質がよい。わが国では，交雑種豚をつくり出すのに多く用いられている。

3 ■ よい豚の選びかた

血統による選びかた　豚の品種としての特性を保持し，さらに，改良をすすめるために，**種豚登録**が実施されている。まず，登録の基礎となる血統を確認するために**子豚登記**が行われている。ついで，生後6か月以上で品種別の種豚登録審査を受け，合格すると種豚登録される。また，産子検査を受けて合格すると**繁殖登録**となり，豚産肉能力検査を受けて合格すると**産肉登録**となる（図2-7）。このような各種の登録証明は，血統による豚の選抜に役だっている。

能力による選びかた　豚の改良のために，繁殖能力と産肉能力とが検定されている。**繁殖能力**は，産子数・ほ育成績・子豚状態・育成率などを調べる。**産肉能力**は，1日平均増体量・飼料要求率などの発育成績，背腰の長さ，ロース断面積，大割肉片のハム割合，背脂肪層の厚さなどのと体成績を調べて，それぞれの得点によって，5段階の総合判定が行われる。

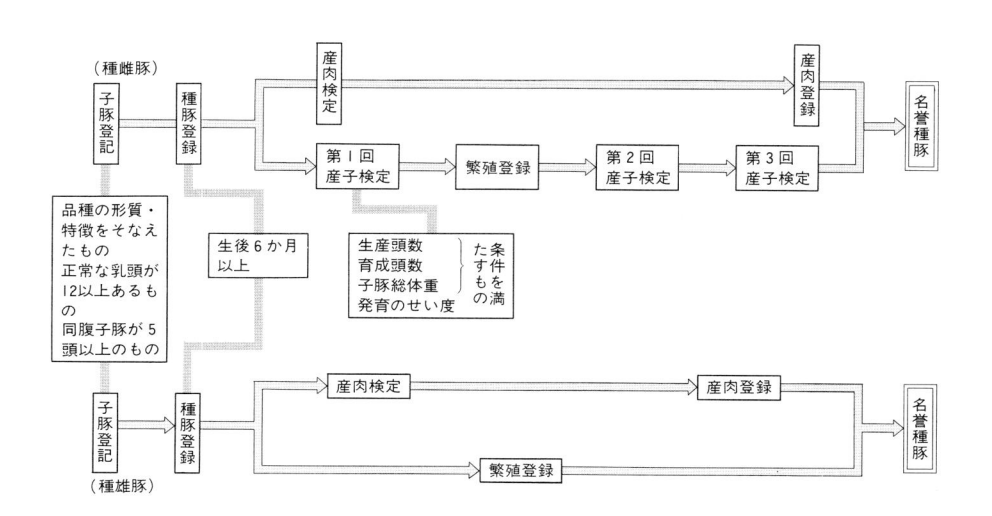

図 2-7　種豚登録のしくみ（日本種豚登録協会）（丹羽太左衛門監修「新養豚全書」昭和57年によって作成）
注．発育のせい度は，発育がよくそろっている程度をいう。産肉検定は，後代検定・直接検定・併用検定・現場直接検定などがある。

| 体型による選びかた | 豚の体型・体色は，品種としての特徴があらわれていて，品種別に種豚審査標準が定められている。

体型は，一般外ぼう・頭・くび・前躯・中躯・後躯・乳器・生殖器・肢蹄などを審査し，その評点で選抜することができる。

4 ■ 交雑種の利用

| 雑種強勢 | 品種間交配において，その子の成績が両親の平均値よりも高くあらわれたものが**雑種強勢（ヘテローシス）**である。また，同一品種でも系統が異なっている交配でヘテローシス効果があらわれる。さらに，三元雑種・四元雑種などにおいても，ヘテローシスとしてあらわれている（図2-8）。

しかし，ヘテローシスはすべての産肉要素にあらわれるものではなく，形質によってはあらわれる度合いが異なっている（表2-2）。

| 合成種豚 | **合成種豚**（ハイブリッド豚）は，いくつかの豚の品種を交配してつくり出したものである。

たとえば，A品種は肉量は多いが，肉質が悪い。B品種は肉量は少ないが肉質がよい。C品種は肉量が少なく，肉質は悪いが，発育がはやい。このような，多くの品種のよい産肉形質と繁殖形質とを組み合わせたハイブリッド豚がつくり出されている。

❶88ページの図2-24を参照。

❷遺伝構成の異なる個体どうしを交配してできたヘテローシスの生じた子どもをいう。

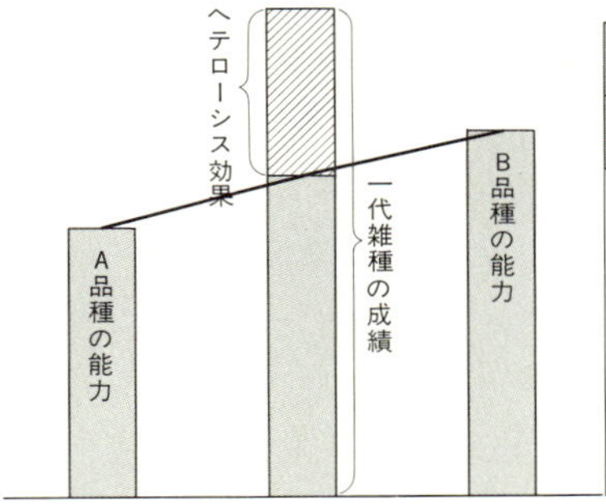

表 2-2 豚のヘテローシスのあらわれかた

ヘテローシス効果の度合い		
強いもの	弱いもの	あらわれない
強健性	産子数	と体の長さ
子豚の初期発育	子豚の発育	背脂肪の厚さ
子豚の育成率	肥育豚の後期発育	ロースのふとさ
肥育豚の初期発育	肥育豚の飼料効率	肉の品質

図 2-8　ヘテローシス効果

3 ■ 豚の繁殖と育成

ねらい	● 雌豚と雄豚の生殖器の構造とはたらきを理解する。
	● 雌豚の発情徴候の変化を観察する。
	● 繁殖豚の飼育管理ができる。
	● 子豚の飼育管理ができる。
	● 繁殖技術の評価ができる。

1 ■ 生殖器の構造とはたらき

雌豚の生殖器

❶性ホルモンとしては，下垂体から分泌される性腺刺激ホルモンと卵巣・精巣からの性ホルモンとがある。

雌豚の生殖器(図2-9)はホルモンのはたらきにより，発情周期・繁殖周期にともなって変化している。**卵巣**は，卵胞発育・排卵・黄体形成・黄体退化と周期的に変化し，**卵子**の生産とともに性ホルモンの分泌を行っている。

卵管は卵子が精子と受精し，初期の分割が行われるところである。子宮角は受精卵が胚まで発育し胚から胎子になり，出生時まで胎内発育をさせている。子宮体・子宮頸管・腟・腟前庭などは分べん時

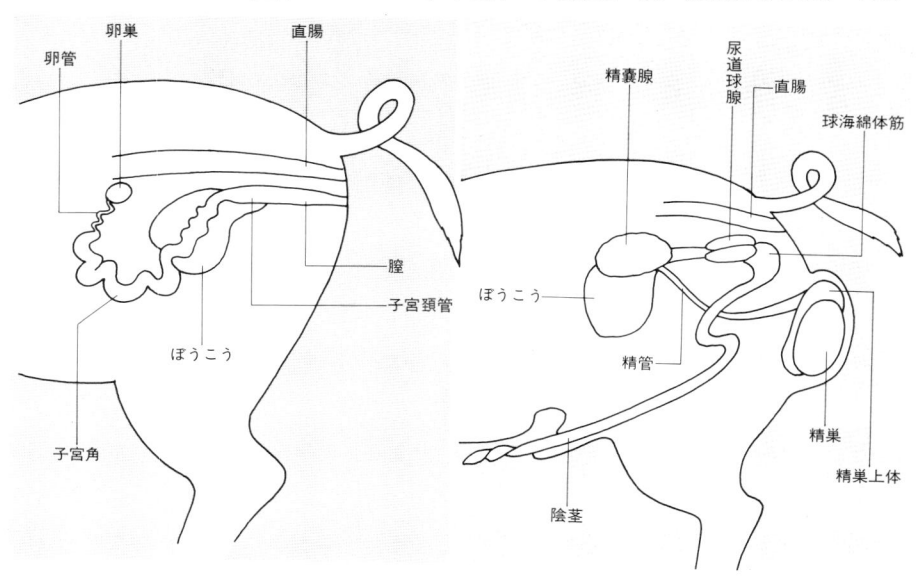

図 2-9 雌豚の生殖器

図 2-10 雄豚の生殖器

に産道を形成する。

| **雄豚の生殖器** | 雄豚の生殖器(図2-10)は神経とホルモンのはたらきを受けている。**精巣**は性腺刺激ホルモンのはたらきによって、精細管内で**精子**をつくり、間質細胞から雄性ホルモンを分泌している。精巣上体は長い管で、このなかで精子が成熟する。精管は射精時に精子を陰茎へと輸送する。精嚢は精液の液体部の大部分を占めている精嚢液をつくっている。尿道球腺は、豚精液特有のこう(膠)様物をつくるところである。

2 ■ 繁殖に用いる時期

| **雌豚の繁殖開始** | 雌豚の性成熟は、初回発情によって確認できる。初回発情発現時期は育成方法によって異なるが、生後6〜7か月、体重100 kgのころである。この初回発情発現期では、生殖器の発育がふじゅうぶんなため、排卵数が少なく、産子数も少なくなる。

したがって、初回発情発現後に発情周期を1〜2回くりかえしたのちの、生後8〜9か月、体重120〜130 kgから繁殖に用いる。

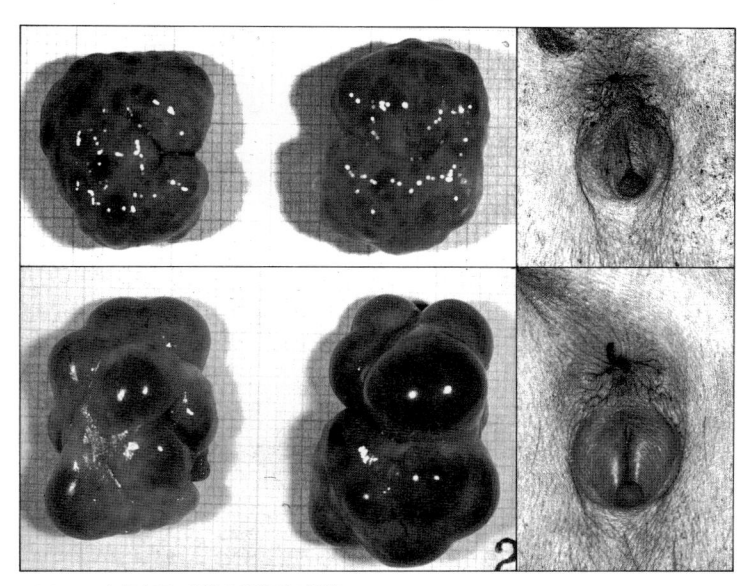

図 2-11 未経産豚の卵巣と外陰部の形態
(上) 性成熟まえの豚の卵巣と外陰部 (下) 初回発情発現時の卵巣と外陰部

| 雄豚の繁殖開始 | 雄豚の春機発動期は，射精行動によって確認できる。精巣内に精子が形成されるのは生後4か月ころであるが，性成熟期は雌豚とほぼ同時期に到達する。雄豚は射精時の乗駕をらくにするために，肢蹄を強くし，生後8〜10か月ころから繁殖に用いる。

3 ■ 発情周期

| 発情徴候 | 雌豚の発情徴候を観察すると，外陰部(発赤・腫脹)の変化と，雄豚の乗駕行動に対しての静止状態(雄許容)などが周期的にあらわれている。発情前期は，外陰部の発情徴候が発現したときからである。発情期は雄許容がつづいているあいだで，人が雌豚の背腰部を両手で圧すると静止状態(背圧反応)になる期間でもある。発情後期は，外陰部の発情徴候が消失するまでである。発情休止期は，発情徴候がないときである。

| 発情周期 | 豚の発情周期は21日であり，発情前期は2.7日，発情期は2.4日，発情後期は1.8日，発情休止期は13.1日である。発情周期の長さは，雌豚の年齢・産歴などによる差

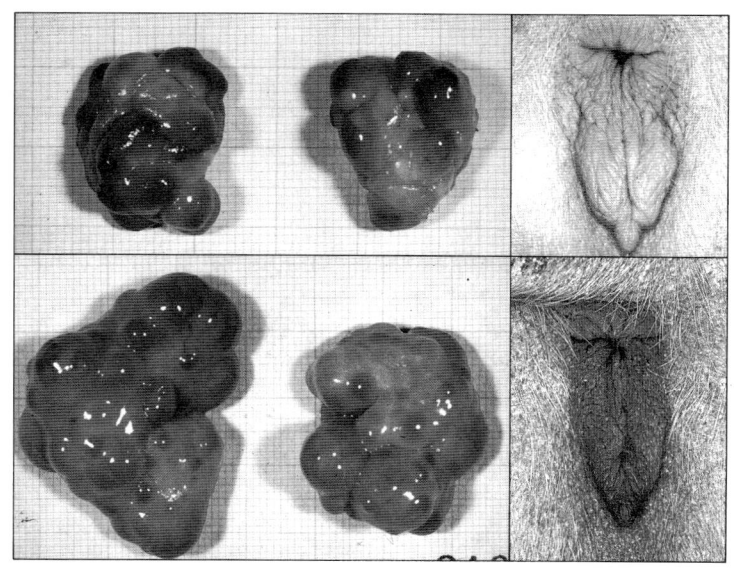

図 2-12 経産豚の卵巣と外陰部の形態
(上) 経産豚の排卵後の卵巣と外陰部　　(下) 経産豚の発情休止期の卵巣と外陰部

がないが，飼育管理状態によって発情発現の強さに差がある。

4 ■ 交配方法

| 交配適期 | 卵管内での精子と卵子が受精可能な時間（受精能保有時間）は，精子が21〜48時間であり，卵子は排卵後約10時間である。排卵は発情を開始してから26〜37時間後にあるので，交配の適期は，発情を開始してから10〜26時間くらいのあいだである（図2-13）。

| 自然交配 | 発情豚は種雄豚が近づくと静止状態となり，種雄豚は発情豚のにおいをかぎまわって，乗駕・交尾する。このときの種雄豚の体重は，発情豚の2倍以内とする。

| 人工授精 | 豚の人工授精には，精液採取と精液注入の技術がある。**精液採取**は，種雄豚を擬ひん台に乗駕させて，人工腟・手圧法などで射精させ，こう様物を分離して精液採取する。豚の射出精液量は200〜300 m*l*，精子数は約300億である。

精液の注入は，豚用の精液注入器（図2-14）を子宮頸管(けいかん)内までそう入して授精する。1回の精液注入量は50 m*l*，精子数は50億であり，1回の射出精液で6頭の発情豚に授精できる。

外陰部の徴候からみたばあい

外陰部の赤みとふくらみ			最高			
外陰部が変化しはじめてからの日数（日）	1	2	3	4	5	6	7

			交配適期	排卵期		
受 胎 率（％）			81	100	46	50	0
雄許容後の時期（時間）	0	10	26	37	48		72
		発情前期	発情（雄許容）期		発情後期	

雄許容開始を基準としたばあい

図 2-13 豚の発情と交配適期（図2-7と同じ資料による）

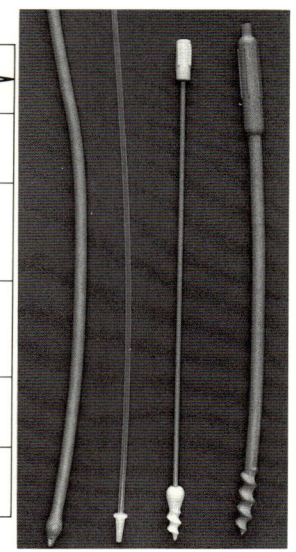

図 2-14 豚用の精液注入器

実験

豚の卵胞内卵子❶の観察

❶卵胞内にのこっている卵子のことをいう。

目的
卵胞内卵子の基本的構造を理解する。

準備
生物顕微鏡・実体顕微鏡，豚の卵巣，試験管・スライドガラス・カバーガラス・パスツールピペット・注射筒・注射針(18G)・時計皿・ワセリン-パラフィン混合物，アルブミン加PBSまたは生理食塩水。

方法
1. と体卵巣の卵胞から注射針で卵子を吸引し，試験管に回収する。
2. スポイトで試験管の底から沈殿物を吸いあげ，時計皿に移す。
3. パスツールピペットで卵子をひろい，PBS内で洗浄する。
4. スライドガラス上に，ようじの先端を使ってワセリン-パラフィンをおき，,卵子をこのスポットの中央部におく。
5. カバーガラスをのせ，実体顕微鏡で卵子を観察しながら四すみを軽くおし，卵子がつぶれない程度におしひろげる。

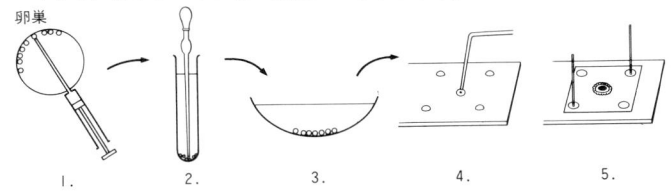

実験の手順

6. 検鏡する。
   400倍で観察し，顆粒層細胞(卵丘細胞)(下図の卵子の周囲にみられるもの)の付着程度，卵細胞質の状態，極体の有無をよく観察し，スケッチする。

まとめ
1. 顆粒層細胞の付着程度と形態，ならびに卵細胞質の状態を観察し，スケッチする。
2. スケッチした卵子の基本的な各部の名称を記入する。

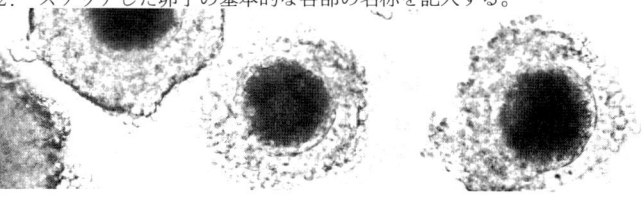

卵胞内卵子

5 ▪ 妊娠豚の管理

| 妊娠の確認 | 豚の下腹部が大きくなり，妊娠豚としての変化を発見できるのは受胎後80〜90日ころである。この妊娠状態を早期に発見するためには，交配後21日ころの発情回帰の有無を調べる**ノンリターン法**，直腸から子宮状態を触診する**直腸検査法**，子宮・胎子状態を調べる**超音波診断法**❶などがある。

❶125ページの図3-32を参照。

| 妊娠豚の飼育 | 妊娠豚では，妊娠日齢にともなって，発育する胎子（図2-15）への栄養供給がさかんになる。

また，妊娠前期では流産に注意し，妊娠後期では栄養補給をしっかりと考え，胎子の発育を促進させる。また，分べん時の難産を防止するために適度な運動をさせたりする。

6 ▪ 分べん看護

| 分べん準備 | 豚の妊娠日数は，ほぼ114日間である。したがって，分べん予定日の約1週間まえには，妊娠豚を分べん豚房に移動させる。

さらに，分べん2日まえころから乳頭をつかむと半透明の乳汁が

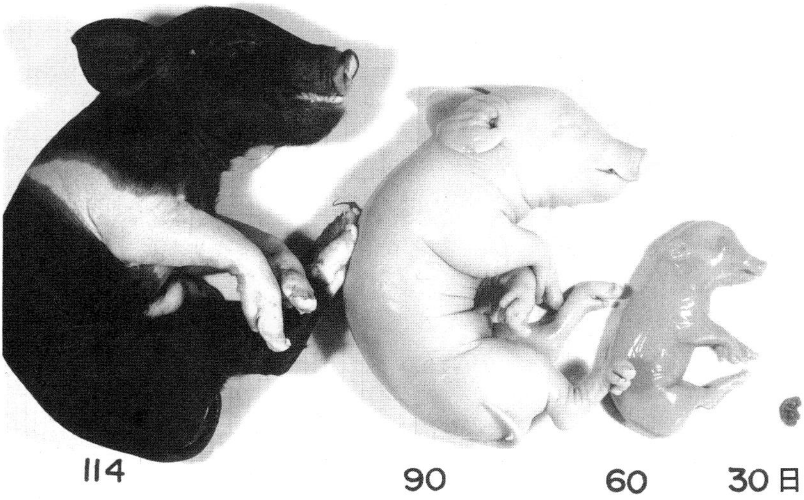

図 2-15　妊娠中の胎子の発育状態（30日めの胎子の体長は，約5mmの大きさである）

にじみ出て，分べんが近づくと乳白色の乳汁が出るので，子豚への給温の準備をして，分べん時には看護をしなくてもよいようにする（**無看護分べん**）。分べん時間は，新生子豚のさい帯状態（口絵4を参照）から推測できる。

| 子豚のべん出 | 母豚の子豚べん出間隔は10〜20分であり，全子豚は2〜3時間でべん出する（図2-16左）。そして，**後産**(胎盤)は子豚べん出後1〜2時間で排出する。

なお，胎子が大きすぎる（体重2kg以上）ばあいや，母豚の陣痛が弱い難産のときには，助産する必要がある。

7 ほ乳子豚の管理

| 新生子豚の行動 | 子豚は出生後2〜3分で起立し（図2-16右），10〜20分後には母豚の乳房に達し，吸乳をはじめる（図2-17）。

子豚の1回の吸乳時間は約20秒で，昼夜の差がなく，1日に24回ほど吸乳する。

❶子豚は出生後2〜3日で吸乳する乳頭が決まり，離乳時までかわらない。

| 里子ほ育 | 母豚の泌乳障害があったり，産子数が乳頭数（12〜14）よりも多かったりするばあいには，同時期に分べんした母豚（子豚の乳頭順位❶が決まっていないとき）に里子ほ育をさせる。

| 出生直後の子豚 | 起立時の子豚 |

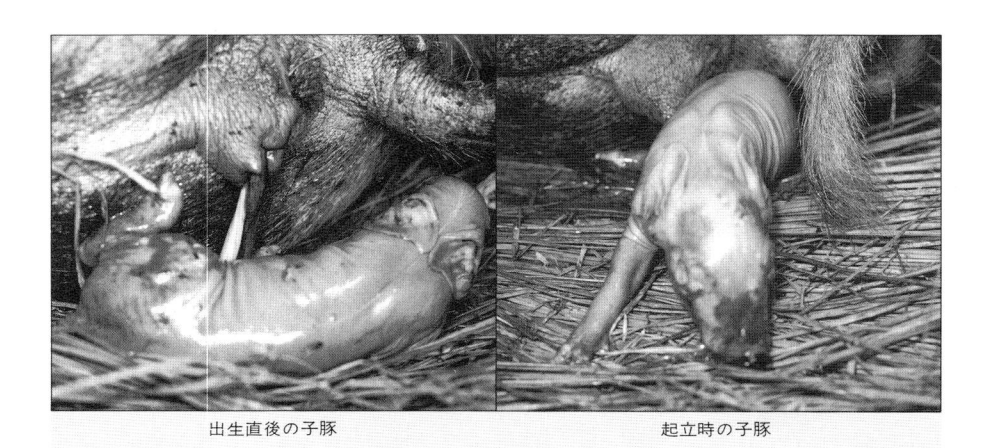

図2-16　豚の分べん時の子豚の状態

| 人工ほ育 | 里子ほ育する母豚がいないばあいは、子豚代用乳飼料で人工ほ育をする。このばあいでも、子豚には母豚の免疫抗体をもつ初乳を与えると、病気に対する抵抗性がつき、豚舎内での簡易人工ほ育が可能である。

8 ■ 子豚の離乳

| 離乳の時期 | 母豚の泌乳量は、ほ乳子豚の発育にともなって増加し、分べん後14～21日に最高となる。母豚の授乳は、分べん後42～56日くらいまで可能である。

しかし、実際の授乳日数は子豚の発育状態、離乳後の子豚育成方法などによって異なる。また、母豚の繁殖管理上から、離乳後の発情回帰日をそろえるために、授乳日数を調整することもある。このようなことから、子豚の離乳は分べん後21～35日に行う。

| 母豚の管理 | 母豚は子豚離乳後、泌乳をすみやかに停止させるために、離乳の5日まえころから、飼料供給量を段階的に減少させて、離乳日には絶食させる。そして、絶食後は、乳房の退行状態によって飼料の給与量を決める。

離乳のさいは、子豚に与えるストレスを少なくするために、子豚は動かさずに、母豚を移動させたほうがよい。

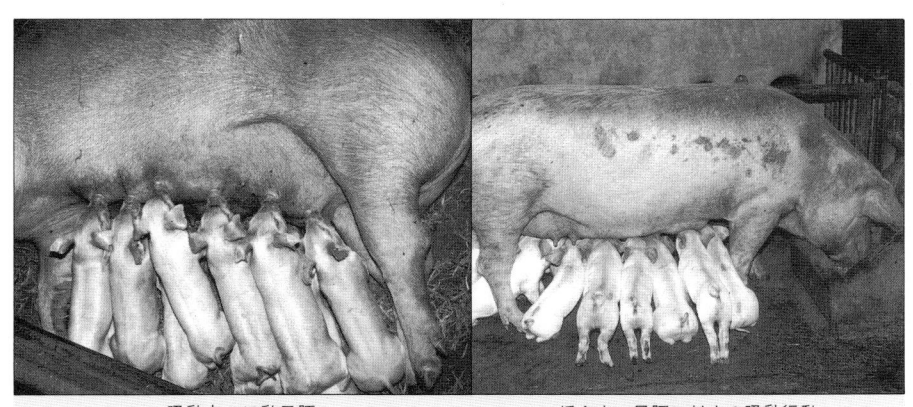

吸乳中のほ乳子豚　　　　採食中の母豚に対する吸乳行動

図 2-17　ほ乳子豚の吸乳状態

9 ▪ 子豚の育成

子豚の管理 ほ乳子豚にとって離乳は生育環境の激変であり、離乳後2時間ころから母豚を求めて鳴きはじめる。そして、24時間以上も採食しない子豚もいる(図2-18)。

したがって、離乳後の子豚を順調に発育させるために、ほ乳期間中から子豚用の人工乳飼料でえづけをする。えづけは、生後10日ころから実施する。ほ乳期間中にえづけされた子豚は、子豚飼料への飼料切りかえがはやくできる。

種豚の育成 繁殖豚・種雄豚の育成において、子豚期は肥育素豚の飼育管理と同じ方法でよい。

しかし、生後4～5か月の性成熟期まえになると、雌豚と雄豚とわけて、種豚としての育成をはじめる。

飼料は種豚用飼料を制限給餌し、群飼育においては豚房あたりの飼育頭数を少なくし、さらに、放牧場(運動場)でじゅうぶんに運動させて肢蹄を強くする。

分べん豚房での離乳子豚　　　離乳豚房での子豚

図2-18　離乳子豚の飼育状態

10 ■ 繁殖技術の評価

　繁殖豚の飼育では，交配・妊娠・分べん・ほ育などの一連の繁殖成績をもとに技術評価をする。繁殖成績がよいと，母豚1頭あたりの年間子豚生産頭数が多くなる。その子豚生産頭数と各繁殖成績との関連性は，図2-19に示す。

　すなわち，年間の分べん回数(繁殖回転率)が大きく，離乳子豚数が多いと子豚生産頭数が多くなる。それで，発情回帰日数が短く，受胎率が高いと繁殖回転率が高くなる。分べん時の死産子豚・未熟子豚数などが少なく，子豚圧死率が低く，ほ育成績がよいと離乳子豚数が多くなる。このような，分べん時からつぎの交配時までの繁殖成績は飼育管理のときに調査・測定ができ，各繁殖技術を評価することができる。

　また，排卵数が多く，受精率・着床率・胎子生存率などが高いと産子数が多くなる。この交配時から妊娠末期までの繁殖成績は母豚の体内の現象であり，体外からの調査・測定が困難である。したがって，産子数については，繁殖豚の飼育管理・発情発現状態，交配時の精液・精子状態などを調査して，繁殖成績を評価する。

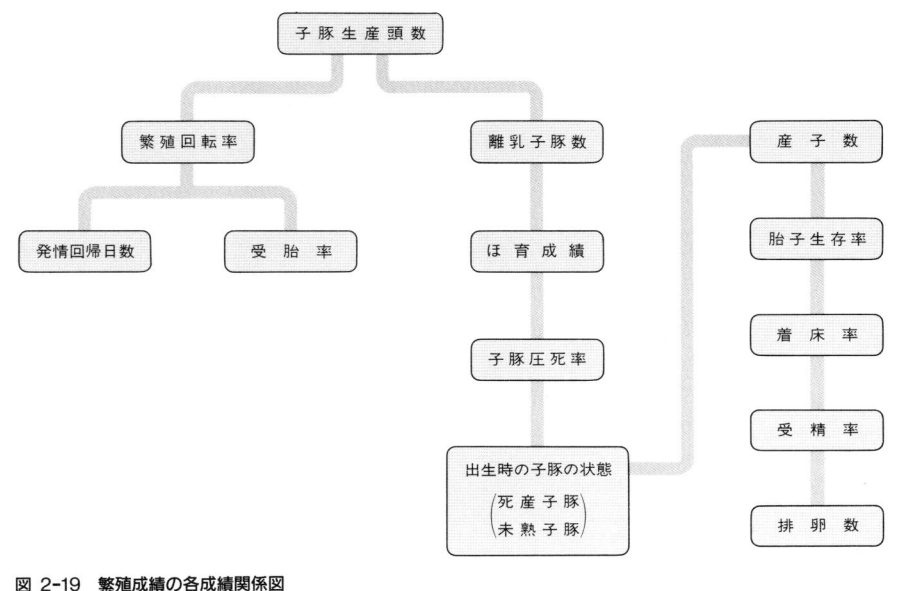

図 2-19　繁殖成績の各成績関係図

4 ■ 豚の飼育

> **ねらい**
> - 豚の採食行動を観察する。
> - 飼料が消化・吸収される過程を理解する。
> - 豚の各時期別の飼料給与方法を知る。
> - 豚の一般管理ができる。

1 ■ 採食行動

子豚　子豚の採食行動には吸乳行動時の習性がのこっていて，昼と夜との行動差が少ない(図2-20上)。

子豚は1回の採食時間は短いが，採食回数が多いので，1日に約4時間採食している。また，飲水行動は採食中に多くみられる。

肥育豚　肥育後期豚では1回の採食時間は長いが，採食回数が少ないので，1日の採食時間は，子豚の半分の約2時間である。とくに，夜間の採食行動が少ない(図2-20下)。

また，飲水行動は，採食中の飲水は少なく，採食終了後に多い。

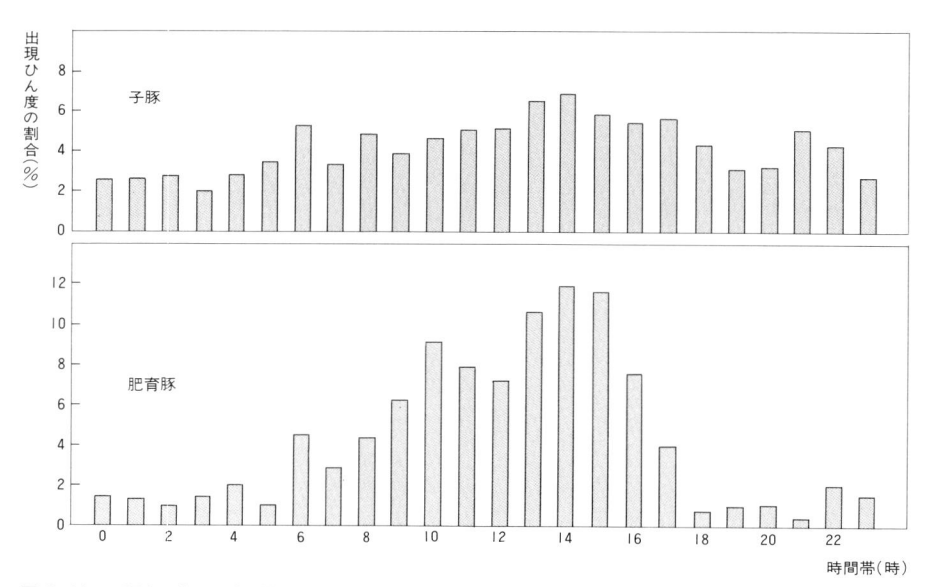

図 2-20　子豚と肥育豚の時間帯別採食時間の分布

| 繁殖豚 | 繁殖豚は，単飼育で制限給餌をするために，子豚・肥育豚などの群飼育での自由給餌による採食行動とは異なっている。したがって，繁殖豚の採食行動は飼料給与時だけであり，その採食時間は，飼料1kgを約15分で採食する。

2 ■ 豚の消化器 （次ページの図2-22）

| 口 | 豚の歯は，切歯3，犬歯1，前きゅう歯4，後きゅう歯3の44本である（図2-21）。そして，切歯・前きゅう歯は**二代性歯**❶であり，生後8〜14か月ではえかわる。

繁殖豚の採食中のそしゃく回数は，1分間に150〜200回であり，このそしゃく運動で飼料はかたまりになり，食道へ飲みこまれる。

| 胃 | 豚は単胃であり，食道部・噴門腺部，胃底腺部，幽門腺部などからなる。

飼料のかたまりは，胃内滞留が3〜5時間であり，そのあいだにさまざまな消化酵素のはたらきを受けている。

成豚の胃内容積は8ℓほどあり，胃は飼料の消化のための器官だけでなく，短時間の貯蔵部位でもある。

❶一代性歯は歯がはえかわらないが，二代性歯は乳歯が永久歯にはえかわるものである。なお，第1前きゅう歯は一代性歯である。

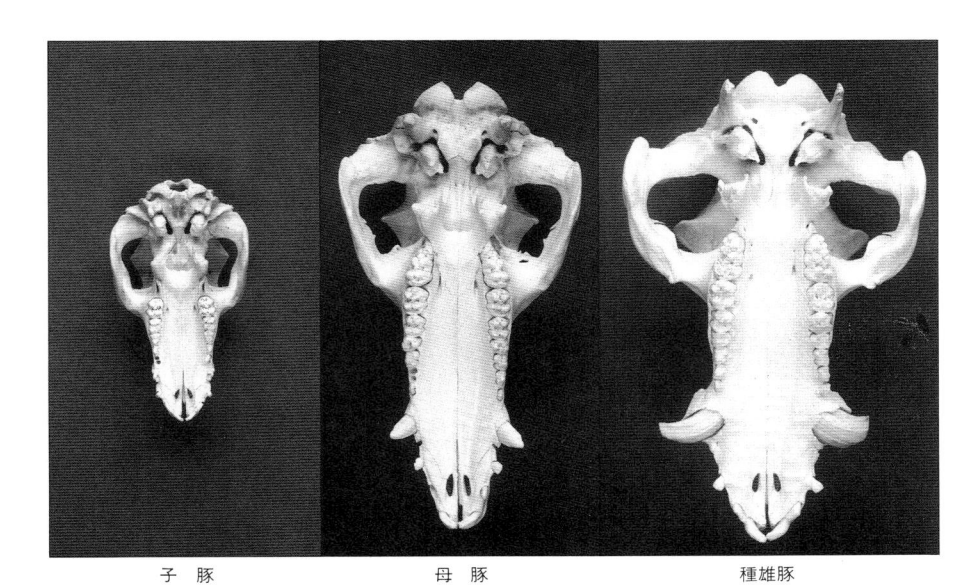

子豚　　　　母豚　　　　種雄豚

図2-21　豚の歯の状態（犬歯の先端は切削してある）

| 小腸 | 小腸は十二指腸・空腸・回腸からなっている。その長さは成豚では約18mであり，胃の内容物が小腸を通過するのに約4時間かかる。このあいだに，すい液や小腸液の消化酵素のはたらきによって分解された各栄養素は空腸から吸収される。

| 大腸 | 大腸は盲腸・結腸・直腸からなり，その長さは成豚では4〜8mである。とくに，結腸は求心と遠心回転をした円すい状になっている。小腸の内容物が大腸を通過するのは24〜60時間と飼料の種類によって異なる。大腸では消化酵素による分解はしないが，腸内微生物による発酵作用がある。

3 ■ 飼料の栄養素

豚が成長し，繁殖するためには，飼料に含まれる粗タンパク質・粗繊維・粗脂肪・粗灰分・カルシウム・リンなどの各栄養素が必要である。

さらに，飼料中の養分で消化・吸収できる量をあらわす用語として，可消化粗タンパク質量(DCP)❶・可消化養分総量(TDN)❷・可消化エネルギー(DE)❸などが表示されている❹。

❶飼料中の粗タンパク質のうち，消化されるものの量。
❷第1章の31ページを参照。
❸飼料中の養分で消化されるもののエネルギー量。
❹239ページの飼養標準を参照。

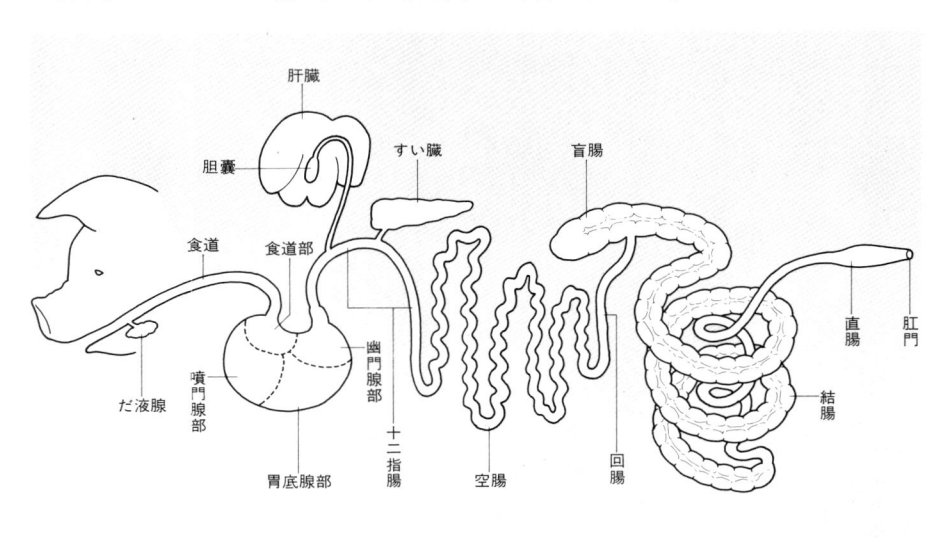

図 2-22 豚の消化器

4 ■ 飼料の給与

豚は雑食性であるから，採食する飼料の原料（表2-3）は多い。しかし，豚が子豚を多くうみ，良質肉を生産するためには，飼料の選定・給与方法について，つぎのような点に注意する。

① 飼料原料の各成分を調べて，多くの種類の原料を用いる。
② 年間を通して入手しやすい原料と，季節によって入手できる原料とをわけて配合計画をつくる。
③ 自給飼料の生産・利用では，保存・給与方法も検討する。
④ 季節によって飼料給与量を増減する。
⑤ 穀類は，粉状・圧片状などの加工形態を検討する。
⑥ 飼料の切りかえは，いちどに行わず，じょじょに行う。
⑦ 配合飼料の給与では，給水方法についても検討する。
⑧ 給餌器は，飼育形態にあったものを選ぶ（次ページの図2-23）。
⑨ 緑餌・野菜類は，栄養供給よりも微量要素を補ったり，食欲を増進させたりする効果があるので，年間給与ができるとよい。

表2-3 豚の飼料として用いられるもの

区　分	飼　料　名
穀　　類	オオムギ・コムギ・ハダカムギ・トウモロコシ・ライムギ・エンバク・アワ・ヒエ・コウリャン・ダイズ
ぬか・ふすま類	ふすま・米ぬか・こうりゃんぬか・ひえぬか
製造かす類	でんぷんかす・しょうゆかす・とうふかす・アルコールかす・ビールかす・あめかす
油かす類	大豆油かす・菜種油かす・あまに油かす・落花生油かす・綿実油かす
動物性飼料	魚粉・さなぎ油かす・脱脂乳・脱脂粉乳・生魚あら
緑餌類	野菜類の葉，青刈飼料・青草類
野菜類	サツマイモ・ジャガイモ・カブ・ダイコン・カボチャ・ポンキン・ニンジン・キクイモ
その他	残飯，木の葉，果実類

| 子豚の飼料 | ほ乳期・離乳期の子豚の人工乳飼料（DCP 20 %，TDN 80 %）は，えづけのための飼料であり，子豚が食べやすいものである。

えづけ後の子豚は，生後2か月ころまでは高栄養価の子豚飼料（DCP 16 %，TDN 80 %）を自由給餌する。

| 肥育豚の飼料 | 生後4か月までの**肥育前期**は，ストレス・病気に対する抵抗力をもたせるために，各種の飼料添加物が投与される。また，自給飼料・残飯飼料あるいは未利用の飼料なども給与することができる。

肥育後期には，抗生物質・抗菌性物質などの投与が禁止されている。飼料はDCP 10〜13 %，TDN 70〜75 %で，脂肪蓄積をおさえ，赤肉量を増加させる。

| 繁殖豚の飼料 | 繁殖豚の飼料は，DCP 10〜13 %，TDN 68〜73 %で，飼料給与量は各時期によって異なる。

妊娠前期は，胚の生存率・着床率を高めるために飼料給与量を少なめにし，胎子の発育がすすむ妊娠後期には飼料給与量をふやす。

授乳期は，飼料の給与量を最も多くする。また，発情回帰時には，排卵数が多くなるように飼料給与量を増加する。

群飼肥育豚の自由給餌器　　　　　分べん豚舎の自動給餌器

図 2-23　豚の飼育に応じた給餌器

5 ■ 一般管理

　子豚・肥育豚は発育がはやく，繁殖豚は一連の繁殖周期を年に2回以上くりかえすので，毎日の飼育管理には，給餌・清掃作業と同時に，発育状態・繁殖状態の観察が不可欠である（表2-4）。

子豚の管理　子豚の発育を促進させるために，冬季，夜間の低温時には給温用具を完備する。

　また，給餌器・給水器はつねに清潔にし，排ふん・排尿場所は清掃回数を多くする。子豚を移動するときは，環境を急激にかえないように注意する。

肥育豚の管理　群飼育の多い肥育豚では，発育不良豚を早期に発見し，発育を促進させるための飼育管理を行い，そろって出荷できるようにする。

繁殖豚の管理　妊娠豚は妊娠異常の早期発見，分べん豚は分べん準備と難産豚の看護，授乳豚は子豚の圧死防止，授乳状態の確認，発情回帰豚は発情鑑定・交配適期の判定を行う。交配豚は早期妊娠診断，不受胎豚の処置などを行う。

　また，種雄豚は定期的に3日間隔くらいで交配に用いる。交配時には，精液精子検査を実施する。

表 2-4　豚の飼育管理の1日のスケジュール

時期	子豚	肥育豚	妊娠豚	授乳豚	交配予定豚
朝	飼料の給与 清掃	飼料の給与 清掃	飼料の給与 清掃	飼料の給与 清掃	飼料の給与 清掃・発情鑑定
日中	子豚の去勢	体重測定 出荷準備	妊娠診断 分べん準備	飼料の給与 子豚の体重測定	飼料の給与 発情鑑定
夕	給温用具の点検		飼料の給与	飼料の給与 清掃	飼料の給与 発情鑑定

5 ■ 豚の肥育

> **ねらい**
> ● 肥育素豚のつくりかたを知る。
> ● 肥育豚の飼育管理ができる。
> ● 肉豚の出荷時期と生産物の評価ができる。
> ● 肥育技術の評価ができる。

1 ■ 肥育素豚

　肥育素豚の条件としては，良質肉を効率的に生産することである。しかし，良質肉生産豚であっても，発育がおそかったり，また，発育がはやくても背脂肪層が厚い肥育豚になることもある。

　このようなことから，1品種だけで肥育素豚を生産するよりも，それぞれの特性をもった品種の交配による，交雑種の肥育素豚がつくられている（図2-24）。

| 雄子豚の去勢 | 雄豚は，性成熟期になると精巣からの雄性ホルモンによって雄特有のにおいを出し，肉質を低下さ |

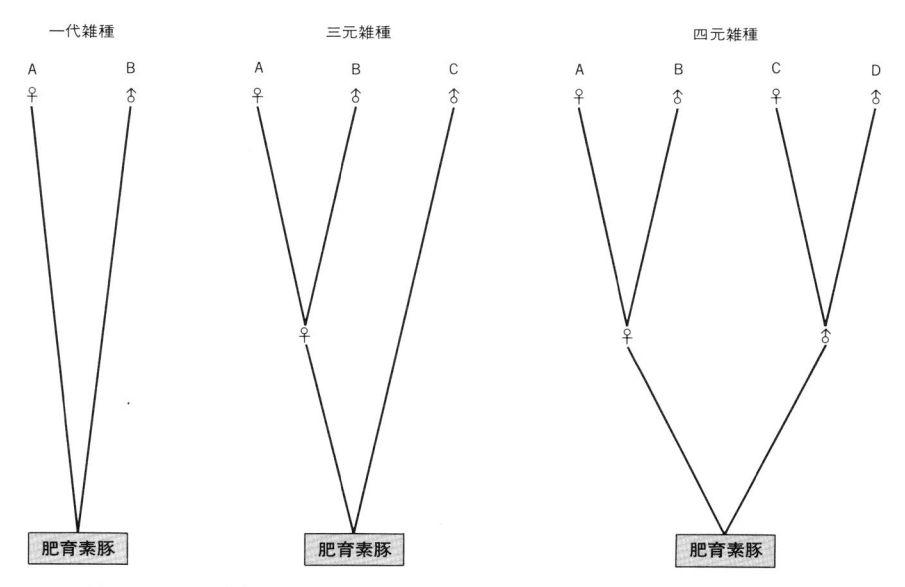

図 2-24　交雑種豚による肥育素豚のつくりかた

せるので，精巣をとり出す去勢を行って，肥育素豚にする。

　去勢は，精巣をつまみ出すように固定して切り出す。傷口は，希ヨードチンキをぬっておくだけでよい。去勢時期は，ほ乳子豚期に実施すると，傷口が小さく，傷のなおりもはやい。

2 ■ 肥育の方法

| 骨・筋肉・脂肪の発達 | 肥育豚の骨・筋肉・脂肪の発達過程において，肥育前期ころは骨の発達が最もはやく，肥育後期では筋肉が発達し，肥育終了期では脂肪の蓄積が多くなる。

| 飼育の方法 | 養豚ケージでの単飼育は個体管理が可能であるが，群飼育（図2-25）では発育差が生じる。したがって，発育のはやい去勢豚と発育のおそい雌豚とをわけて飼育することがのぞましい。

| 飼料の給与 | 飼料の栄養価を調整できる配合飼料では，肥育期を前期と後期にわけて飼料を給与する。

　肥育前期は栄養価の高い飼料を給与して発育をうながし，**肥育後期**は養分要求量を満たした飼料で栄養価をさげるか，飼料の給与量を制限して，脂肪の蓄積をおさえ，赤肉量を多くする。

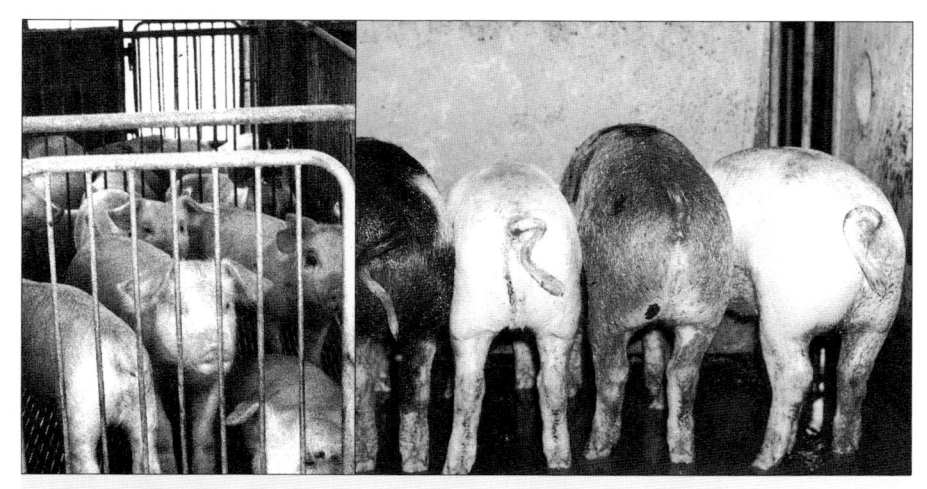

肥育豚の群飼育　　　　　　交雑種の肥育豚

図2-25　肥育豚の飼育方法

調査

豚の発育調査

目的
豚の成長の過程を理解するとともに，基本的な肥育の方法を学ぶ。

準備
離乳した子豚(35日以上，15 kgくらい)，体重計・巻尺。

方法
1. 子豚の体重・体長・胸囲を1週ごとに測定する。
2. 飼料の消費量を1週間ごとに測定する。
3. 20 kg，90 kg到達日齢を調べる。
4. この実験計画に，つぎの観点を一つ加えるとよい。
   純粋種・交雑種の能力比較
   分べん時の生体重，離乳日齢のちがい
   給与飼料成分のちがい
   飼育方式のちがい

まとめ
1. 体重・体長・胸囲ごとに発育曲線をかく。
2. 20～90 kg到達日齢，1日平均の増体量，飼料要求率を求める。
3. 豚の成長に影響を与える要因について考える。

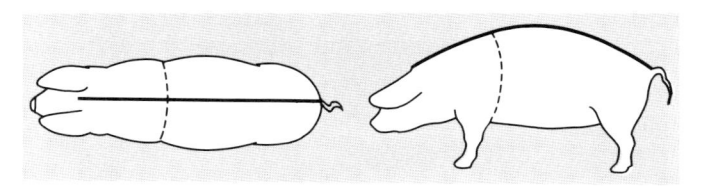

体長と胸囲のはかりかた
実線：体長　正姿勢で両耳間の中央から体上線にそった尾根までの長さ。
破線：胸囲　ひじの直後におけるからだのまわりの長さ。

肉豚の出荷　肥育豚は筋肉の発育状態と脂肪の蓄積状態から，肉豚の出荷時期を決める。これは，肥育素豚の品種による差があるが，体重100～115 kgころが出荷適期である。

3 ■ 生産物の品質

豚枝肉　肉豚はと殺後，内臓・頭・四肢・尾をのぞき，左右が均等になるように，背割(せわ)りして，**半丸枝肉**にする。**枝肉**は半丸重量，背脂肪の厚さ，枝肉の外観(肋(ろく)ばり・肉づき)，肉質(肉のしまり・きめ・色，脂肪の色・質)などから格付けする。

❶図 2-26は，肉豚をと殺し，背割りして半丸枝肉にしたものである。

また，枝肉は部分肉(大割肉片(おおわりにくへん))として，かた・ロース・ばら・ハムの4部位にわけて，**豚部分肉取引規格**で等級を決める。

異常肉　肥育豚の飼育環境の変化やストレスによって，白灰色のふけ肉になったり，肉がやわらかく，水っぽくなる(ふけ肉)。また，肉色が濃く，かたく，かわいた肉にもなる。この肉は風味が悪く，生肉用にならず，加工用にも適さない。

また，質の悪い飼料を給与すると，体脂肪が変色し，においがつき，しまりのない脂肪の軟脂豚になる。

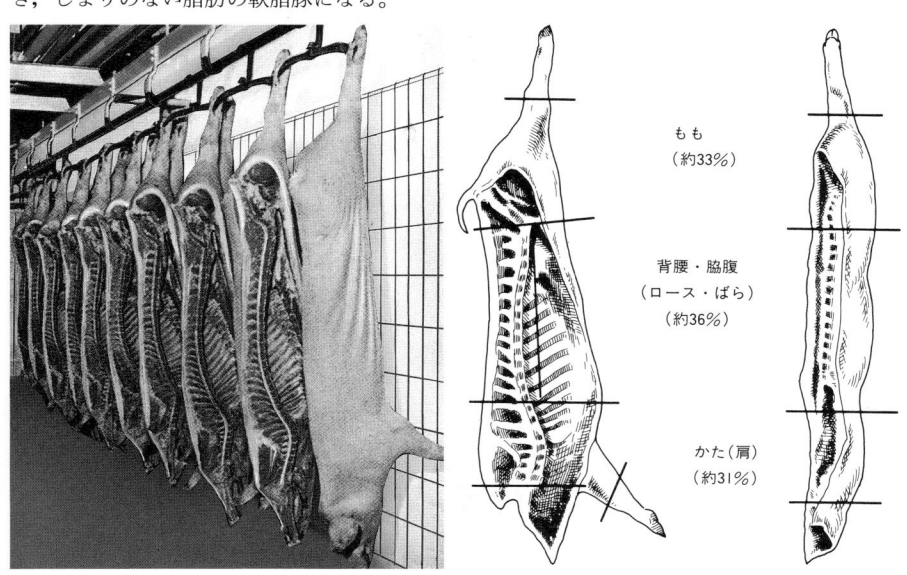

もも
(約33%)

背腰・脇腹
(ロース・ばら)
(約36%)

かた(肩)
(約31%)

図 2-26　豚の枝肉と分割の部位
注．( )内の%は，枝肉全体100に対する部位別の重量割合である。

4 ■ 肥育技術の評価

肥育技術は，発育成績・と肉成績・事故率などから評価する。

発育成績は，肥育開始から終了までの体重増加量と，肥育期間中の採食量をはかることによって，1日平均増体量・飼料要求率を算出する。

1日平均増体量の多い肥育豚は発育がはやい個体であり，飼料要求率の低いものは飼料効率のよい肥育豚である。しかし，群飼育のばあい，採食量は個体別に測定できないので，豚房・豚舎単位で測定する。

と肉成績は，出荷時の体重を測定（肥育終了時の体重）し，食肉センターでと殺・解体後，**豚枝肉取引規格**❶にもとづいた，半丸の重さと背脂肪の厚さ，肉質によって枝肉で格付けされ，判明する（図2-27）。

さらに，枝肉の格付け結果から，極上・上に格付けされた割合を**上物率**といい，肥育技術の評価，肥育素豚の資質などは，この上物率の高低で決まる。

❶豚枝肉取引規格に均称とあるのは，半丸1個の長さ・ひろさ・厚みなど，各部のつりあいの程度のことをいう。

図 2-27　発育の程度と，と肉成績がすぐれた肥育豚

6 ■ 豚の病気と予防衛生

> ねらい
> ● 健康な豚の行動を観察する。
> ● 豚のおもな病気の症状とその対策について理解する。
> ● 豚の衛生管理ができる。

1 ■ 豚の健康管理

健康状態の観察　健康な豚は，おきているときの行動が活発であり，口や鼻をよく動かし，食欲がある。そして，寝ているときは静かである。

健康な豚を細かく観察すると，鼻先はわずかに湿り，毛には光沢があり，皮ふはなめらかである。

健康診断　健康診断は，呼吸数・脈はく・体温などを静止しているときに測定する。しかし，子豚・肥育豚などは静止状態になることが少ないので，呼吸数は寝ているときに，脈はく・体温は保定して測定する。

表 2-5　豚のウイルス性の病気

病名	病原	症状と経過	予防と対策
豚コレラ（法定）	豚コレラウイルス	高熱（41〜42℃），食欲がなくなり，便秘・下痢（混血），下腹部などに紫はんができ，歩行ができなくなる。接触感染で，潜伏・発病期間とも5〜10日であり，死亡率100%である。	生ワクチンを投与する。子豚は生後40日ころ，繁殖育成豚は6か月後に2回めの投与を行う。繁殖豚は年1回投与する。
伝染性胃腸炎（届出）	伝染性胃腸炎ウイルス	成豚・子豚ともに発生する。子豚は発熱・おう吐，水様性の下痢，ほ乳子豚は100%死亡。肥育豚・繁殖豚は水様性の下痢，軟便程度でおわるばあいもある。	子豚は生ワクチン，成豚は生・不活化ワクチンを投与する。
日本脳炎	日本脳炎ウイルス	子豚は，けいれん・旋回・まひ後死亡する。妊娠豚では胎子が死亡して黒子，死産となる。	生ワクチンの投与。
オーエスキー病	オーエスキー病ウイルス	ほ乳子豚は，ふるえ・けいれん・おう吐・下痢をする。妊娠豚は食欲不振，胎子の死亡・流産となる。	発病豚の早期とうた。

6　豚の病気と予防衛生　93

健康診断を実施するばあい，繁殖豚・種雄豚は単飼育であり，個体別にできる。しかし，子豚・肥育豚は群飼育であるから，個体識別を行う必要がある。

2 ■ 豚のおもな病気とその対策

豚が病気になる原因としては，ウイルス・細菌・原虫・寄生虫などがある。また病気には，発病したときに家畜保健所を通じるなどして市町村に届け出る**法定伝染病**と，法定伝染病には指定されていないが届け出の義務がある**届出伝染病**がある（前ページ表 2-5，表 2-6，次ページ表 2-7）。

ウイルス性の病気 ▎この病気は，ウイルスの伝染力が強いために，集団的に発生する。しかし，免疫抗体ができれば再発病は少ない。また，ウイルスは消毒薬に対して弱いが，抗生物質・抗菌性物質の投与では効果がない。

細菌性の病気 ▎細菌性の病気は，慢性的な症状のものが多く，肺炎などの呼吸器病は発育をおそくする。また，化のう・のう瘍ができて，死亡するばあいもある。

原虫・寄生虫性の病気 ▎寄生虫性の病気は，症状のないものから，下痢・貧血・発育障害になるものまである。また，原虫

表 2-6　豚の細菌性の病気

病　名	病　原	症状と経過	予防と対策
豚丹毒 （法定）	豚丹毒菌	敗血症型は，高温（41～42℃），食欲がなくなり，下痢・血便，下腹部に紫はんができ，衰弱して死ぬ。じんましん型は，発熱（40～41℃），食欲不振，皮ふに紫赤色はん点ができ，後日かさぶたとなる。妊娠豚は流産する。	予防には，豚丹毒ワクチンを投与する。治療は，ペニシリン・ストレプトマイシンの注射。
豚い縮性鼻炎	ボルデチラ菌	くしゃみ・鼻汁・鼻づまり・流涙でアイパッチ（目の下の三日月状部に黒はん点），鼻まがり・鼻出血，発育がおそくなり，飼料効率も低下する。	豚い縮性鼻炎ワクチンを投与する。ほ乳子豚には鼻内に抗生物質が投与されている。
豚流行性肺炎	マイコプラズマ	慢性の肺炎であり，初期は無症状で，軽いせきになり，長期的な呼吸器の機能障害となる。伝染性が強い。	テトラサイクリン系の薬剤を飼料中に添加する。
豚赤痢 （届出）	トレポネーマ	下痢便（灰黄色軟便・下痢血便），食欲減退や元気消失，体重減少，慢性化したものは，発育が極端におくれる。	抗生物質・抗菌性物質の飼料添加。

のトキソプラズマ病などは，豚コレラと同じように急性発病もある。

| **病豚の早期発見** | 伝染性の病豚は早期に発見して，隔離豚房に移して治療する。 |

子豚や肥育豚では，飼育管理時に発育状態をよく観察し，発育不良豚を早期に発見して健康診断を行う。

繁殖豚や種雄豚では，採食状態，ふんの状態などを調べて，異常豚を早期に発見する。

3 ■ 予防衛生

| **衛生管理の基本** | 豚の健康状態を保つには，つぎのような衛生管理を行う必要がある。 |

① 豚舎にはいるときには，作業衣を着がえ，豚舎内に病原体をもちこまないようにする。

② 外部から豚(導入豚)・器具・機械などをいれるばあいは，かならず消毒する。

③ 豚舎内にイヌ・ネコがはいらないようにする。

④ 豚舎内外を清掃して，ハエ・カの発生をふせぐ。

表 2-7 豚の原虫・寄生虫性の病気

病 名	病 原	症状と経過	予防と対策
トキソプラズマ病	トキソプラズマゴンディ	子豚は急性に発病し，高熱(41～42℃)，食欲がなくなり，呼吸困難となる。耳・鼻・下腹部・下肢に赤はんができ，起立不能となる。成豚は発病しない。	サルファ剤の投与。
豚回虫病	豚回虫	寄生部位は小腸，子虫は肝臓などにも寄生して肝白はんをつくる。一般には発育不良・貧血・慢性下痢をおこす。	予防には，ハイグロマイシン，治療には，サイアベンダゾールを投与する。
べん虫病	豚べん虫	盲腸，一部結腸に寄生する。子豚に多く寄生する。下痢・粘血便・貧血・食欲不振となる。	予防には，オルソクロロフェノール，治療には，ディラミゾールを投与する。
豚肺虫病	豚肺虫	気管支に寄生する。子豚に多い。せきが出て，呼吸困難になる。発育障害となる。	予防には，ミミズの侵入防止。テトラミゾールを投与する。
シラミ	ブタジラミ	皮ふ全体に寄生する。雌成虫は6 mm。かゆみ・脱毛・発育障害となる。	マラソン乳剤・ネグホン・セビニ乳剤を散布する。
ダニ	セゼンダニ	皮ふの表皮下に生息。皮ふに紅はんができ，かゆみ・脱毛病皮・発育障害となる。	ネグホン・リンデンを散布する。

⑤ 飼槽や給水器は，つねに清潔にする。

予防接種 ワクチンによる予防接種は，病気の発生を未然にふせぐことができる。その方法には，母豚にワクチンを接種し，免疫抗体を子豚に移行させる方法と，子豚にワクチンを接種する方法とがある。また，発病のおそれのある時期に，地域の豚にワクチンを接種する。

消毒方法 衛生管理として，豚舎・豚房・器具・豚体などの消毒がある。消毒液の濃度・作用時間・温度などの条件を考えて，つぎのように消毒する。

① 各豚舎の出入口には，それぞれの踏込消毒槽を設置する。消毒薬はオルソ剤などを用い，週に1回新しい液と交換する。とくに，夏の高温・多湿時には，週に2回は消毒液を交換する。

② 豚房の消毒(空豚房)は，水洗・乾燥し，石灰をぬる。石灰のかわりに逆性せっけんで消毒してもよい。

③ 分べん豚房などは，水洗・アルカリ洗浄をしてから消毒する。

④ 飼槽や・給水器は，逆性せっけんで消毒する。

⑤ 豚体の消毒は，豚舎の温度が最も高くなるころに，逆性せっけんをからだ全体に噴霧する。

⑥ 放牧場は，天地がえし・客土を行い，生石灰を散布する。

図 2-28 離乳時の病豚

表 2-8 症状からみた豚の病気

症状	病気	症状	病気
発熱・発赤	感染症：豚コレラ・豚丹毒・豚インフルエンザ・トキソプラズマ症 非感染症：日射病・熱射病	白痢	白痢・サルモネラ症
		皮ふの異常	ダニの寄生，湿しん
呼吸困難	ヘモフィルス肺炎・豚インフルエンザ・日射病・熱射病	異常産をともなう病気	日本脳炎・オーエスキー病・トキソプラズマ病
せき・くしゃみ	豚流行性肺炎・い縮性鼻炎・肺虫症	神経症状をともなう病気	オーエスキー病(ほ乳子豚)・トキソプラズマ病(子豚)・日本脳炎(新生子豚)
おう吐	伝染性胃腸炎・白痢・オーエスキー病・胃かい瘍		
水様性下痢	伝染性胃腸炎・オーエスキー病(ほ乳子豚)	かゆみをともなう病気	オーエスキー病，ダニ・シラミの寄生
血便・チョコレート便・粘血便	豚赤痢・べん虫症(重症例)		

実習

豚の健康診断

目的
健康な豚の状態を理解するとともに,異常をみつけ出す方法を学ぶ。

準備
成豚・子豚・体温計・聴診器。

方法
1. 平常の豚の行動・状態を観察する。
   歩きかた・姿勢・肉づき,皮毛のつや,鼻先・目・尾,食欲,ふんの状態(形・色・臭気)などを観察する。
2. 呼吸数・脈はく数・体温を測定する。
   呼吸数　鼻先に手をあてるか,胸腹側部の動きをみる。
   　　　　10〜15回／分
   脈はく数　股動脈(股の内側にある動脈)か,直接心臓に聴診器をあてて数える。
   　　　　60〜80回／分
   体　温　体温計を肛門にいれる。
   　　　　成豚　37.7〜39.0℃
   　　　　子豚　38.5〜39.5℃

まとめ
1. 健康な豚の状態をまとめる。
2. 呼吸数・脈はく数・体温が成豚と子豚とで異なる点を調べる。
3. 1日のなかでの体温の変化を調べる。
4. 分べん前後の呼吸数・脈はく数・体温の変化を調べる。

7 ■ 豚舎と付属設備・器具

ねらい
- 豚舎の立地条件と豚舎の構造との関係を理解する。
- 豚房の種類別付属設備と器具について理解する。
- 豚舎の環境が豚の生産性に及ぼす影響を理解する。

1 ■ 豚舎の構造

　豚舎は暑さ・寒さをふせぎ，豚にとって快適な場所でなければならない。豚舎内への外気の出入口になる窓の形態によって，窓のないウインドレス豚舎❶，窓をカーテンにした豚舎がある（図2-29）。

　ウインドレス豚舎は，舎内の環境を保つために，空気の出はいりを制限したものであり，保温性があるので寒冷地に適している。

　カーテン豚舎は，空気の出はいりをカーテンの開閉で調整するものであり，通風性がよいので温暖地に適している。

2 ■ 豚房の種類とその器具

　豚房は，豚の飼育目的に応じた構造と設備・器具をそなえていることがたいせつである。

❶窓のない豚舎で，小さな窓があるものはセミウインドレス豚舎という（図2-29）。

セミウインドレス豚舎　　　　カーテン豚舎

図 2-29　豚舎の形態

繁殖豚の飼育では，妊娠・分べん・ほ乳を同一豚房で行うばあいと，それぞれの豚房で行うなど，いろいろな方法がある。しかし，分べん豚房には，分べんさく・子豚給温装置・保温器具が必要であるとともに，繁殖豚房には，運動場あるいは放牧場をもうけて，つねに運動ができるようにする。

　肥育豚房では，つねに衛生的な状態を保つための清掃作業がしやすい構造にするくふうがたいせつである。なお，各豚房には排ふん・排尿行動を考慮にいれた適切な場所に給餌器・給水器を設置する。

3 ■ 豚舎の環境

　豚舎内の環境の変化は，肥育成績や繁殖成績に影響を及ぼす。豚舎内が低温になると子豚の発育は停止し，高温になると肥育豚の発育はおそくなり，繁殖豚では食欲がなくなり，繁殖成績が低下する。

　豚舎内の湿度変化は温度変化よりも大きいが，湿度が豚に与える影響は少ない。しかし，高温時に高湿度になると，温度の影響を湿度がさらに増大させることになる。

　したがって，豚舎は，有毒ガスの発生をふせぐとともに，冬は防風をし，夏は通風をよくするよう，その構造にくふうをこらすことがたいせつである。

　図2-30に，ストール豚房と分べん豚房を示す。

　　　　ストール豚房　　　　　　　　　　　分べん豚房

図2-30　豚房の形態

8 ふん尿の利用と処理

ねらい
- 排ふん・排尿の状態を観察する。
- 豚のふん尿の利用方法について理解する。
- 豚舎汚水の処理方法を理解する。

1 豚のふん尿の状態

豚の配合飼料給与では，採食量の60～70％がふんで排せつされ，飲水量の約60％は排尿される。

このふん尿の色・形・におい・量は，給与飼料の種類，採食量・飲水量あるいは豚の健康状態などによって異なる。

健康な豚のふんの色は，茶かっ色から黒かっ色までであり，形は円筒形である。採食量が少ないと腸内の滞留時間が長くなり，かたいまんじゅう形になる。採食量が多いと，やわらかなふんになる。

2 ふん尿の利用

豚のふん尿中に含まれる肥料成分について示すと，表2-9のとおりである。

表 2-9 豚のふん尿および機械分離処理物の肥料成分含有率　　　（原物中の％）

区分	水分	N	P_2O_5	K_2O	Na_2O	CaO	MgO	pH
生ふん	69.4	1.09	1.76	0.43	0.10	1.35	0.50	6.6
生尿	98.0	0.48	0.07	0.16	—	0.24	0.04	7.6
機械分離の固形物	75.5	0.62	0.48	0.09	0.03	0.37	0.09	6.0
機械分離の液	99.3	0.13	0.05	0.07	0.04	0.02	0.01	7.1

注．全国都道府県の農事・畜産関係試験場の分析値から集計した平均値。（尾形）

生ふん尿のなかには，作物の生育に有害な物質が含まれているので，ふん尿を腐熟させてから作物に施用する。

　ふんをたい肥化するためには，乾燥するか，おがくずなどをまぜて，ふんの水分含量を60％にへらして，好気発酵をさせる。

　また，ふん尿を貯留槽にためて，けん気発酵させると，メタンガスが発生し，燃料用のガスとしても利用できる。

3 ■ 豚舎汚水の処理

　豚舎内でふんと尿とをわけて集めても，排ふん・排尿場所が同じために，尿中にふんや飼料が混入している。したがって，この豚舎汚水の固体と液体とを分離器でわけて，固体部分はたい肥化する（図2-31）。液体部分は**汚水浄化装置**で完全に処理し，その処理水は消毒してから放流する。放流ができないばあいは，水分を蒸発させるか，地下浸透させて処理する方法もあるが，このさいは，第1章で学んだように，つねに環境衛生への配慮がますます必要な時代にあることを忘れてはならない。

固液分離器　　　　　　豚ふんたい肥

図 2-31　豚ふんのたい肥化

9 養豚の経営

ねらい
- 養豚経営の形態別の特徴を理解する。
- 養豚の経営計画をつくり，経営診断を実習する。
- 養豚生産物の流通体系を理解する。

1 経営の形態

繁殖豚経営 繁殖用および肥育用素豚を生産し販売する経営であり，子とり養豚ともいわれている。繁殖豚経営のなかには，肥育豚の飼育も行う一貫経営へとかわりつつある農家も多い。

肥育豚経営 肥育素豚を購入し，肥育豚を飼育して肉豚を販売する経営である。たい肥をつくるための小規模な複合経営から，大規模な専業的な肥育豚経営まである。

一貫経営 繁殖豚と肥育豚とを飼育する経営である。繁殖素豚を購入して，肥育素豚の生産から，肉豚の出荷まで行う一貫経営と，繁殖素豚をも生産する大規模な一貫経営もある（図2-32）。

一貫経営の飼料タンク　　　　大規模経営の妊娠豚舎

図 2-32　養豚経営形態の特徴

2 ■ 経営計画

　肥育豚経営では，素豚の購入費が生産費の多くを占めるが，繁殖豚経営・一貫経営では，飼料費が最も多い。とくに，購入飼料にたよる養豚経営では，飼料費を節減するための飼料給与計画をめんみつにたてる必要がある。

　さらには，飼料給与や清掃・一般管理などの各作業区分ごとに，生産性を低下させない，省力化計画をたてる。

3 ■ 経営診断

| 実態調査 | 経営環境としては，立地条件(図2-33)・耕地面積・飼育頭数・飼料入手，生産物の販売などを調査する。

　飼育技術としては，飼育品種・飼育方法，豚舎・豚房の活用方法などを調査する。また，養豚経営としては，経営収入と支出，生産費・販売価格などを調査し，具体的な経営診断資料を作成する。

| 課題の解明 | 実態調査をもとに，経営面における具体的な課題を発見し，その課題は経営にあるのか，飼育技術にあるのかを検討し，各技術の評価・経営分析を行って，その課題を積極的に解決することがたいせつである。

図 2-33　畑のなかの大規模な養豚場　　　　図 2-34　家畜市場での肥育素豚のせり取引

4 ■ 生産物の流通

素豚流通 　繁殖素豚・肥育素豚などの生体での取引には，家畜市場でのせり取引(前ページの図2-34)と，農家の庭先で行われる庭先取引とがある。

　また，豚共進会などで種豚オークションとして売買されるものもある。さらに，ハイブリッド豚のような素豚生産会社が養豚農家に契約販売する素豚流通もある。

肉豚流通 　生産した肉豚を販売する方法には，生体販売と枝肉販売とがある(図2-35)。

　生体販売は，家畜商などが養豚農家から肉豚を購入(庭先取引)し，と畜場で枝肉にしてから販売する方法である。いっぽう，枝肉販売は，養豚農家が肉豚をと畜場に出して枝肉とし，その枝肉をせりにかけて販売する方法である。この枝肉販売には，生産者組合が肉豚の搬入・販売を養豚農家にかわって行うこともある。

　枝肉は，食肉加工業者・肉問屋などによって加工されるものと，肉小売店などが部分肉としての精肉にしてから消費者に販売されるものとがある。

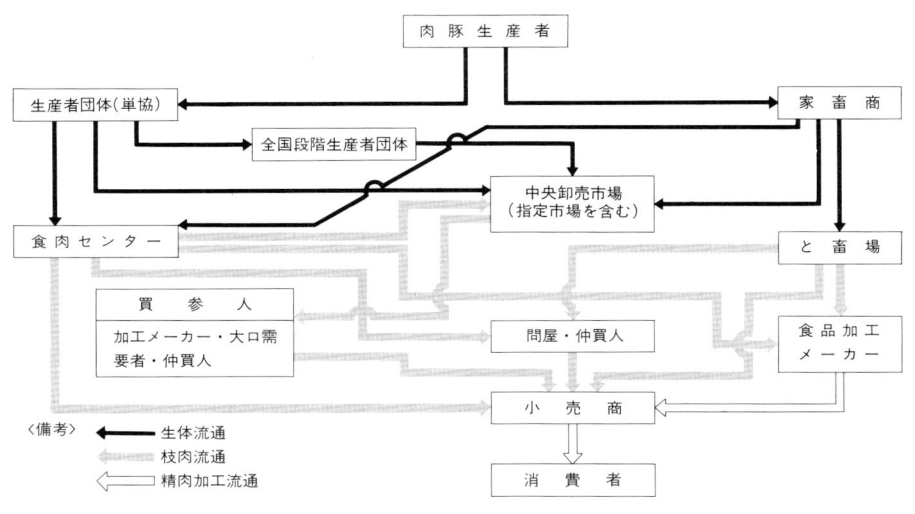

図 2-35　豚肉の流通経過

第3章 酪農

大規模経営における牛の放牧風景

1 ■ 乳牛の特性

ねらい
- 乳牛の外ぼうと消化器のはたらきの特徴を理解する。
- 乳牛の性質・生態・環境と行動のしかたを理解する。
- 乳牛の一生について,発育と乳生産について理解する。

1 ■ 乳牛のからだ

乳牛の外ぼう | **乳牛と三つのくさび型** 代表的な乳牛であるホルスタイン種をみて,まず目をひくのは,鮮かな黒白はん(まだら)のついた,大きくて豊かなからだ,よく発達した中躯,そして後躯にかかえている大きな乳房である。

❶図3-2を参照。

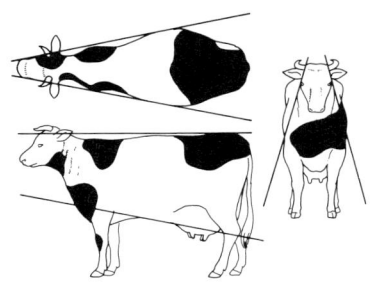

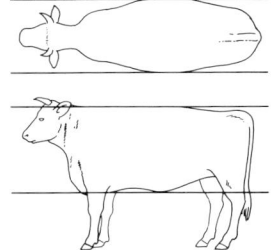

乳牛のからだは,前方・側方・上方からみると,それぞれ図3-1のように,くさび(△)に似たかたちをしている。

乳牛各部の名称 乳牛のからだの各部のよびかたを図3-2に示す。

骨格 乳牛の骨格を示すと,図3-3のとおりである。

乳 牛 　　　　　　　　　　　　　　肉用牛

図 3-1 乳牛と肉用牛の体型の比較
乳牛は三つのくさび型を示す。

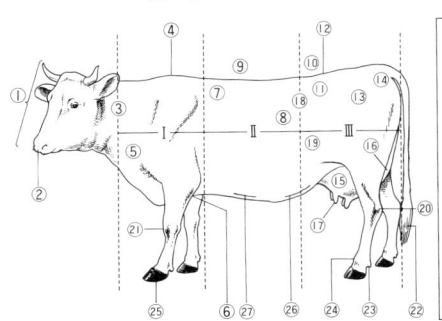

①頭 ②鼻 ③くび ④き甲 ⑤肩端 ⑥胸底 ⑦肩後 ⑧肋 ⑨背 ⑩腰 ⑪腰角 ⑫十字部 ⑬寛 ⑭坐骨端 ⑮前乳房 ⑯後乳房 ⑰乳頭 ⑱上けん ⑲下けん(⑱・⑲わき腹) ⑳飛節 ㉑ひざ ㉒尾房 ㉓副蹄 ㉔つなぎ ㉕蹄 ㉖乳静脈 ㉗乳か
Ⅰ前躯 Ⅱ中躯 Ⅲ後躯

図 3-2 乳牛各部の名称

| 乳牛のから
だの内部 | **牛の口腔** 牛の上あごには，前歯(切歯)がない。そのかわり，上あご上皮が角質化して，下あごの前歯に対して，草などをはさんでかみ切るまないたの役めをはたしている。舌は飼料を口腔にとりこみ，そしゃくを助ける。そして，その表面にある味らい(蕾)で味を感じる。

牛の口腔には，図3-3に示すように大きなだ液腺があり，図3-4のように飼料の種類や量などに応じて，つねにだ液を分泌している。

消化管の構造 次ページの図3-6に示すように，胃は四つの部分からなる。成牛では，第一胃～第四胃の全容積は，130～235 l もあり，そのうち第一胃が約80%を占めている。

腸(図3-5)は，小腸(十二指腸・空腸・回腸)と大腸(盲腸・結腸・直腸)をあわせ，体長の約15～30倍にも及び，小腸は約40～49 m，大腸は約6～13 mである。

| 消化管のは
たらき | **反すう胃**❶ 第一胃と第二胃をあわせて**反すう胃**という。次ページの図3-6に示すように，食べた飼料はいったん第一胃(一部は第二胃)にはいり，ふたたび口のなかにはきもどされて，1回20～50分間かみかえされたのち，もとにも

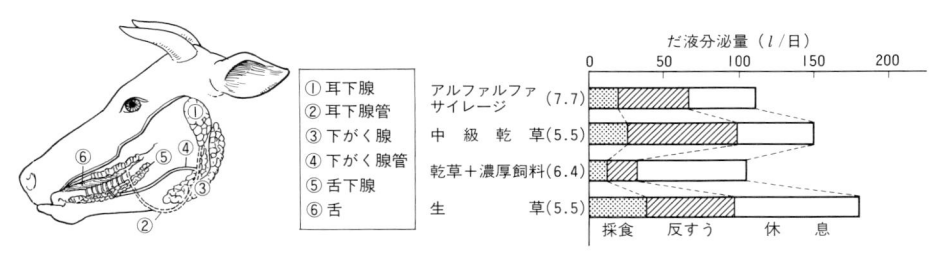

❶ルーメンという。

図3-3 牛のおもなだ液腺
(加藤嘉太郎「家畜比較解剖図説上巻」1989年によって作成)

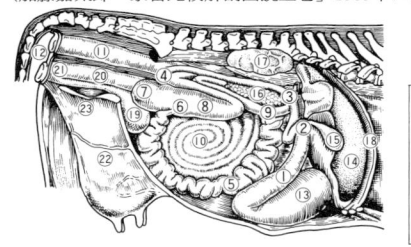

①耳下腺 ②耳下腺管 ③下がく腺 ④下がく腺管 ⑤舌下腺 ⑥舌

図3-4 飼料と牛のだ液分泌
注．( )内は，1日の飼料乾物量(kg)。
(津田恒之「家畜生理学」1989年によって作成)

図3-5 牛の腸の位置(エレンベルガーの原図を一部かえて作成)

①十二指腸 ②S状ワナ ③前十二指腸曲 ④後十二指腸曲 ⑤空回腸 ⑥回盲結口 ⑦盲腸 ⑧結腸近位ワナ ⑨結腸遠位ワナ ⑩中心曲 ⑪直腸 ⑫肛門 ⑬第四胃 ⑭肝臓 ⑮胆嚢 ⑯すい臓 ⑰右腎 ⑱横隔膜 ⑲ぼうこう ⑳膣 ㉑膣前庭 ㉒乳房 ㉓骨盤結合(切断)

どされる。このはたらきを**反すう**という。反すう胃で分解された部分は，第三胃の吸引作用によって第三胃に移り，ここでさらに細かくくだかれて，第四胃で消化される。このような独特な胃の構造によって，牛は人間の利用できないセルロースを養分として利用する。乳牛は，草などの粗飼料を主食（**基礎飼料**という）として有効に生産物に転換できる動物である。

微生物のはたらき デンプンやセルロースなどの消化・吸収，物質代謝のしくみは，図3-6のように第一胃内の微生物のはたらきによるものである。そして，そこで生成された酢酸・プロピオン酸など（**揮発性低級脂肪酸**という）は，おもに胃壁から吸収され，乳生産やからだの組織がはたらくための重要なエネルギー源として利用されている。

第一胃の恒常性 牛の第一胃内の飼料の量，水分・pH・けん気度・温度などは，環境の変化にあわせて調節され，ほぼ一定に保たれている。これを**第一胃の恒常性**という。反すうによって1日に50〜60 *l* のだ液が分泌されて第一胃に流れこむ。だ液50 *l* のなかには，約300gの炭酸塩が含まれている。これによって，第一胃で発酵し

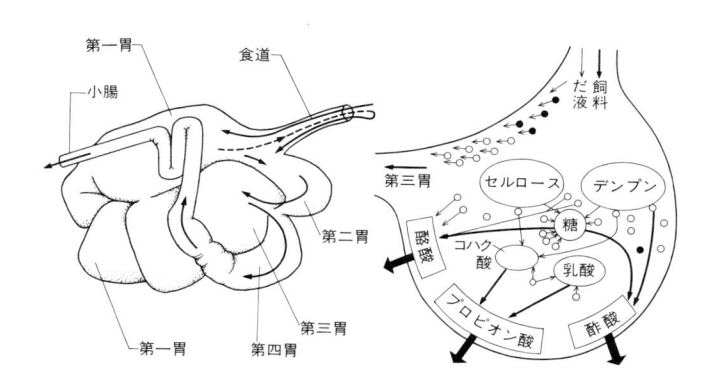

図3-6 牛の胃の構造と第一胃および第二胃内の微生物のはたらき
　牛の胃は第一胃（成牛で全体の80％），第二胃（5％），第三胃（5％），第四胃（10％）からなり，第四胃が人間や豚の胃に相当する。第一胃と第二胃のなかの微生物（○細菌類，●原虫類）は図のとおりで，細菌類は，デンプン分解菌・セルロース分解菌・乳酸栄養菌などである。細菌類・原虫類は，第三胃・第四胃以下で分解され，タンパク質源として利用される。

てできた酸を中和して，pHはつねに6.5〜7.5の範囲に保たれるしくみになっている。

このような第一胃発酵によって，ビタミンの合成，とくにビタミンB群が合成されることも特徴の一つである。

各栄養素の消化　炭水化物が第一胃内で微生物によって消化・吸収されるしくみは，図3-6のとおりである。タンパク質は，第一胃でアミノ酸に分解されるものと，そのまま第四胃に送られ，分解されるものとがある。前者は非タンパク態窒素(草類に多い)とともに微生物にとりこまれ，微生物タンパク質となって第四胃以下に送られ，利用される。脂肪は豚と同じように，おもに腸の上部ですい液によって消化される。十二指腸以下の腸のはたらきも，セルロースを有効に利用できるしくみになっている。

2 ■ 乳牛の性質・生態・行動

性質　牛は温順で，行動が静かなので，刺激に対する反応が比較的おそいようにみえる。しかし，光・音・振動などの物理的な刺激に対しては，敏感に反応する。たとえ

図 3-7　乳牛の生態と行動
よこになったり，座ったりして反すう中の乳牛。

ば，牛は明るいところから暗いところにはいるのをいやがり，搾乳中に音量の大きい金属音を発生させると一時的に泌乳を中止する。

うまれたばかりの子牛に，人間が母牛と同じ行動で接すると，人間と子牛とのあいだに親しい関係が生じる。反対に，乱暴な管理者に対しては怒りをあらわすこともあり，雄牛は人間にたちむかってくることがある。

| 生態 |

食草の特性　牛と羊をいっしょに放牧すると，羊は10〜15cmほどの短い草を食べ，牛は15〜30cm以上の比較的長い草を食べる。これは，羊は草をくちびると歯でかみちぎって食べ，牛は草に長い舌をまきつけ，ひきちぎるようにして，口にいれる習性のちがいによるためである。

乳牛の1日の生活　乳牛の1日の生活を放牧牛についてみると，図3-8のように，食草行動型の時間と反すう行動型の時間はほぼ同じである。すなわち，牛は草を食べる時間と同じ時間を費やして反すうしている（前ページの図3-7）。

乳牛の社会　牛は集団性が強く，なかまからはなされると，しきりに鳴き声を発してよびあう。また，角や頭で争い，図3-9に示す

反すう　5〜9時間
反すう　15〜20回

食草　5〜9時間
口を動かす回数　24,000回
飲水　1〜6回

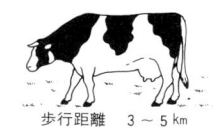

休息　5〜6時間
睡眠　約3時間

歩行距離　3〜5km

図3-8　乳牛の1日の生活

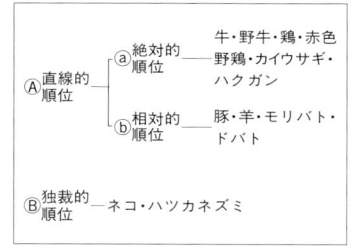

Ⓐ 直線的順位 ─┬─ ⓐ 絶対的順位 ── 牛・野牛・鶏・赤色野鶏・カイウサギ・ハクガン
　　　　　　　└─ ⓑ 相対的順位 ── 豚・羊・モリバト・ドバト

Ⓑ 独裁的順位 ── ネコ・ハツカネズミ

図3-9　社会的順位の形態　（黒崎，1976年）

図3-10　この牛群のなかにも社会的順位が決まっている

ように群のなかでの**優劣順位**❶を決める(図3-10)。

牛の社会の順位を決めるたたかい(図3-12)は，野生動物社会のようなきびしさはない。それは，いったん相手の順位を上位と認めれば，これにしたがう性質が強いからである。角による事故をふせぎ，管理をしやすくするため，除角が行われる❷。

牛の視覚と記憶　牛は色に対する感覚が貧弱で，およそ黒・白・灰色の世界に生きているとされてきたが，最近色をはっきり区別することが確かめられている。牛は，ほ乳期の経験ばかりでなく，離乳後の経験もある程度記憶しているので，牛を管理するばあいはそのことを知っておく必要がある。

環境　乳牛の生活に適した環境は，ホルスタイン種では，わが国においては気温が0〜20℃，湿度が70%以下，ジャージー種では気温が5〜24℃，湿度が80%以下の気候である。ジャージー種は，ホルスタイン種よりもやや暑さに強い。一般に乳牛は，高温になると，呼吸数がふえ，体温も上昇して，乳量は減少する。反対に低温には比較的強いが，低温で風のあるばあいは，風をさけてひなんする。

乳牛と気温との関係を示すと，図3-11のとおりである。

❶角つきの順位，社会的順位ともよばれる。強いほうから弱いほうに，ほぼ一直線に並んでいるばあいを直線的順位といい，その順位がかなり正確に並んでいるばあいを絶対的順位といい，そうでないばあいを相対的順位という。独裁的順位とは，強いもの1頭だけが優位を示し，群のほかのなかまがこれにしたがっている状態をいう。

❷133ページの実習牛の除角を参照。

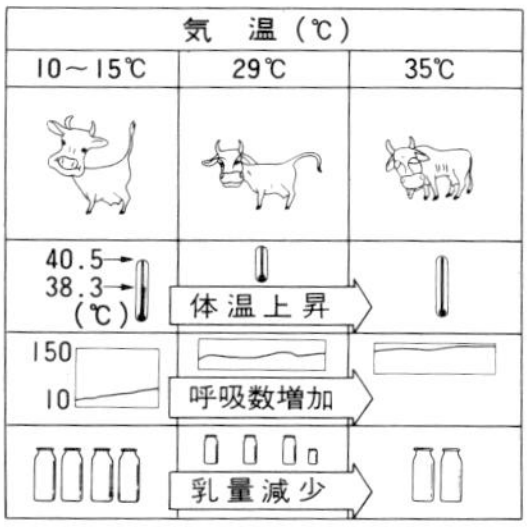

図 3-11　乳牛(ホルスタイン種)と気温

図 3-12　牛の敵対行動のさまざまなパターン (近藤誠司，1984年；木村しゅうじ画)

アヴォイディング (回避行動)

スレット (威嚇行動)。優位の個体(左)は顔面を地表に垂直にたて，頭頂部をやや突き出す。劣位個体(右)は顔を地表に平行にさし出し耳をふせる。

バンティング (頭突き行動)

ファイティング (闘争行動)

プッシング (おしのけ行動)

3 ■ 乳牛の一生と生産

繁殖からみた乳牛の一生　乳牛の雌は，ふつう生後14〜16か月で受胎し，平均280日の妊娠期間で子牛を分べんする。牛は1年じゅう季節をとわず繁殖できる。また，経済性を考えなければ10産，11産と出産できる長命な動物である。

乳牛の一生について示すと，図3-13のとおりである。

乳牛の育成　雌子牛の育成は，3期にわけられる。すなわち，①ほ育期——生後3か月齢まで，②育成期——生後12か月齢まで，③若雌牛期——妊娠・分べんまでの3期で，ふつう24〜28か月齢ではじめて母牛になる。このように乳牛の子牛は，長期間注意して育てなければならない。乳量は年齢(産次)をますにつれて増加し，3〜5産で最高となる。

乳牛の生涯記録　このように長い年月健康で，毎年のように子をうみ，乳を出す乳牛を飼育すれば，その一生のあいだに生産する乳量(これを**生涯記録**という)が多く，経営上も有利である。

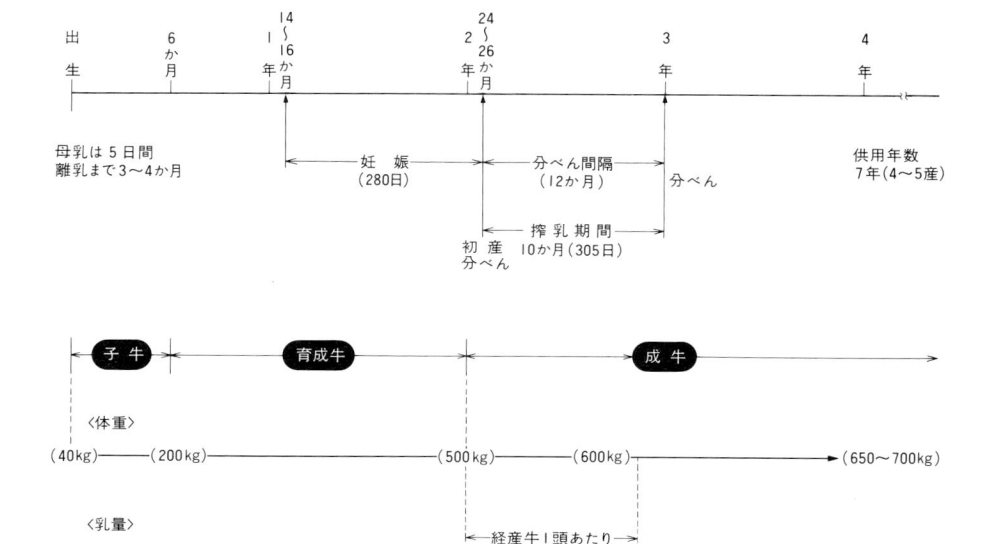

図 3-13　乳牛雌牛の誕生から初産分べんまで

2 ■ 乳牛の品種と選びかた

> **ねらい**
> - 乳牛の歴史を知り，品種の特徴を理解する。
> - 能力の高い牛とはどのような牛かを理解し，どのようにつくっていくかを知る。
> - 能力の高い牛の選びかたを理解する。

1 ■ 乳牛の歴史

今日，世界の酪農国とよばれているオランダ・デンマークその他の北欧諸国，およびスイスなどでは，乳牛の頭数はそれほど多くはないが，その農業に占める位置がきわめて高い。そして，それぞれに長年にわたって，いわば国をあげて改良してきた乳牛の品種が飼育されている。❶

わが国における専業的な乳牛の飼育は，図3-14に示すとおりで

❶わが国で乳牛が本格的に飼育されたのは，明治時代のはじめ，在日する外国人に牛乳を供給するためであった。しかし，それから第二次世界大戦がおわるまで，日本人の牛乳の消費量はそれほどのびなかったので，乳牛の飼育頭数も飼育戸数もわずかなものであった。

❷，❸116ページを参照。

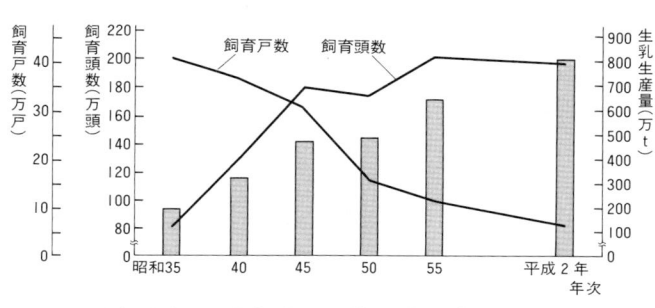

図3-14 乳牛の飼育戸数・飼育頭数および生乳生産量の変化
（農林水産省統計情報部「第66次農林水産省統計表」平成3年ほかによって作成）

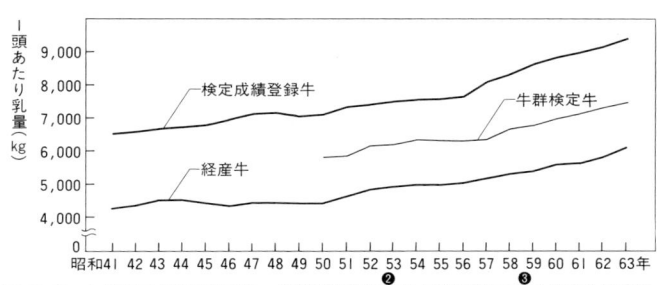

図3-15 わが国における経産牛・検定成績登録牛および牛群検定牛1頭あたり乳量の推移（農林水産省畜産局家畜生産課資料などによって作成）

ある。そして人工授精が普及し能力検定事業(116ページを参照)がすすむにつれて，前ページ図3-15に示すように，乳牛1頭あたりの乳量が増加した。

2 ■ おもな品種

わが国のおもな品種　世界の牛の品種は800種をこすが，世界的な優良品種はそれほど多くはない。一般に，ホルスタイン種(図3-16左)(原産地：オランダ)，ジャージー種(図3-16右)・ガーンジー種・エアシャー種(以上原産地：イギリス)，ブラウンスイス種・シンメンタール種(原産地：スイス)などがあげられる。

わが国では，明治時代に上記の品種が輸入され，各地で飼育されたが，今日では乳牛の98％はホルスタイン種とその種系雑種が占め，ついでジャージー種が約4,000頭飼育されている。

ホルスタイン種の三つの型　わが国のホルスタイン種にも，地方によってあるいは経営によって，やや異なった体型のもの，たとえば，耐暑性にすぐれた，ややほそみの西南暖地型の育成をめざすものもある。ホルスタイン種は，フリーシアン種あるいは黒白は

表 3-1　ホルスタイン種の三つの型

カナダ・アメリカ型	乳生産だけを重視するので，くさび型をした体型(106ページを参照)が強調される。
オランダ型	ヨーロッパでは，むかしから「雌は乳を生産するが，雄は肉を生産する」という考えが強く，体積に富む体型が重視される。
イギリス型	オランダ型よりも，いっそう肉生産に重点をおいた体型が重視される。

図 3-16　ホルスタイン種の雌(左)とジャージー種の雌(右)

ん種ともよばれ，表3-1のように三つの型がある。わが国のホルスタイン種はカナダ・アメリカ型に属するが，最近では肉づきのよさも改良目標にしている。

| ホルスタイン種の雑種 | わが国のホルスタイン種の**血統登録牛**❶は約90万頭と推定されているが，種系牛登録に登録された種系牛および種系雑種牛がある。わが国では，種雄牛はほとんど純粋種が用いられているので，種系雑種牛でも，その体型・能力において血統登録牛とかわりないものも多い。

❶次ページの表3-3を参照。

3 ■ よい乳牛の選びかた

| 乳牛の改良 | **経済性の高い牛** これからの酪農では，経済性の高い乳牛を選ぶ必要がある。経済性の高い乳牛とは，図3-17のように，一般に，与えた飼料代に対して高い乳代がえられる牛のことで，まず泌乳能力の高いことが重要な要素となる。

| 改良の方法 | 乳牛の泌乳能力は，遺伝と環境の影響によって決定されるが，そのことを乳量・乳脂率・無脂固形分率についてみると，表3-2のとおりである。乳牛の能力を集団全体として，あるいは個々の農家で改良するためにも，まず血統・泌乳能力・給与飼料・繁殖成績などの記録を正確にとらなければな

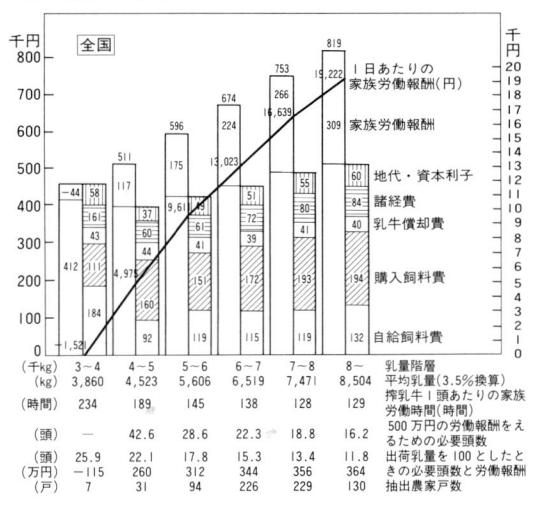

図 3-17 乳牛の能力差と収益差（平成2年）
（農林水産省統計情報部「牛乳生産費調査」平成3年によって作成）

表 3-2 乳牛の乳量・乳脂率・無脂固形分率が遺伝と環境によって影響される割合

区分＼形質	乳量	乳脂率	無脂固形分率
遺伝の影響	⊕	⊕⊕⊕	⊕⊕⊕
環境の影響	⊕⊕⊕	⊕	⊕

注．⊕は約25％と考えることにする。たとえば，乳量は遺伝の影響が25％，環境の影響が75％である。乳脂率や無脂固形分率では，その反対になる。
（日本ホルスタイン登録協会「乳牛の改良」昭和49年による）

❶能力検定によって泌乳能力の高い雌牛を選んで交配することは、乳牛の改良に著しい効果をあらわすが、これは種雄牛についても行う必要がある。種雄牛の能力は、一般に、その娘牛の能力を通して検定するので、これを種雄牛の後代検定という。

❷表3-3中の乳脂肪量指数と審査得点は、検定成績登録や高等登録のさいに必要な条件として定められているもので、得点が高いほど高い能力を示すものである。

らない。そして、計画的交配を行い、優良な雌牛および交配する種雄牛の選抜をねばり強くつづけなければならない。このとき、血統・能力・体型・外ぼうに調和よく留意する必要がある。乳牛の改良のすすめかたを示すと、図3-18のとおりである。ここでは、主として個々の牛群における雌牛の選びかたについて説明する。

血統による選びかた

優良な血統牛の価値は、長年月にわたる先人の努力が血統というかたちで実っているところにある。わが国の登録制度(表3-3)は、**日本ホルスタイン登録協会・日本ジャージー登録協会**によって、それぞれ行われているが、前者の前身である、**日本蘭牛協会**は明治44年(1911年)に発足している。

能力による選びかた

ホルスタイン種の高能力牛は、一般に大型である。経済性の高い牛を選ぶということは、大型・強健・多産・高能力の4条件をそなえた牛を成績の記録にもとづいて正確に選ぶことである。なお、長命多産の乳牛がどれだけ経済的に有利であるかについては、表3-4に示したとおりである。

表3-3 ホルスタイン種の登録制度

性別	登録の名称	符号	登録のおもな条件
雌	血統登録	血ホ	登録牛のあいだに生産されたもの。
雄	血統登録	血ホ	父が高等登録であり、かつ母が審査成績登録牛および検定成績登録牛であるもの。
雌	審査成績登録	審ホ	同一所有者の同一牛群内におけるすべての経産牛。
雌	検定成績登録	検ホ	血統登録雌牛で登録協会のA検定(次ページ)の結果、乳脂肪量指数が80以上をえたもの。
雄	高等登録	高ホ	血統登録の雄牛の子で、審査得点が80点以上のもの。

表3-4 乳牛の年齢・生涯記録とその経済性
(生涯飼料利用率)

年　齢(年)	生涯記録(乳量kg)	生涯飼料利用率
2.5	8,870	0.97(100)
4.5	29,304	1.47(152)
6.5	50,938	1.63(168)
8.5	71,837	1.69(174)

注. 生涯飼料利用率とは、うまれてからその産次の終了までに消費した飼料(TDN)1kgあたり0.97kgあるいは1.69kgの乳を生産したことを示す。
この数値が高いほどよい。「農林水産省種畜牧場調査実験報告書第2号」1989年、および「同3号」1990年を参考に、「日本飼養標準乳牛」1987年版にもとづいて、モデル計算を行った)

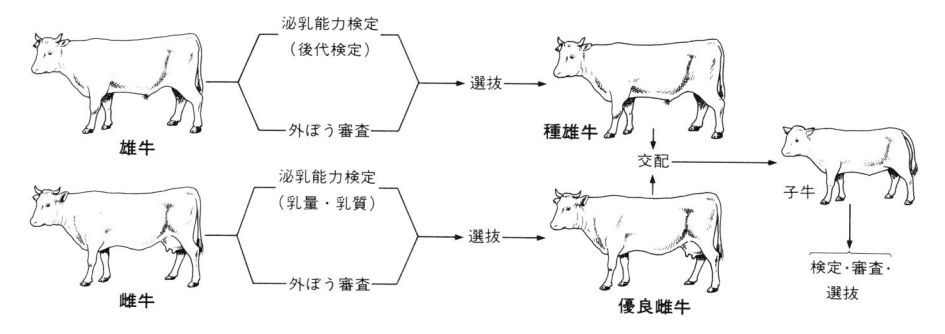

図 3-18 乳牛の改良のすすめかた

泌乳能力検定の実施　自分の乳牛の改良をすすめるには，能力検定に参加することがはやみちである。わが国の**能力検定**の普及率は最近急速に高まっているが，ノルウエーなどにくらべるとまだ低い。能力検定の種類は，表3-5のとおりである。検査成績をたがいに比較するためには，環境条件のちがいを考察することも重要であるが，少なくとも1日の搾乳回数，搾乳日数および年齢のちがいによる差を補正して比較する必要があるので，表3-6のような係数が定められている。種雄牛の能力検定の効果は，図3-19に示す。

| 体型・外ぼうによる選びかた | **体型・外ぼうと泌乳能力**　体型や外ぼうによる審査の得点とその牛の1乳期の泌乳量との関係は，一般にめいりょうではない。ここで体型・外ぼうによって牛を選ぶことのおもなねらいは，次ページの表3-8に示すように，長期間にわたって健康で連産し，しかも食欲旺盛で，充実した乳器をもつ牛を選ぶということである（表3-7）。すなわち，高い泌乳の遺伝的能力を発揮しつづけることができる体型・外ぼうをもつ牛を選ぶことを考えればよい。ただ，乳器については，親の審査成績と子孫の泌乳

表3-5　ホルスタイン種・同種系牛検定の種類

A検定	血統登録牛について検定成績を登録するために行う。10か月検定では立合回数が5回，1年検定では6回で分べん後の立合時期が定められている。
B検定	ホルスタイン種系牛登録について検定成績を登録するために行う。10か月検定では立合回数が3回，1年検定では4回でA検定を簡単にしたかたちで立合時期が定められている。

表3-6　搾乳回数・搾乳日数・年齢補正係数

搾乳回数による補正係数		搾乳日数による補正係数		年型（分べん時の年齢）による補正係数 *	
2回から3回へ換算するばあい	1.20	305日から365日へ換算するばあい	1.176	2.5年	1.22
				3.5	1.10
				4.5	1.02
				5.5	1.00
3回から2回へ換算するばあい	0.83	365日から305日へ換算するばあい	0.850	6.5	1.00
				7.5	1.02
				8.5	1.05

注．* 例　2.5年の乳量×1.22＝5.5～6.5年の乳量。
（日本ホルスタイン登録協会「ホルスタイン登録事務必携」昭和52年によって作成）

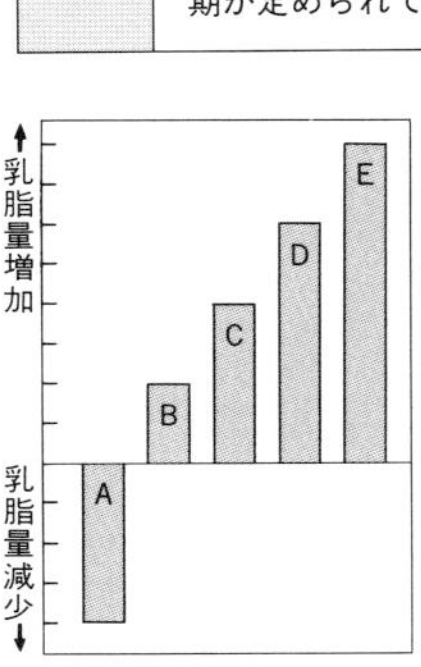

図はE～Aを交配した雌牛群の泌乳成績を示す。
Eは検定ずみ種雄牛の息子牛を，
Dは生涯記録検定雌牛の息子牛を，
Cは優良雌牛の息子牛を，
Bはふつうの能力の雌牛の息子牛を，
Aは低能力雌牛の息子牛を交配した成績である。

表3-7　わが国ホルスタイン種の能力に関する目標数値
（全国平均）

区分	能力（305日，2回搾乳）					
	乳量(kg)	乳脂率(%)	無脂固形分(%)	分べん間隔(月)	体高(cm)	体重(kg)
昭和60年	5,700	3.7	8.5	13.5	137	630
目標（平成7年）	6,400	3.7	8.7	13.0	140	640

（農林水産省畜産局資料による）

図3-19　検定ずみの種雄牛による改良の効果（表3-2と同じ資料による）

能力との関係がかなり強いことがわかっているので，牛を選ぶときに留意する必要がある。

体型・外ぼうの三つの条件 乳牛を選ぶときには，すでに学んだような理由で表3-8に示す三つの条件がたいせつである。

体型・外ぼうの審査 牛の体型・外ぼう審査の実習は，表3-8の三つの条件を理解し，習熟するようにすれば，牛をみることが楽しみになるであろう。機会があれば，共進会を見学するのもよい。

❶196ページを参照。

審査にあたっては，体重のほかに，体高・体長・胸深・尻長・胸囲・腰角幅・寛幅・管囲をはかって比較する(次ページの実習を参照)。体重は，胸囲を測定して体重をよむ体重推定尺を用いる。

乳器のみかた よい乳器は，乳房が前後に長く，底面が平たんで，乳頭の配置がそろっているものである(図3-20)。

表 3-8　体型・外ぼうで選ぶ三つの条件

外ぼうの特徴	大型で深みがあり，外ぼうが鋭く，しかも優美なホルスタイン種の特徴をもっている。これは，ホルスタイン種の外ぼうの最大の特徴である。
後躯の充実	後躯が発達し，じゅうぶんな長さと幅をもった乳器をもっていること。
強健性	強くてじょうぶな背・腰・四肢・蹄をもち，長い連産にたえられること。これは，牛の強健性を示すものである。

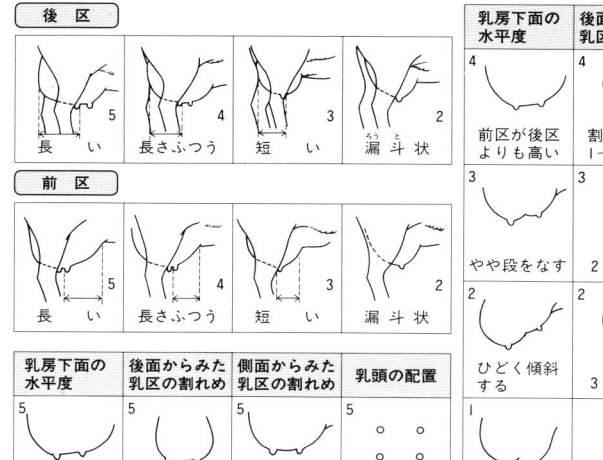

図 3-20　よい乳房・乳頭と悪い乳房・乳頭 (図中の5～1は，乳房・乳頭の良否を示し，5が最もよい)

実習

乳牛の体型審査

目的
乳牛の体型の特徴を理解し，からだ各部の測定法や体型審査の方法を学ぶ。

準備
搾乳牛1～2頭または生後6～12か月の雌子牛1～2頭，体尺計・巻尺・体重推定尺・月齢別正常発育値・審査標準。

方法
1. 平らな場所を選び，乳牛を正しい姿勢でたたせ，体高・胸囲・体長などを測定する。
2. 乳牛から4～5mはなれた位置で，全体を観察する。つぎに牛に近づき，各部の状態を観察したり，ふれて確かめてみる。
3. 2頭のばあいには，全体と各部について，よしあしを比較してみる。

①体　　高
②体　　長
③胸　　深
④尻　　長
⑤腰角幅
⑥寛　　幅
⑦胸　　囲
⑧管　　囲

まとめ
1. からだ各部の測定値から発育の状態を調べる。
2. 各部の状態やよい点，悪い点をまとめる。
3. 搾乳牛は，測定値が基準に達しているか体高比を計算し，各部のつりあいを調べる。

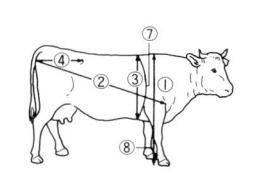

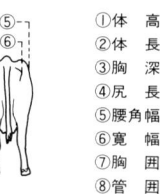

体高・体長・胸囲によるクラスわけ　　　　　　　　　　　　　　　　　　　　　　（単位　cm）

月齢	部位	A級	B級	C級	D級
		以上	未満	未満	未満
6	体高	110	104～110	101～104	101
	体長	119	111～119	106～111	106
	胸囲	137	127～137	122～127	122
8	体高	117	111～117	108～111	108
	体長	129	120～129	115～120	115
	胸囲	150	139～150	133～139	133
12	体高	126	121～126	117～121	117
	体長	143	134～143	129～134	129
	胸囲	168	156～168	150～156	150

（日本ホルスタイン登録協会「乳牛の見方」による）

ホルスタイン種の体格の基準（雌）

体重		胸囲		体高	
基準	範囲	基準	範囲	基準	範囲
670 kg	570～780 kg	204 cm	193～216 cm	143 cm	137～150 cm

完熟時は満6歳，4～5歳，305日検定，泌乳量8,000kg以上，胸囲は体重推定尺で換算した数値である。

（日本ホルスタイン登録協会「ホルスタイン種雌牛審査標準の用いかたと条件」による）

ホルスタイン種のからだ各部の比較（雌）

項目	体高	十字部高	体長	胸深	尻長	腰角幅	胸囲	管囲
体高比	100	101	125	55	42	42	147	13.5
実数値(cm)	138	139.3	172.5	75.5	57.9	57.9	202.8	18.6

（日本ホルスタイン登録協会「審査のA，B，C」による）

3 乳牛の繁殖

ねらい
- 生殖器の構造とはたらき，繁殖に用いる時期を理解する。
- 性周期と交配方法の実際を理解する。
- 妊娠と出産の管理のしかた，繁殖障害の基本を理解する。

1 生殖器の構造とはたらき

雄牛の生殖器　図3-21（左）のとおり，精巣と副生殖器からできている。構造とはたらきは，豚の生殖器と同じである。

　精巣（こう丸）　重量は250～350 g，精細管の長さは約5,000 mで，ここでつくられた**精子**（全長60～65μm）は精巣液に浮かび，精巣上体に送られる（図3-22）。

　副生殖器　精子は，精巣上体（延べ40～50m）を8～11日かけて下降し，そのあいだに成熟していく。精管は，精液を貯蔵するはたらきがあり，精嚢腺・前立腺・尿道球腺からは分泌液が出されて精液

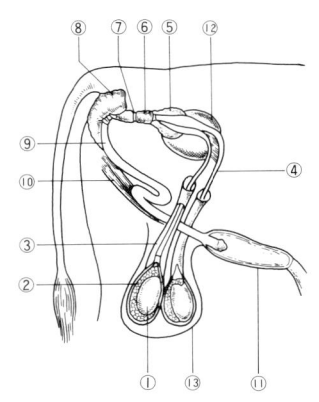

①精巣　②精巣上体（副こう丸）
③精索　④精管　⑤精嚢　⑥ぼうこう括約筋　⑦前立腺（周囲をおおっている筋をはがした状態）⑧尿道球腺
⑨陰茎　⑩陰茎挙筋　⑪包皮　⑫ぼうこう　⑬陰嚢

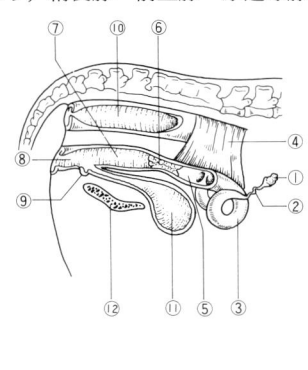

①卵巣　②卵管　③子宮角　④子宮広間膜　⑤子宮体　⑥子宮頸　⑦腟
⑧腟前庭　⑨尿道下憩室　⑩直腸
⑪ぼうこう　⑫寛骨

図 3-21　牛の雄（左）と雌（右）の生殖器

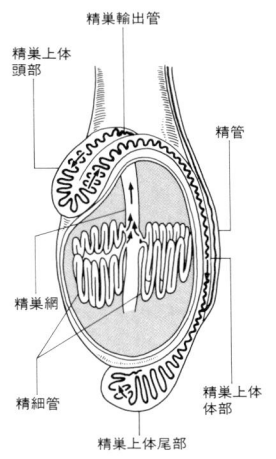

図 3-22　精巣および精巣上体内における精子の輸送経路（矢印）
（セッチェル，1977年による）

の量をまし，精子の運動性を活発にする。牛の陰茎はほそ長く，Ｓ字状である（Ｓ状曲という）が，交尾のさいはＳ状曲がのびる。

❶生殖腺から分泌される雄性ホルモン・発情ホルモンおよび黄体ホルモンと，このほか副腎皮質から分泌される副腎皮質ホルモンは，ステロイド核という化学的に共通な構造をもっているので，ステロイドホルモンと総称される。

雌の生殖器

図 3-21（右）のとおり，卵巣と副生殖器からなる。

卵巣 牛の卵巣は，卵円形で，およそ10〜20ｇで比較的小さい。原始卵胞の数は，生後30か月の牛で約50,000〜70,000個ある。発情後，排卵される**卵子**（138〜143μm）の数は１〜２個で，卵胞液とともに卵管にはいる（図3-21）。

副生殖器 卵管で受精した受精卵は，子宮粘膜に着床する。子宮は卵管につづく１対の子宮角と子宮体および子宮頸からなる。子宮内面には子宮小丘（ぼたん状の小突起）があり，着床すると，ここに**胎盤**ができる。子宮頸は，円筒状をしている。発情休止期には閉鎖しているが，発情中はゆるくなって精子の通過を容易にする。妊娠中は濃厚な粘液でかたくふさがれる。

腟と腟前庭との境に，尿道が開口している。

生殖腺のはたらきと性ホルモン

雌牛の性周期は，平均21日弱である。性周期における卵胞の成熟・排卵，黄体の形成は，図 3-23 に示すように下垂体前葉から分泌される**卵胞刺激**

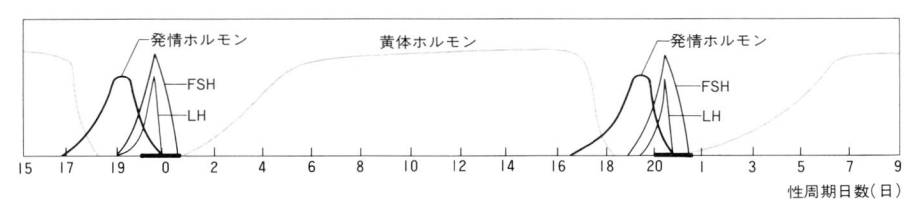

図 3-23 雌牛の性周期と性ホルモンの消長
黒いバーは発情期を示す。ＦＳＨは卵胞刺激ホルモン，ＬＨは黄体形成ホルモンである。

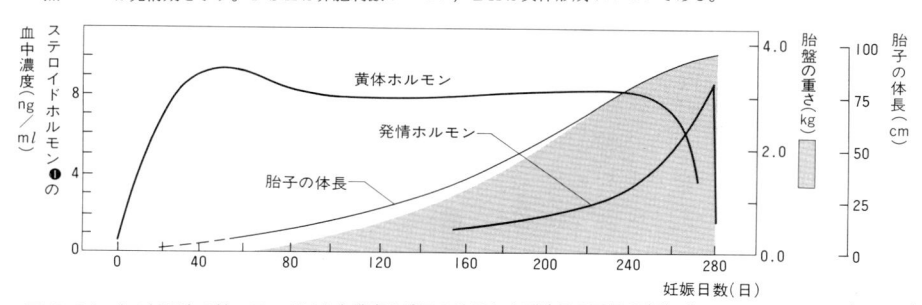

図 3-24 牛の妊娠中の性ステロイド血中濃度と胎子の体長および胎子の重量の変化（ベドフォード，1972年およびエクスタインとケリー，1977年による）

3 乳牛の繁殖

ホルモンと黄体形成ホルモンのはたらきによる。また，妊娠の維持および分べんは，前ページの図3-24に示したように**黄体ホルモン**と**発情ホルモン**のはたらきによる。

牛の精子と卵子　成熟した精子は，雌の子宮と卵管を通過するあいだに，図3-25に示した精子の先体部に変化がおき，卵子を受精させることができるようになる。精子と卵子の合体は，図3-26に示すようである。これは卵管上部で行われるが，射精後，精子がここに達する時間は2〜13分である。

2 ■ 繁殖に用いはじめる時期

| 供用年齢 (月齢) | 雌牛の性成熟は8〜12か月齢であるが，からだの成熟をまって14〜16か月齢，体重350 kgくらいから繁殖に用いる。雄牛は15〜16か月齢で用いはじめる。雌牛は生涯記録の高い牛ほど経営上有利であるが，肉利用を考えて，平均すると7〜8歳で廃用する農家が多い。

| 繁殖と経営 | 繁殖成績は図3-27のように，牛群の栄養状態，分べん間隔（出産から出産までの日数）が長いと泌乳量の少ない期間が長くなるから，泌乳後期には飼料に対する乳生産の効率が低下して，損失が大きくなる。また，交配の回数も多くなるので，分べん間隔は13.5か月以下がのぞましい。

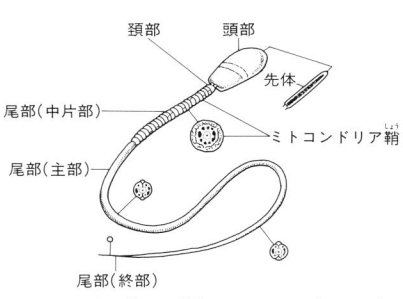

図 3-25　牛の精子の構造（サーク，1970年による）

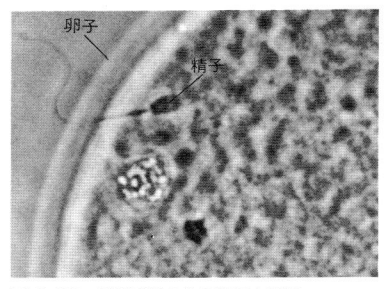

図 3-26　受精直後の牛の精子と卵子
　　　　（後藤和丈，1992年）

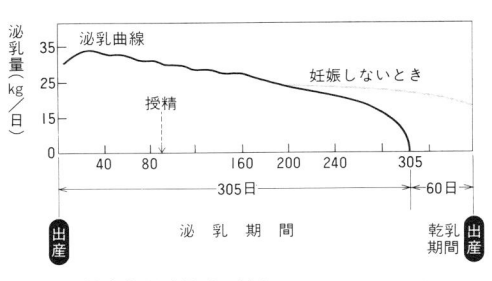

図 3-27　**繁殖成績を判断する基準**（年1産の理想的な繁殖計画と泌乳曲線）
妊娠6か月にはいると，泌乳量が急減する。

3 ■ 発情と発情周期

牛の発情周期 性成熟に達したのち，妊娠しない牛は，平均21日で発情をくりかえす。この周期は，発情期を0日とすると，発情後期（1〜6日め），発情休止期（7〜16日め），発情前期（17〜21日め）に区別できる。発情持続時間は5〜21時間，平均18時間で，排卵は発情終了後10時間くらいのあいだに多い。

発情の徴候 発情前期から発情後期にかけて，表3-9のような徴候や図3-28に示すような性行動があらわれる。したがって，毎朝・毎夕牛を管理するときに，発情が予定されている牛の外陰部を，また群のなかでの乗駕（じょうが）行動をよく観察する。発情発見の省力化のために，**チンボールやテイルペインティング・ヒートマウントディテクタ**などが用いられている。❶

4 ■ 交配

交配適期 次ページの表3-10，11に示す精子の受精能力の保有時間や精子・卵子の卵管に達する時間などか

❶精密な発情発見器としては，子宮粘液の電気抵抗を測定するA.I.メータなどがある。

❷雄の求愛動作の一つで，雌のにおいをかいだりしたあとで，上くちびるを反転するようにあげて情感を誇示する動作をいう。

表 3-9　乳牛の発情の徴候と交配適期

交配期	はやい	可	適期	可	おそい
	0	6　　9		18　24　28	
発情前期6〜10時間	発情期			発情後期8〜10時間	排卵
1. となりの牛に近よる。 2. 他の牛に乗駕する。 3. 外陰部は赤くはれ，湿っている。	1. 乗駕を許してたっている。 2. 大声でうなる。 3. 乗駕する。 4. 十字部をたたくと尾をあげる。 5. 後駆に手をふれてもきらわない。 6. 座らないでたっている。 7. 透明な粘液が出る。 8. 瞳孔がひらく。 9. 人にすりよる。 10. 食欲が低下し乳量がへる。 11. 群からはなれて歩きまわる。			1. 後駆に手をふれるときらう。 2. 透明な粘液が出る。 3. 乗駕をきらう。	1. 排卵後10時間くらいまで受胎することがある。

注．牛の発情持続時間（発情期）は，一般に平均21時間とされているが，わが国のホルスタイン種については平均18時間とする説も多いので，本表はこれによる。
（日本家畜人工授精師協会「家畜人工授精講習会テキスト改訂版」昭和58年による）

においをかぐ

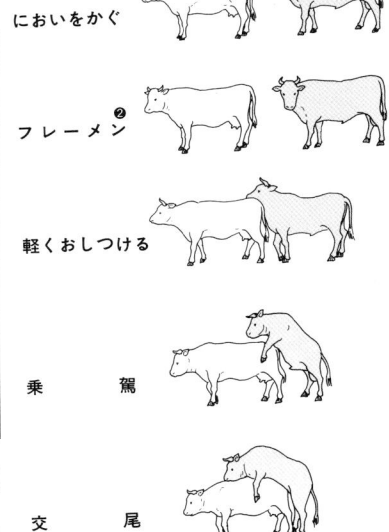

フレーメン ❷

軽くおしつける

乗　　　駕

交　　　尾

図 3-28　雌が発情したときの牛の性行動
（右側が雄）

ら，交配(授精)の適期は発情期の終了前後である。

人工授精法

わが国における人工授精の組織は，図3-29のようになっている。

精液の採取 一般的には擬ひん台を用い，図3-30のような**人工膣**内に，交配姿勢をとった雄牛の陰茎を導いて射精させる。精液をとる回数は週2回くらいがよい。

精液の保存・輸送 精液は，肉眼と顕微鏡で活力や形の異常などを検査したのち，グリセリンを加えた卵黄クエン酸ナトリウム希釈液で10～20倍にうすめる。そしてストローアンプルにおさめ，液体窒素ガス簡易凍結器内で凍結し，これを液体窒素保存器内(-196℃)に保存する。**ストロー法**による凍結のほか，**錠剤化凍結法**がある。

精液の注入法 凍結精液は，注入まえに35～45℃の微温水または5℃の冷水のなかで融解してから，図3-31のように，子宮頸管内に注入器を用いて注入する(**直腸膣法**)。このほかに，**頚管鉗子法**がある。ふつう，ストロー法では0.25～1.0 mlの精液を注入する(生存精子数は300万～1,200万)。

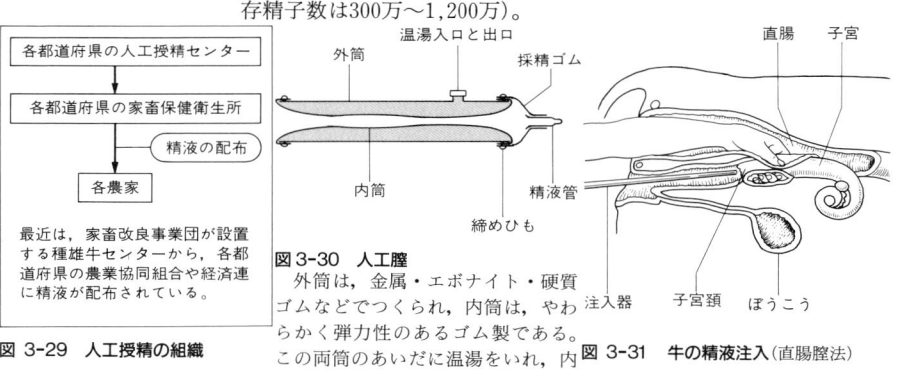

図 3-29 人工授精の組織

最近は，家畜改良事業団が設置する種雄牛センターから，各都道府県の農業協同組合や経済連に精液が配布されている。

図 3-30 人工膣
外筒は，金属・エボナイト・硬質ゴムなどでつくられ，内筒は，やわらかく弾力性のあるゴム製である。この両筒のあいだに温湯をいれ，内筒の内側で40℃くらいに調節する。

図 3-31 牛の精液注入(直腸膣法)

表 3-10 雌性生殖道内での精子および卵子の受精能力保有時間

動物	受精能力の保有期間 (時間)	
	精子	卵子
牛	28～50	22～24
馬	144	～24
豚	72	～20

表 3-11 家畜胚の発生速度と子宮への進入時期

動物	1細胞(時間)	2細胞(時間)	桑実胚(時間)	胚盤胞(日)	子宮への進入	
					時期(日)	発生段階
牛	0～27	27～42	144	7～8	3～4	8～16細胞
馬	0～24	24～36	98～106	5～6	5～6	初期胚盤胞
豚	0～16	16～24	72～96	5～6	2	4細胞

5 ■ 妊娠と出産

妊娠の確認 授精後，つぎの発情予定日の前後を注意して，再発情がなければ妊娠とみなす（この方法を**ノンリターン法**という）。これは，妊娠黄体のはたらきによるもので，黄体ホルモンが分泌され，新しい卵胞の成熟・排卵が抑制されるからである。さらに授精後40～50日に，肛門から手をいれて直腸壁を通して胎膜の状態を触診（**直腸検査**という）して確かめる。❶

胎子の発育 受精卵は，分割をくりかえしながら卵管を移動し，3～4日で8～16細胞の状態で子宮に達する。子宮内でさらに分割をつづけながら浮遊し，排卵後30～35日で着床する。子宮に着床した胎子の発育は，表 3-12, 13 のとおりである。胎盤を通じて母体の養分が胎子に運ばれ，反対に胎子の老廃物は，同じ通路を通して，血液を通じて母体から排出される。

妊娠牛の管理 妊娠牛は性質がおとなしくなり，食欲がまし，栄養状態がよくなる。そして，母体中の胎子は6か月をすぎると急激に発育するので，右側の腹部がふくれて下垂して

❶最近では，超音波利用による妊娠診断器が開発され，利用されている（図 3-32）。

表 3-12 家畜の着床過程

動物	母体の受胎認識*	子宮内膜への接触 開始*	子宮内膜への接触 完成*	最初の接触部位
牛	16～17	28～32	40～45	子宮小丘
馬	14～16	35～40	95～105	子宮内膜杯
豚	10～12	12～13	25～26	子宮内膜の深いひだ
羊	12～13	14～16	28～35	子宮小丘

注．＊ 排卵後の日数で示す。（ハーフェッツ，1980年）

表 3-13 牛胎子の発育

妊娠の経過(月)	胎子の体長(cm)	胎子の体重(kg)	発 毛
2	6～7	8～15(g)	
5	30～40	2～3	唇・頭頂・上まぶたに触毛
6	50～60	5～8	尾端に軟毛
8	70～90	15～30	体表面に発毛
9	70～95	25～50	

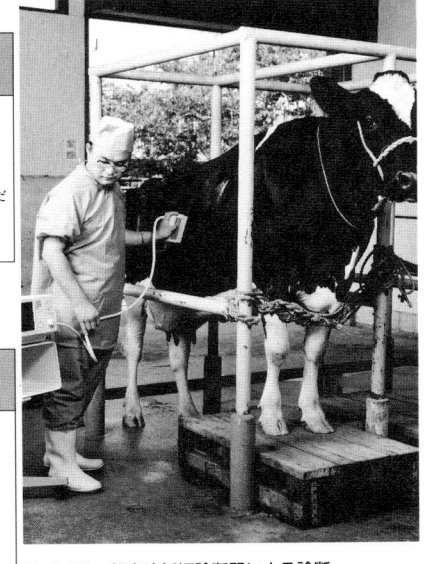

（内藤元男監修「畜産大事典」昭和55年による）

図 3-32 超音波妊娠診断器による診断

くる。初産牛では乳房がしだいにはれ，つやをおびてくる。

妊娠牛には衝撃を与えないように注意するとともに，過度な運動はさけるようにする。飼養標準にしたがって，妊娠していないときよりも，養分をふやして与える。

出産の管理　胎子は，出産まえは背をよこにしている（これを**側胎向**という）が，出産がはじまると図3-33のように背を上にして（**上胎向**という），頭部は前足のあいだにはいる姿勢で，子宮の出口にむかう。

出産準備　出産予定日の1週間まえくらいから注意し，出産の徴候がみられたら，産室に新しい敷きわらをいれて移す。出産の前後には，乳房から胸にかけて下腹部がはれるものが多い（妊娠浮腫とよぶ）。これは乳房のはたらきが急に活発になり，リンパ液がたまるためにおこるものである。出産が近づくと，表3-14のような徴候がみられる。

出産時の注意　陣痛がはじまると，牛はにわかにおちつきがなくなり，不安の状態を示し，ついにはうなり，よこになって胎子を出産する。陣痛がはじまってから出産までは3～6時間かかる。出産

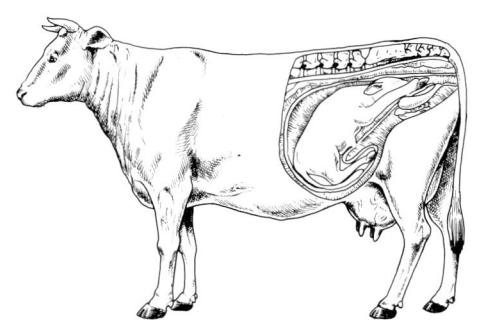

図3-33　出産時の胎子の正常なむきと位置および姿勢

表3-14　出産が近づいた徴候

乳　房	乳房が急に大きくはれ，しぼるとはじめはグリセリン状，しだいにねばりけのある灰白色の乳を出す。
尾根部 外陰部	尾のつけねの両側がおちこみ，また，外陰部がゆるみ，かっ色をおびた，あめ色の粘液をもらす。
体温 低下	出産日になると，体温が0.5℃～1.0℃低下する。

後，母牛はたちあがるとき，**さい帯**❶が自然に切れるから，さい帯を袋状にして希ヨードチンキをそそいで消毒する。子牛の口・鼻のまわりの粘膜をふきとり，呼吸がらくにできているかどうかを確かめてから，ぬれたからだを母牛になめさせる(図 3-34)。

　出産後の注意　胎子がうまれたのち，1～8時間のうちに**後産**(あとざん)(胎盤)が出る。後産が8～10時間以上出ないものを**後産停滞**といい，処置を必要とする。出産のおわった母牛には，うすめた暖かいみそしるかふすま湯をじゅうぶんに飲ませ，後産が完全に出るのを静かにまつ。後産はただちにとり去り，外陰部を1％クレゾールせっけん液できれいに洗う。出産後1週間は，**乳熱**❷などの障害を予防して1日4～6回軽く搾乳し，飼料も良質乾草などを与える。

　出産後，第1回の発情は平均40日くらいであらわれる。しかし，あまりはやいと，子宮内膜のはたらきが回復していないばあいが多く，反対に60日以降になると，交配しても妊娠する割合は低下する。❸

　以上のほか，発情など外見は正常でも，3回以上交配しても受胎しないで，しかもその原因がはっきりしない牛がいる(**低受胎牛，リピートブリーダー**とよぶ)。

❶へそのおのことをいう。
❷157ページを参照。
❸224ページを参照。

図 3-34　出産直後の子牛

6 ■ 繁殖障害の原因と対策

繁殖障害の原因　健康な牛は，正常に発情し，1〜3回の交配あるいは人工授精で受胎するが，発情の異常なもの，3回以上交配しても受胎しないものは，つぎのような生殖器の異常が疑われる(表3-15)。

　卵巣の異常　卵巣の発育が悪いと，発情があらわれない。卵巣のはたらきの悪いものは発情が弱く，排卵のないこともある。卵巣のう腫や黄体のう腫などがあると，発情持続時間が長くなる，発情が不定期になるなど発情に異常を示すか，発情があっても弱い。

　子宮の異常　出産時の悪い取り扱いなどで，子宮内が細菌に感染されて子宮内膜炎などの炎症がおこると，受精卵が着床しないか死滅する。妊娠の初期に衝撃などを受けると，同様なことがおこる。

繁殖障害の対策　卵巣の病気は，多くのばあい不良な飼育管理が原因となる。能力の高い牛が受胎しにくいといわれるのも，主として飼料のエネルギー不足や与えた飼料の成分の栄養的なかたよりが原因になっている。牛群のなかに，やせた牛やふとりすぎの牛がいないように注意することがたいせつである。子宮や腟の病気は，微生物の感染によるばあいが多く，獣医師による治療が必要である。

表 3-15　乳牛の生殖器疾患（平成2年）

病類区分	頭　数	割合 (%)
卵巣疾患	4,350	57.9
子宮疾患	1,096	14.6
その他	449	6.0
不　明	1,614	21.5
計	7,509	100.0

注．農林水産省畜産局の調査による。

4 ■ 子牛の育成

ねらい
- 子牛の発育とその特性を理解する。
- ほ乳期の管理の要点を理解する。
- 育成期の管理の要点を理解する。

1 ■ 子牛の発育とその特性

子牛の胃の発達　子牛の胃は，図3-35のように，うまれたばかりのときは，第一胃〜第三胃はひじょうに小さく，母乳や代用乳は第三胃から第四胃にはいり，第四胃と小腸で消化される。濃厚飼料や乾草の摂取量がしだいにふえると，その物理的刺激によって，また，第一胃内の微生物のはたらきが活発になると，そこで生産される揮発性低級脂肪酸の化学的刺激によって，第一胃の発達が促進される。10週齢には，第一胃と第四胃の重さと容積とが逆転する。

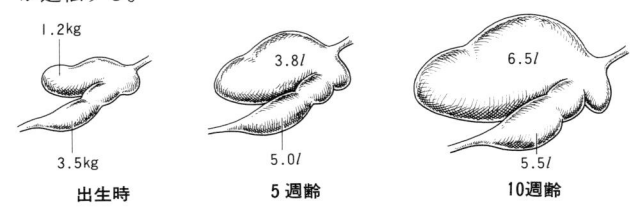

図 3-35　子牛の胃の発達
　それぞれ図中の数字は上が第一胃，下が第四胃のものである。なお，出生時は重さで，その他は容積で示した。

○体高・胸深の平均発育値〔ホルスタイン種(雌)〕

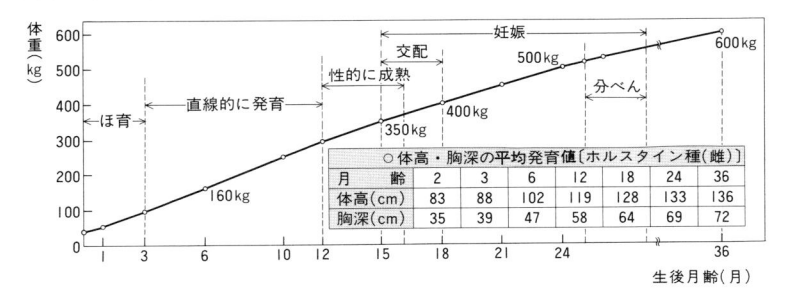

月齢	2	3	6	12	18	24	36
体高(cm)	83	88	102	119	128	133	136
胸深(cm)	35	39	47	58	64	69	72

図 3-36　ホルスタイン種(雌)の発育
注．早期離乳法による。また，妊娠などの影響を含めない。
（日本ホルスタイン登録協会の調査による）

| からだの発達 | 子牛の育成にさいして目標にすることは、つぎのとおりである。

① 血統のすぐれた子牛を選び、乳量の多い牛をめざす。
② 消化能力のすぐれた、食いこみのよい牛をめざす。
③ 連産にたえられる背・腰・肢蹄のじょうぶな耐久力のある牛をめざす。

| 子牛の発育目標 | 前ページの図3-36にわが国のホルスタイン種の正常発育曲線を示す。育成目標をとげるためには、からだの土台をつくる育成初期がとくに重要である。発育はふつう0～2か月まではややおそいが、3～9か月にかけて急速に成長する❶。しかも、初期発育を左右する要因は母乳であるから、母乳および人工乳の与えかたには、とくに注意が必要である。

骨格の発育は、図3-37のように発育方向で異なり、体組織のあいだには、骨＞筋肉＞脂肪の順序がある。また、からだの高さよりも幅の発育がおそくなるなど、ある程度決まった順序で発育する。

| 育成の方法 | 子牛の育成にあたっては、発育をはやめて交配月齢をはやめる方法と、じっくりからだをつくってから繁殖させる方法とがある。一般に種畜生産を主とする酪農家では、後者をとることが多い。しかし、乳生産を主とする酪農家のば

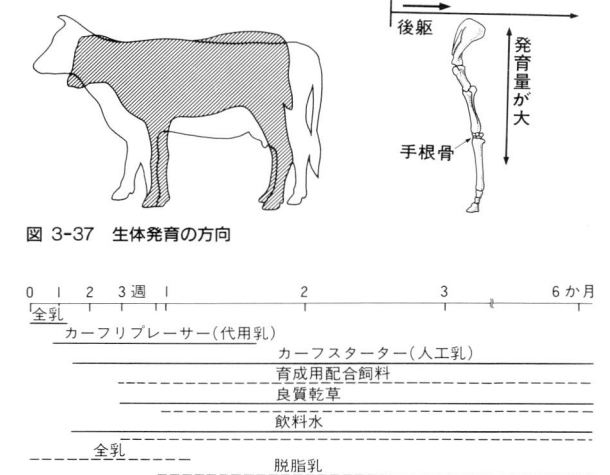

❶直線的発育期とよぶ。

図3-37 生体発育の方向

左図のように子牛(斜線で示す)が成長して成牛(実線で示す)になるとき、からだの各部分のバランスがかわって、からだの深さと後躯が発育する。右の図は、骨のおもな発育方向を示したもので、くびから後躯の方向にむかって発育する。前肢についてみると、手根骨を中心として、上方に大きく骨が発育する。手根骨から下の方向へは、母体内での発育がはやかったため生後の発育量が小さいことを示している。

図3-38 子牛のほ育計画

実線は人工乳利用のほ育法、破線はこれまでの標準ほ育法である。カーフスターターについては、次ページを参照。

あいには，初産および2産めの泌乳や，からだの発育に注意して管理すれば，前者の方法が経済的であるといわれる（図 3-38）。

2 ほ育期の管理

初乳の効果 初乳は，図 3-39 に示すように，常乳の何倍もの養分その他を含んでいる。牛では人とちがって，胎子期に母親から胎盤を通して免疫物質を受けとらない（表 3-16）。初乳中には，母親から子に移す免疫物質が大量に含まれるので，2 kg 程度の初乳をしぼって，うまれた子牛にできるだけはやく確実に飲ませるようにする。また初乳には，うまれた子牛に対する緩下剤作用も期待される。

❶ 4時間以内がのぞましい。
❷ 緩下剤は下剤の一種で，比較的作用がゆるやかにきくものをいう。このばあい，高脂肪によって，子牛の胎便を助けるはたらきがある。

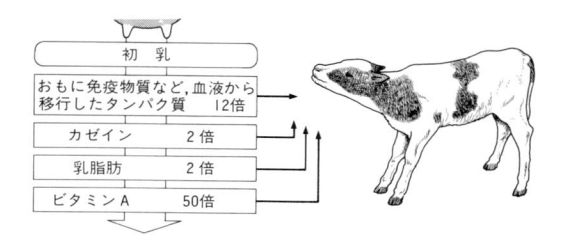

早期離乳法 第一胃の発達をうながすために，早期から乾草や離乳用濃厚飼料（カーフスターター・人工乳ともいう）を与え，40〜50日後は液状飼料を与えない方法を**早期離乳法**という（表 3-17）。

図 3-39 初乳の効果

おもに免疫物質など，血液から移行したタンパク質	12倍
カゼイン	2倍
乳脂肪	2倍
ビタミンA	50倍

出産直後の初乳成分（％）
（ホルスタイン種）

水　　分	74.1
タンパク質	17.6
脂　　肪	5.1
乳　　糖	2.2
灰　　分	1.0

表 3-16 成人および豚・牛の成畜の血清と乳汁の免疫グロブリン濃度と量比

動物	免疫グロブリン	濃度（mg/ml）			量比（％）		
		血清	初乳	常乳	血清	初乳	常乳
人	IgG	12.1	0.43	0.04	78	2	3
	IgA	2.5	17.35	1.00	16	90	87
	IgM	0.93	1.59	0.10	6	8	10
豚	IgG	21.5	58.7	4.9	89	80	29
	IgA	1.8	10.7	7.7	7	14	70
	IgM	1.1	3.2	0.3	4	6	1
牛	IgG1	11.0	47.6	0.59	50	81	73
	IgG2	7.9	2.9	0.02	36	5	2.5
	IgA	0.5	5.3	0.14	2	7	18
	IgM	2.6	4.2	0.05	12	7	6.5

（清水悠紀臣「牛病学」1988年による）

表 3-17 雌子牛の早期離乳法における飼料給与例

生後週齢（週）	液状飼料の給与量		カーフスターター給与量（g／日）
	代用乳だけ給与するばあい（g／日）	牛乳だけ給与するばあい（kg／日）	
1〜2	500	4.5	100
2〜3	600	4.5	200
3〜4	600	4.5	500
4〜5	600	4.5	900
5〜6	600	4.5	1,200
6〜7	—	—	1,500
7〜8	—	—	1,700
8〜9	—	—	1,900
9〜10	—	—	2,100
10〜11	—	—	2,200
11〜12	—	—	2,300
12〜13	—	—	2,500
計	20.3kg	158.0kg	120kg

（「日本飼養標準－乳牛－」1987年による）

| ほ育牛の管理 | 子牛は生後まもなくから，2〜3日のあいだに母牛からはなして飼い，初乳期がすぎたら牛乳・代用乳に切りかえ，ついでまもなく人工乳も与える。代用乳は6〜8倍の温湯でとかして与える。また，牛乳・代用乳は36〜38℃に温め，1日2〜4回(3週齢後)規則正しく与える。

人工乳は，ペレット状で自由に食べさせるので，この時期以降は水を自由に飲ませ，食塩を欠かさないように補給する。早期離乳における飼料給与例を，前ページの表3-17に示す。

乾草はできるだけ良質なものを草架で与えるが，サイレージ・青刈飼料・根菜類は下痢をおこす心配があるので，生後2〜3か月後から与えるとよい。

生後1週間くらいのときに，除角する(次ページの実習を参照)。運動場には生後1か月，放牧場には3か月後に放牧し，1日1〜2時間からはじめて，しだいに長くする。

3 ■ 育成期の管理

| 育成牛の管理 | 粗飼料を主とし濃厚飼料を従として，順番に食べさせる管理を行い，消化器を発達させ，胴のびの

❶ほ育期に牛舎のなかで成牛といっしょに飼うと，下痢や肺炎が多くなる。そこで，牛舎の外で，カーフハッチを利用することが多くなった。この方法は，子牛を成牛から隔離して，新鮮な空気のなかで飼育するので，下痢や肺炎をふせぐことができる。

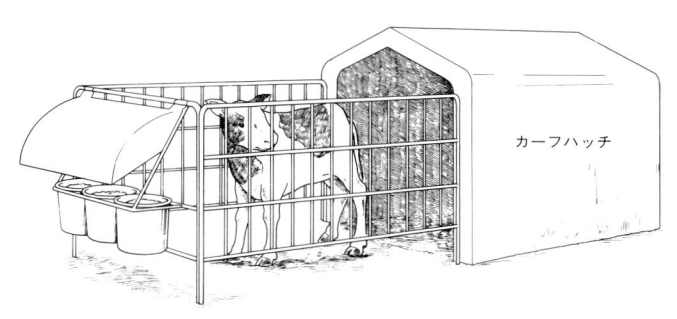

図 3-40　カーフハッチによるほ育牛の管理❶

表 3-18　放牧育成のさいの事故防止のための注意事項

① 放牧をはじめるまえに，戸外の草を食べさせるなどして，なれさせる。
② はじめは毎日，放牧まえに乾草などをじゅうぶんに与える。
③ はじめはとくに監視を強め，また，小型ピロプラズマ病などに対する予防を行う。

よい強健なからだをつくることが，この時期の目標となる。

　粗飼料は，乾草・サイレージ・青刈飼料などでも与えられるが，毎日，良質乾草1〜2kgを補給できればなおのぞましい。サイレージは，体重の2％にとどめる。濃厚飼料も0.5〜2kg程度与える。

　また，じゅうぶんに運動させ，筋骨をきたえるようにつとめる。子牛は12か月以降，スタンチョンにつないでも発育にあまり影響しない。

放牧育成　3か月齢以降，はじめて昼間にかぎって放牧するが，8〜10か月齢からは本格的な放牧ができる。最近は，公共育成牧場が発達してきたので，ここに委託することも考えられる。放牧育成のさいの事故防止のための注意事項は，表3-18のとおりである。

実習

牛の除角

目的
除角の方法や効果を理解し，正しい除角の方法を学ぶ。

準備
焼きごて(または電気除角器)。

方法
　子牛をよこ倒しにして，前・後の足をロープでしばって保定し，角根部周辺の毛を直径2cm程度に刈る。
○　焼きごて(または電気除角器)による方法　生後1週間くらいに実施する。直径1.5cm，深さ0.5〜1.0cm程度に骨膜に達するまで，じゅうぶんに焼き，術部には化のうどめの軟こうを塗る。

まとめ
1．いろいろな除角法の特徴と方法をまとめる。
2．除角後の術部の状態を観察し，除角が適切に行われたかどうかを判定する。

子牛の除角(焼きごて法)

5 ▪ 乳牛の飼育管理

ねらい
- おもな飼料の特徴と飼料給与の基本を理解する。
- 日常の飼料の与えかたと乳牛管理の要点を理解する。
- 乳牛の乳生産能力および繁殖能力調査法の基本を理解する。

1 ▪ おもな飼料とその特徴

❶野草類・牧草類・青刈作物類を生のまま利用するとき，総称して生草とよぶ(表3-19, 20)。

❷子実をおしつぶすと乳状の液が出る半成熟状態の時期をいう。

濃厚飼料と粗飼料 　一般に重さの割に容積が小さく，粗繊維含量が低く，養分含量の高い飼料をまとめて**濃厚飼料**という。いっぽう，重さの割に容積が大きく，おおむね粗繊維含量が高く，養分含量の低い飼料をまとめて**粗飼料**とよぶ。この飼料の成分のちがいから，乳牛に飼料を与えるとき，適切な濃厚飼料と粗飼料の割合を保つことが重要な意味をもってくる。

濃厚飼料と粗飼料の一般成分の分析は，表3-21のように行う。

粗飼料利用上の注意 　**基礎飼料** 　良質粗飼料は，それだけで乳牛の維持に必要な養分を満たし，また反すう胃機能を正常

表 3-19　生草のおもな種類

区分	おもな種類
イネ科牧草	チモシー・オーチャードグラス・スーダングラス・ダリスグラス・イタリアンライグラスなど
マメ科牧草	ラジノクローバ・アカクローバなど
野草	クズ・ハギ・メヒシバ・ヨモギなど
青刈作物	トウモロコシ・ソルガム・エンバク
根菜類	飼料用かぶ・ビート・カボチャ

表 3-20　粗飼料利用上の留意事項

青刈の利用	生草の栄養価は，生育時期によって著しく異なる。ふつう，牧草類は開花期前後，青刈トウモロコシなどは，開花期から乳熟期が適期である。
乾草の利用 (図3-41)	良質乾草を，乳牛は好んで食べる。乾草の栄養価は，生草と養分量ではあまり差はないが，消化率が劣るので，可消化養分量は生草よりもやや低い。乾草を与えるばあい，水をじゅうぶんに与える。
サイレージの利用 (図3-41)	サイレージは，乳牛の好みに適した重要な貯蔵飼料で，主として冬季飼料として利用されている。1年を通じて給与する方法は通年サイレージ方式という。しかし，多く与えすぎると下痢をしやすく(適量は成牛15〜20 kg，子牛 4 kg)，幼牛には与えないほうがよい。原料および調製のできふできによって，栄養価の幅が大きいので，注意が必要である。
放牧による利用	わが国では，ひろい放牧地を搾乳牛に利用する農家は少ないが，せまい放牧地を効率的に利用するくふうがたいせつである。イネ科牧草とマメ科牧草の特性のちがいを考え，ふつう数種類を組み合わせて，まぜまきをして利用する。

図 3-41　サイロと乾草

に保つ基礎飼料である。最近，粗飼料の効果を高めるため，図3-42に示すように繊維の成分がくわしくはあくされるようになった。❶濃厚飼料を主として乳牛を飼うと，乳脂率が低下する。これは，第一胃内の発酵が異常となり，細菌類はふえるが，セルロースの分解が減少するためである。また，粗飼料が不足すると，第一胃粘膜の異常（ルーメンパラケラトーシス）やアシドーシスなどさまざまな健康上の障害が生じる。粗飼料は，ミネラル（無機質）・ビタミン源としても重要である。❷

濃厚飼料

穀実類・ぬか類 トウモロコシ・マイロなどの輸入穀実類は，高エネルギーで乳牛が好み，配合飼料の主原料となっている。国産のオオムギ・エンバクも重要であるが，ぬか類（ふすま・米ぬか・むぎぬか）は，わが国の濃厚飼料源として重要であり，配合飼料として，また単味飼料として，ひろく利用されている。

油かす類 油かす類は一般に乳牛の好みもよく，重要なタンパク質飼料となる。大豆油かす・あまに油かすが牛乳の乳脂肪をやわらかくする性質に対して，やし油かす・綿実油

❶粗飼料の繊維成分は，デタージェント分析によって，図3-42に示すように，中性デタージェント繊維（NDF）と酸性デタージェント繊維（ADF）にわけられる。デタージェントとは，中性あるいは酸性の界面活性剤のことであり，これを用いて分析する方法をデタージェント分析という。

❷高能力牛に対しては，とくに消化がよく，養分含量の高い粗飼料を与えて乾物摂取量をふやすことが必要である。

表 3-21 飼料の一般成分とその分析法

種　類	方　法	おもな成分
乾物（DM）(%)	105℃で恒量に達するまで加熱する。	有機物と無機物。水分と一部の揮発性成分は失われる。
粗タンパク質（CP）。（窒素量×6.25）(%)	ケルダール法で窒素を定量。乾燥した飼料を硫酸で分解する。	タンパク質と非タンパク態窒素。
粗脂肪（EE）。（エーテル抽出物）(%)	乾燥した飼料をエーテルで抽出する。	脂肪・油・ろう類。
粗繊維（CF）(%)	脂肪を除去した飼料を弱い酸とアルカリで煮沸したのこり。	セルロース・ヘミセルロースおよびリグニン。
粗灰分（CA）(%)	飼料を500〜600℃で燃焼させる。	ミネラル
可溶無窒素物（NFE）(%)	差測によるのこり。〔100－(CP＋EE＋CF＋CA)〕	デンプン・糖類および一部のセルロース，ヘミセルロースとリグニン。

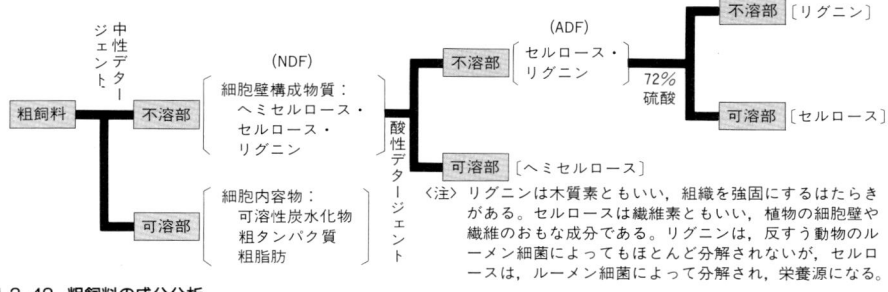

図 3-42 粗飼料の成分分析

〈注〉リグニンは木質素ともいい，組織を強固にするはたらきがある。セルロースは繊維素ともいい，植物の細胞壁や繊維のおもな成分である。リグニンは，反すう動物のルーメン細菌によってもほとんど分解されないが，セルロースは，ルーメン細菌によって分解され，栄養源になる。

かすは反対の性質があるので、配合飼料では両方をまぜるとよい。

動物質飼料　魚粉・魚かす・フィッシュソリュブル・血粉・肉粉・羽毛粉などはタンパク質に富む飼料で、未知成長因子を含むものが多い。乾燥ホエーは炭水化物に富んでいる。

製造かす類　一般に、濃厚飼料と粗飼料の中間の栄養価をもっている。でんぷんかす・ビールかす・糖みつ、ビートパルプ(炭水化物に富む)、しょう油かす(タンパク質に富む)、蒸留酒かすなどが利用されている。

2 ■ 飼料給与の基本

粗飼料と濃厚飼料の給与　**粗飼料給与の必要性**　粗飼料が基礎飼料であることはすでに学んだ。粗飼料は、容積が大きいので、牛に満腹感を与え、これによって食欲を乳牛みずからが調節するという重要なはたらきももっている。❶

❶したがって、濃厚飼料のように与えすぎる心配は少ない。

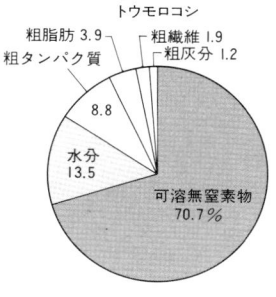

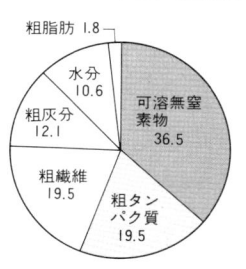

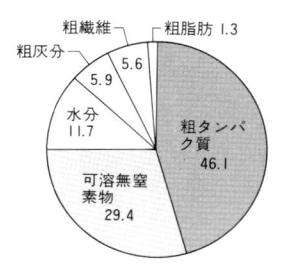

　濃厚飼料給与の効果　濃厚飼料は、少量でも養分の供給量を高めることができる。また、消化器を通過する速度がはやいので多く食べさせることもできる。タンパク質のアミノ酸組成が粗飼料と異な

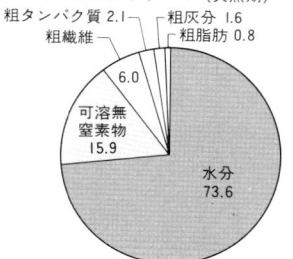

図 3-43　粗飼料と濃厚飼料の一般成分(原物中のパーセント)
(農林水産省編「日本標準飼料成分表(1987年版)」によって作成)

るので，たがいにこれを補えるなどの効果がある(図3-43)。しかし，濃厚飼料を与えすぎると飼料効率が低下し，下痢・消化不良をおこしやすい。また，長期にわたって与えすぎると，肝臓の障害や繁殖機能の障害をおこす。

採食量　乳牛が採食できる乾物量は，搾乳牛で体重3.5％，乾乳牛で2.5％くらいと考えられている。採食量が多くなると，消化率および飼料の利用率が低下する。したがって，高能力牛に対しては，その必要養分量をまかなえる程度に給与飼料の量をへらすために養分量の高い濃厚飼料を与えることが必要である。

必要な粗飼料の最低量　わが国では一般に，じゅうぶんな粗飼料を生産できない農家が多いが，乳牛の摂取飼料乾物中には，粗繊維を17％以上含ませる必要がある。これは，飼料乾物中の40％くらいは粗飼料でなければならないことを意味している。

適正な濃厚飼料の給与量　濃厚飼料の給与量が増加すると，乳量はふえる傾向にあるが，その乳量増加割合はしだいに低下する。経済的な濃厚飼料の給与量は，乳量の10〜40％，能力の高い乳牛ほ

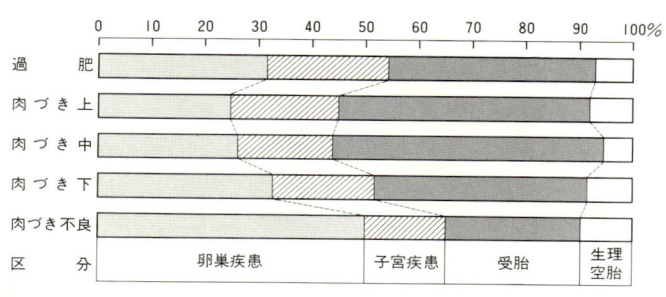

図中の生理空胎とは，出産後3か月以内の牛にかぎり，つぎの妊娠をまっている状態にあることをいう。これに対して，出産後3か月をすぎて，当然牛が妊娠しているべきときに妊娠していない状態を空胎という。

図 3-44　栄養と繁殖障害の関係
注．調査頭数は2,958頭，調査期間は昭和39年11月〜40年6月である。
（渡辺高俊「乳牛の健康と飼料計算」昭和51年による）

表 3-22　給与飼料の栄養水準と乳牛の栄養状態

項　目		熱量（エネルギー）水準		
		標準よりも低い	標準と一致	標準よりも高い
タンパク質の水準	標準よりも低い	やせる	やせる	やせる
	標準と一致	やせる	健康	ふとる
	標準よりも高い	やせる	変化なし	ふとる

注．日本飼養標準と比較した。
（農林水産省「畜産試験場年報 昭和37年度」昭和39年による）

| 泌乳期の飼料給与 | 繁殖障害と栄養 | 栄養の良否と受胎成績が関係していることは，少数例ではあるが前ページの図3-44に示すとおりである。

高能力牛の繁殖と栄養 高能力牛は，かつては受胎成績が悪いと考えられてきたが，飼育管理を正しく行えば，泌乳と繁殖とを両立させることができる。

前ページの表3-22は，給与飼料中のタンパク質が少ないとほかの栄養素で代替できないのでやせること，エネルギーが少ないとやせること，エネルギーが多すぎるとふとりすぎになることを示している。

高能力牛では，泌乳最盛期にひじょうに多くの飼料を摂取しなければならない。しかし，摂取量がともなわないと体重が減少し，受胎成績に影響することが考えられる。飼料の摂取量を多くする方法として，近年，粗飼料と濃厚飼料とをまぜて給与する混合飼料給与方式がみられるようになった。❶

高能力牛と養分出納 高能力牛では，その最高泌乳時の牛乳生産

❶飼料の摂取量を増加させ，第一胃の恒常性を良好に保つなどの利点があげられている。

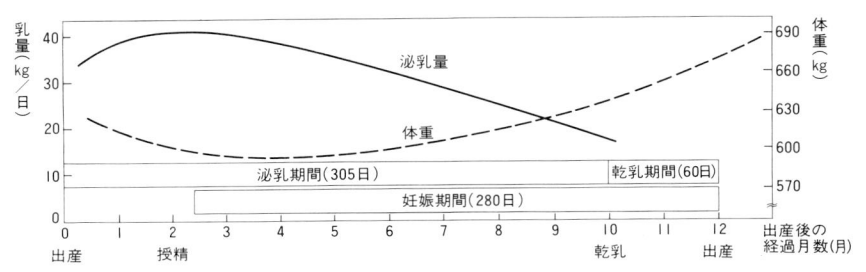

図 3-45　分べん後の分泌状況と妊娠との関係

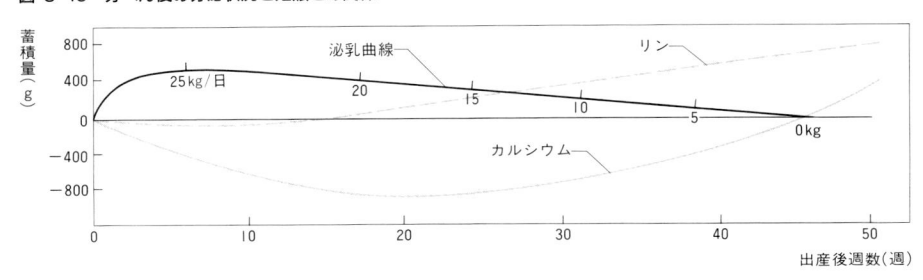

図 3-46　泌乳中のカルシウムとリンの蓄積量の変化
　最高泌乳期には，体組織に蓄積したカルシウムとリンを乳汁中に排出する。（C.カープレット「The Dairy Cow」1963年による）

に必要な養分のすべてを補うだけの飼料を採食することは容易ではない。図3-45の体重と図3-46のカルシウムの出納はそのきょくたんな例で，このばあいは，体組織にたくわえられた養分が乳生産に利用され，飼料からの不足分が補われるのである。

非タンパク態窒素の利用　牛の第一胃内の微生物は，飼料の非タンパク態窒素をとりこんで，微生物自体のタンパク質にかえる。このタンパク質は，あとで第四胃以下で消化・吸収されて利用される。乳牛の飼養標準がDCP（可消化粗タンパク質量）を単位とすることができるのは，このはたらきによっている。

| 乾乳期の飼料給与 | **養分の体内蓄積**　乳牛が飼料のエネルギーを体内に蓄積できる効率は，泌乳期75％，乾乳期59％ |

とされている。したがって，泌乳後期にはいると，泌乳に必要な養分のほかに体組織への養分蓄積も考えて，飼料を給与する必要がある（この時期を**体力増強期**とよぶことがある）（図3-47）。このばあい，エネルギー・タンパク質ばかりでなく，図3-46でみるように，カルシウムなど，ミネラルの蓄積にも注意する。

コンディション スコア2　やせた牛。最後位肋骨は触知できるが，個々の椎骨はそれほどめだたない。短肋骨はオーバーハング状やたな状を明らかに形づくるほどではない。腰部と坐骨はめだつが，その間の寛部の陥没はひどくない。肛門周囲はややへこんでいて，外陰部はそれほどめだたない。

コンディション スコア3　平均的ボディコンディションの牛。短肋骨は軽くおして触知できる。骨によるオーバーハング状やたな状外ぼうはない。背骨はまるく隆起し，腰部と坐骨はまるく平らである。肛門周囲は張りがあるが，脂肪蓄積はみられない。

コンディション スコア4　ややふとりすぎの牛。個々の短肋骨は強くおさないと触知できない。全体にまるみをおび，たな状外ぼうはない。背骨の隆起は腰部と臀部にまたがり平らくなり，あご部もまるくなる。腰骨は平らになり，腰骨周囲は平らになり，坐骨周囲にはパッチ状の脂肪蓄積がみえはじめる。

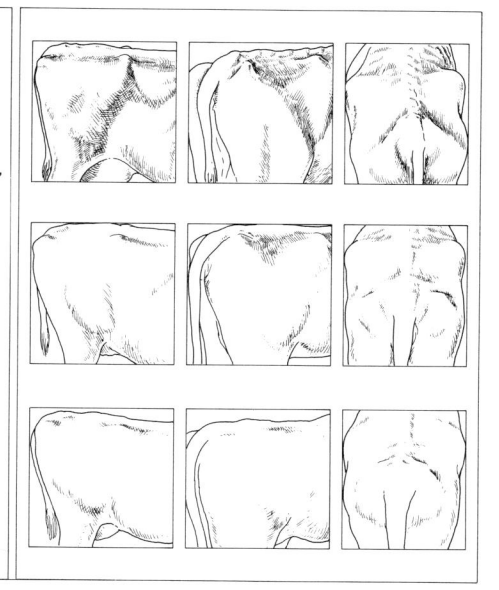

図3-47　乳牛の栄養状態の比較（5点法によるボディコンディション スコア）
（オンタリオ州農業食糧省「Factsheet」1989年によって作成）

3 ■ 飼料の与えかた

飼料計算の手順

飼料計算は，つぎのような手順で行う。

必要養分量の計算 飼養標準（付録の飼養標準244ページ）から，乳牛の必要養分量を算出する。

給与飼料中の養分量の計算 実際に与えた養分量を，つぎの飼料成分表から算出する。

濃厚飼料給与量の計算 必要とする養分量から給与粗飼料中の養分量を差し引き，不足する養分量は濃厚飼料で補う。

[計算例]〔体重600 kg，産乳量35 kg（乳脂率3.5％）のばあい〕

必要養分量

	DCP(g)	TDN(kg)
からだの維持に必要な養分量	329	4.53
産乳に必要な養分量	45×35 =1,575	0.305×35 =10.68
合　計	1,904	15.21

飼料成分表 （原物中の％）

飼料名	乾物	DCP	TDN
まぜまき牧乾草（オーチャードグラス主体）	83.8	6.0	51.2
トウモロコシサイレージ（黄熟期）	26.4	1.1	17.4
ビートパルプ	86.6	5.5	64.6
濃厚飼料（配合飼料）	87.0	14.0	70.0

給与飼料中の養分量

飼料名	給与量(kg)	乾物（kg）	DCP（g）	TDN（kg）
まぜまき牧乾草	4	4×0.838≒3.4	4,000×0.06=240	4×0.512≒2.0
トウモロコシサイレージ	25	25×0.264≒6.6	25,000×0.011=275	25×0.174≒4.4
ビートパルプ	2	2×0.866≒1.7	2,000×0.055=110	2×0.646≒1.3
合　計	31	11.7	625	7.7

	DCP(g)	TDN(kg)
① 必要養分量	1,904	15.21
② 給与粗飼料中の養分量	625	7.7
③ 差引養分不足量	1,279	7.51

④ 濃厚飼料での補足量の算出法
　　養分不足量÷補足飼料の成分割合＝補足飼料給与量
　　DCPのばあい　　1,279÷0.14≒9,136g
　　TDNのばあい　　7.51÷0.7≒10.7kg
　　したがって，この濃厚飼料を10.7kg給与すれば，どちらも満たされる。

⑤ 差引養分量　DCP＋219 g，TDN±0 kgで不足しない。

⑥ 乾物量は，濃厚飼料10.7 kg中に9.3 kg，その他の飼料中に11.7 kg，合計21 kgとなり，体重の3.5％で乳牛はじゅうぶん採食できる。

給与上の注意 乳牛の状態をみて調整する。前ページの〔計算例〕のように計算して給与するが，乳牛の食べる状況，乳量の変化，乳牛の栄養状態，ふんの状態などを観察して，給与量を加減することがたいせつである。❶

初産牛 まだ，からだの成長をつづけている時期であるから，その維持のための養分量は，若雌牛の飼養標準を適用するとよい。

泌乳初期 高能力牛では，養分を体内に蓄積させるため，妊娠末期から泌乳初期にかけても必要量の濃厚飼料を与える。しかし，与えすぎて消化不良をおこすことのないよう，粗飼料・濃厚飼料ともに良質のものを与えることがたいせつである。また，カルシウム・リン・ビタミンAについても不足しないようにする。

飼料の変更 飼料の切りかえは，第一胃内の環境をかえることになるので，急に行うと第一胃内の微生物のはたらきが異常になり，消化不良，その他の障害をおこす。1～3週間のあいだにじょじょに飼料をかえることがたいせつである。

飲み水 水は自由に飲ませるのが原則である。

飼料給与の点検と対策 飼料の給与にあたって注意しなければならない点とその対策については，表3-23に示す。

表3-23 飼料給与の注意点と対策

残食に注意する	粗飼料の残飼の平均割合は，調査によると，乾草15％，野乾草21％，稲わら31％，サイレージ類10％である。給与量は，これをみこんだ安全率をかけて与える。
飼料成分を確かめる	わが国の粗飼料は，成分の変動が大きいので，成分表にだけたよらず，つぎの対策をとる。 ●それぞれの経営において，牛の体重100kgあたりの粗飼料の種類と給与基準を季節ごとにつくっておく。 ●ときどき，農業改良普及所などに依頼して，給与飼料の成分分析を行い，その結果をみて調整する。
タンパク質とエネルギーの給与水準	タンパク質を与えすぎても，その量が基準量の150％以下であれば，ほとんど害は認められない。反対に，一般に乾物およびエネルギーが少ない傾向があるから，エネルギーの高い濃厚飼料を用いるようにする。
全体の量に注意する	〔計算例〕にみるとおり，乾物量についても注意する。

❶近年，139ページ図3-47のように，乳生産に適した栄養状態を，牛体の外ぼう観察と触診によって体脂肪を査定し，やせすぎ，適正あるいはふとりすぎ（過肥）の状態を点数であらわすボディコンディションスコア(BCS)法が世界的に利用されている。乳牛について，国によっては栄養状態を5段階にしているところと6段階にしているところがある。わが国ではひろく5段階法が用いられており，栄養状態の最も悪いBCS1から過肥状態のBCS5までの評点となっている。習熟するとたいへん便利であるが，外ぼう観察と触診によって乳生産に適する栄養状態を判断するので，個体の泌乳量や妊娠の状態，飼料の給与量などの記録をもとに，正しく評点できるよう指導を受けながら，経験をつむことがたいせつである。

4 ■ 乳牛の管理

管理者の心得 管理者の牛に対する態度が乳牛の能力に大きく影響するので,管理者はつねに同じ人であることがのぞましく,乳牛に対して愛情をもって接し,やさしく取り扱う。1日1回か少なくても週に1～2回毛ブラシと金ぐしで牛体の手いれを行い,牛体を洗ってやることがのぞましい。自由に運動し,日光浴を楽しむ時間を与えてやることもたいせつである。

群管理の注意点 　群管理の問題点　群管理を行えば,管理労力は大幅にへるが,産乳量はやや低くなる傾向がある。そのおもな原因は,つぎのようなものである。

① 牛群のなかに競争がおこり,勝ち負けが生じてくる。
② 個体別のきめ細かい管理ができにくい。

群管理の対策　給餌・給水面積をひろげて,競争しなくても食べられるようにしたり,乳量に応じた濃厚飼料の量を個体別に搾乳時に給与するか,連動スタンチョン(212ページの図4-33)などの設備が必要である。最近では,**個体識別自動給餌機**(160ページの図3-73)が用いられている。

個体識別法　毛染め・脱毛剤で牛の横腹などに個体番号をかくか,プラスチックの番号ふだ❶をまえにぶらさげて,個体識別を容易にする。

❶ネックタッグという。

乾乳 　乾乳期間　乾乳期は,牛の休養期であり,栄養蓄積期であり,胎子の発育期でもある。しかし,乾乳期間は長い必要はなく,ふつう50日程度でよい。

表 3-24　放牧管理について注意することがら

① 環境の急変をさけ,しだいに放牧にならす。
② 直射日光をさける施設や防風施設をもうける。
③ 吸血こん虫対策・寄生虫駆除などの衛生管理をおこたらない。
④ 草の生育状態に注意する。 　そのためには,牛の行動を注意深く観察する。

乾乳法　乾乳には，搾乳回数と飼料給与量をへらし，日数をかける**漸減法**と，乾乳準備から乾乳終了まで10日間程度で完了する**急速乾乳法**とがある。後者では，乾乳開始まえからの乳房炎の点検，開始直前の産乳飼料の停止，開始日の絶食と搾乳停止，その後のかたい粗飼料だけの給与，乳房の消毒などの手順で行われる。高能力牛では，乾乳時の乳量が1日20kg以上のばあいが多いので，急速乾乳法がすすめられている。

放牧牛の管理

放牧管理の注意　放牧は最高の省力管理であるといわれる。また，牛の健康管理上にも効果がある。しかし，放牧によるいろいろな障害も発生しやすいので，表3-24に示したことがらに注意する。また，図3-48に示すように，季節による牧草の生育状態に注意する。

　図3-49は**帯状放牧**といい，最も集約的な放牧法である。多少放牧地がひろいばあいは**輪換放牧法**といって，放牧地を牧さくで区切り，これに順次放牧していく方法をとる。

運動

つなぎ飼い方式では，ふつう，毎日牛舎の清掃時に2～3時間乳牛を運動場に放す。このような運動は，日光浴の意味もあり，肢蹄をじょうぶにする効果もある。

削蹄

牛の蹄（ひづめ）は，1か月に3～10mmずつのびるので，ふつうは年2～3回，放牧や運動がじゅ

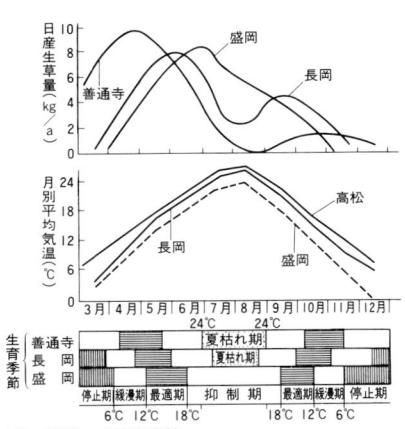

図3-48　牧草の季節生産性
ラジノクローバの日産生草量と気温との関係を，盛岡・長岡および善通寺で調べた。
（伊藤　巌「新畜産学──牧草地の管理」1985年によって作成）

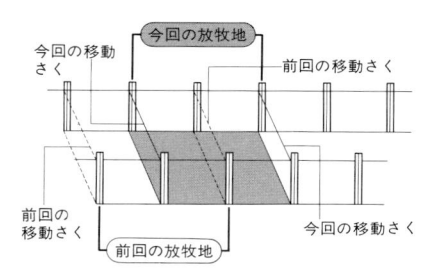

図3-49　帯状放牧の電気牧さく移動法
図のように移動さくを放牧面積の半分ずつ移動させていけば，放牧地を2倍に利用することができる。
（高野信雄「畜産の研究　第17巻・第12号」昭和38年によって作成）

うぶんなものでも，年1回は削蹄(さくてい)して，ひづめの手いれを行う。くわしくは，第4章で学ぶ(197ページを参照)。

乳生産を高める環境づくり

暑さと乳生産 乳生産に適する環境条件は，ホルスタイン種では気温が0〜20℃，湿度が90〜80%以下の環境である。高温では，乳生産は10%(29℃)〜50%(35℃)も減少する(図3-50，図3-52)。乳牛は，比較的低温に強いので，わが国では一般に，高温・多湿環境対策がたいせつである。

寒さと乳生産 低温のばあい，飼料を多く与えれば，−10℃〜−13℃くらいまで乳生産はあまりへらない。しかし，一般に適温から10℃低下すると，10%養分が多く必要になる。

湿度と乳生産 空気中の水分が多いと体熱の放出がさまたげられるので，高温で多湿のばあいは，いっそう悪い環境となる。そのため，空気中の水分をできるだけ舎外に出すくふうが必要である。

防暑対策 寒冷地の密閉式牛舎では，断熱・換気施設で暑さをふせぐ。比較的暖かい地域の開放式牛舎では，図3-51のように屋根・側壁の断熱，通風・換気，側壁の通路をひろくすることなどに注意するほか，庇陰樹や換気扇の利用などのくふうをする。

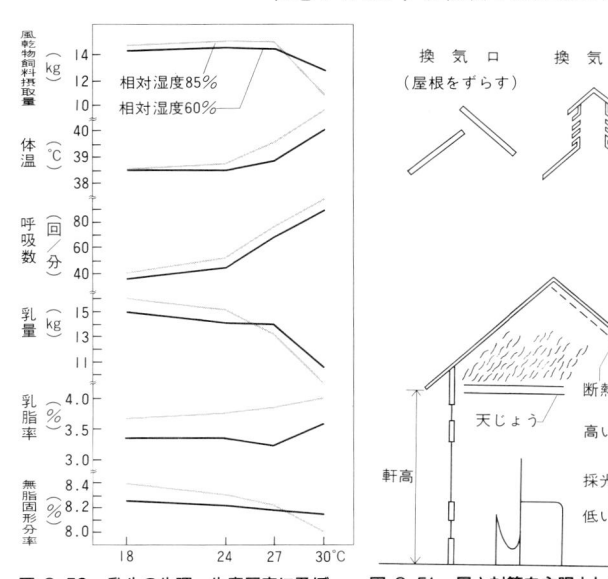

図3-50 乳牛の生理・生産反応に及ぼす気温と湿度の影響
(九州農試，1980年)

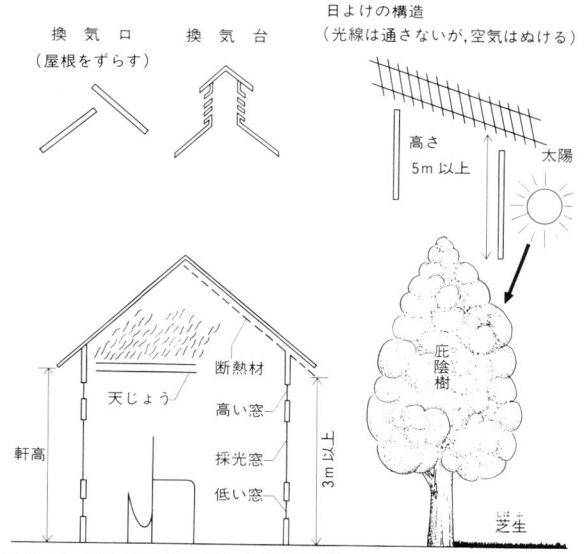

図3-51 暑さ対策を主眼とした牛舎の構造
図の日よけは，たなにして，カボチャなど，つる性の作物をはわせるのもよい。

防寒対策　牛舎の断熱は，防寒対策としても重要である。あらかじめ冬季の風の方向を調査して，防風のための植樹や施設の配置を考える。舎内の温度を保ちながら湿度を低くするため，たとえば，しめきった舎内の水分と有毒ガスを，最少量の換気によって排出するなどのくふうをする。

音と生産　静かな環境が，乳牛にも管理者にものぞましい。また，搾乳のさいに流す音楽は，乳の生産性を高める効果があるかどうかは明らかでないが，音楽のリズムの効果と，その他の騒音を消す効果が考えられる。反対に，騒音や耳に聞こえない低周波音および振動が乳生産に悪い影響を与える。牛舎を交通量の多い道路からはなして建設し，そのあいだに並木をつくることもよい方法である。

5 ■ 乳牛の乳生産能力と繁殖能力調査

泌乳能力の比較

乳量による比較　泌乳能力は，一般に乳量と乳脂量を標準化して比較する。わが国では，305日検定，1日3回搾乳，成年型(5.5年)に換算した乳量および乳脂量で

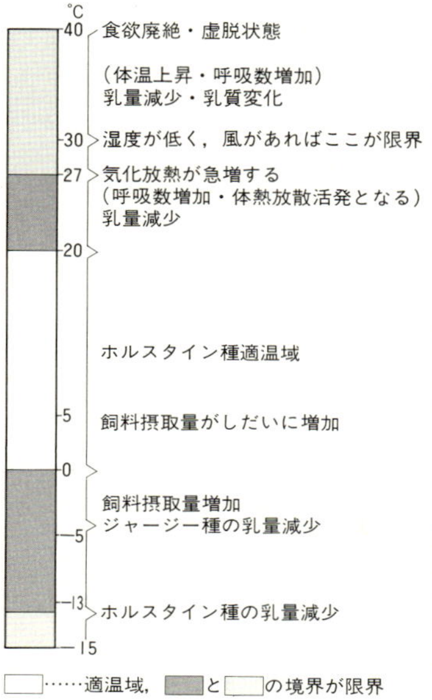

表 3-25　乳用牛群能力検定(牛群検定)における年度別乳量と分べん間隔（全国）

年度	乳量(kg)	分べん間隔(日)
昭和51年	5,873	403
52年	6,191	399
53年	6,277	399
54年	6,258	400
55年	6,339	399
56年	6,330	399
57年	6,372	398
58年	6,704	395
59年	6,821	396
60年	7,008	402
61年	7,171	402
62年	7,346	402
63年	7,507	405
平成元年	7,705	405
2年	7,798	404

（家畜改良事業団「乳用牛群能力検定成績のまとめ」による）

図 3-52　環境温度と乳牛の反応（三村耕原図）

比較している。経営の立場からは，1日総乳量，1日搾乳牛1頭あたり平均乳量などを給与飼料とくらべて，毎日検討することもたいせつである。しかし，搾乳牛と乾乳牛に与えた飼料を区別しにくいので，1日牛舎平均乳量(総乳量を成年頭数で割る)のほうが合理的とする考えもある。表3-25に，年度別乳量と分べん間隔を示す。また，牛の能力別の泌乳曲線は図3-53に示した。

乳脂量による比較　乳量と乳脂率から計算される。牛乳の栄養価は全固形分の多少によるが，乳脂肪(乳脂率)が高いほど全固形分も高いので，乳量よりも乳脂量のほうが泌乳能力を示すうえで，より合理的と考えられる。

わが国のホルスタイン種の標準は，乳脂率3.7％，無脂固形分率8.7％とされている。乳量と乳脂率との関係は，一般に乳量がますと乳脂率がへる。

搾乳性と飼料利用性による比較

搾乳性による比較　搾乳にさいして，乳の出やすい牛と出にくい牛がいる。また，単位時間あたり乳量(**平均搾乳速度**という)の多い牛と少ない牛がいる。これらの性質を**搾乳性**という。搾乳性の悪い牛は，群飼育に適さない。

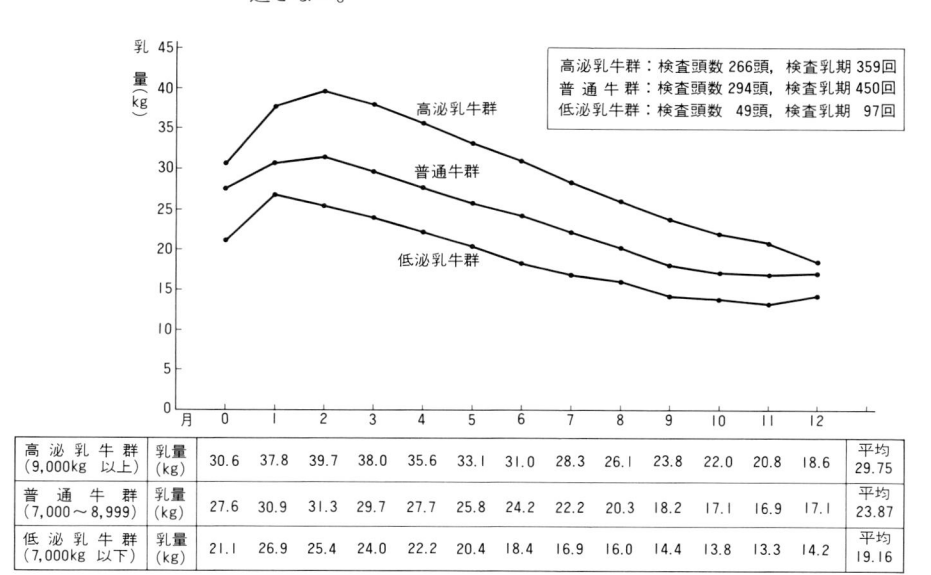

		0	1	2	3	4	5	6	7	8	9	10	11	12	平均
高泌乳牛群 (9,000kg 以上)	乳量 (kg)	30.6	37.8	39.7	38.0	35.6	33.1	31.0	28.3	26.1	23.8	22.0	20.8	18.6	29.75
普通牛群 (7,000〜8,999)	乳量 (kg)	27.6	30.9	31.3	29.7	27.7	25.8	24.2	22.2	20.3	18.2	17.1	16.9	17.1	23.87
低泌乳牛群 (7,000kg 以下)	乳量 (kg)	21.1	26.9	25.4	24.0	22.2	20.4	18.4	16.9	16.0	14.4	13.8	13.3	14.2	19.16

図 3-53　出産後の乳量の変化(加藤寿次「畜産の研究」1990年による)

飼料の利用性による比較　乳牛の経済的能力の項で学んだように、飼料の利用性の高い牛をそろえることがたいせつである。飼料効率・エネルギーあたり乳脂量などのほか、体重あたり乳量（体重能率指数）で、これを比較することもある。飼料の利用性は、このように体重と深い関係があることから、わが国のホルスタイン種は、一般に体重610 kg程度の大きさが適当であると考えられている。

❶115〜116ページを参照。

乳牛の能力調査の方法　泌乳能力の調査　乳牛の能力検定は、デンマークではじめられた。わが国では、図3-54のような手順で、給与DCP100 kgあたり、TDN 100 kgあたりの乳量を調査している。また、このときの乳を生産するのに要した濃厚飼料の価格を算出し、これを乳代で割って比較する。❷

❷乳飼比といい、25〜35%がふつうである。

なお、検定牛でないばあいも、できれば週1回、少なくても月1回の調査がのぞましい。

繁殖能力の調査　「繁殖なくして生産なし」といわれるとおりで、繁殖能力の調査も欠かすことはできない。飼育牛群の平均分べん間隔が前年よりも長くなれば、その原因を調べる必要がある。繁殖成績を向上させるためには、表3-26のように管理上必要な記録を行う。

飼料の調査　飼料については、まず、飼料給与のくわしい計画をたて、これにもとづいて実際に給与した飼料を記録する。これは、毎日のものと、月別のものとが必要で、飼料の種類・給与量・購入月日・価格などを記録し、また、給与時の牛群の状況についても参考として記入しておくことがのぞましい。

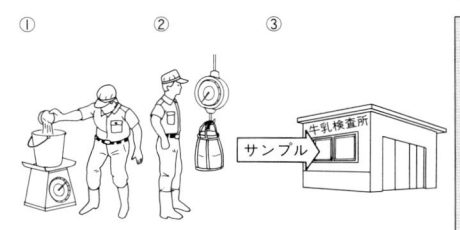

① えさの量をはかる。給与したタンパク質量とエネルギー量を算出する。
② 乳量をはかる。
③ 生産した乳脂量を算出する。

図 3-54　乳牛の経済能力調査

表 3-26　乳牛個体管理記録のつくりかた

① 個体別の繁殖台帳をつくり、発情月日・発情状況・交配月日・交配種雄牛・出産月日・分べん間隔、子牛の性・体重・番号などを記録する。
② 毎日の管理作業の状況を記録帳に記入する。
③ 専用の黒板をおいて発情や出産の予定と、これに必要な手くばりなどを記入する。
④ 牛舎平均乳量など、毎日あるいは毎月の平均の変化をグラフに示して壁にはっておく。

6 ■ 乳の生産と搾乳

> ねらい
> ● 乳器の構造および乳腺での乳合成のしくみを理解する。
> ● 乳腺からの乳排出のしくみと搾乳方法の実際を理解する。
> ● 乳の処理と乳質の改善の原則について理解する。

1 ■ 乳の生産

乳器の構造

乳房の構造 乳房は4分房にわかれている。左右の分房は，中央支持じん帯によってへだてられているが，前後の分房はうすい膜でわかれている。**中央支持じん帯**は，図3-55のように重い乳房を腹壁にしっかりとひきつけている。4分房には，それぞれ1本の**乳頭**がついている。乳房の内部は，乳を生産する腺や管とこれを支持する結合組織・血管・神経などからできている。図3-56の**乳腺胞**は乳腺細胞が集まってできていて，その周囲を筋上皮細胞がとりかこんでいる。乳腺胞が200個以上集ま

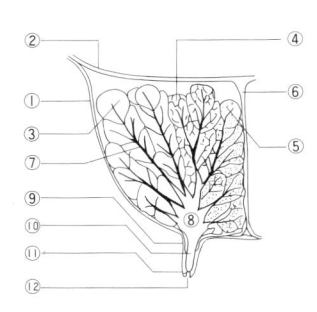

図 3-55 乳牛の分房断面による乳腺実質の模式図
①分房（乳腺） ②腹壁 ③乳腺葉 ④乳腺小葉 ⑤乳腺胞 ⑥中央支持じん帯 ⑦乳管 ⑧乳槽 ⑨乳頭 ⑩乳頭部乳槽 ⑪乳頭管 ⑫乳頭孔

図 3-56 乳腺胞の断面模式図
①細動脈 ②毛細血管 ③乳腺細胞 (4)前駆物質のとりこみ (5)乳成分の細胞外への放出 ⑥腺胞腔 ⑦筋上皮細胞 (8)乳汁の乳管への移行 ⑨細静脈

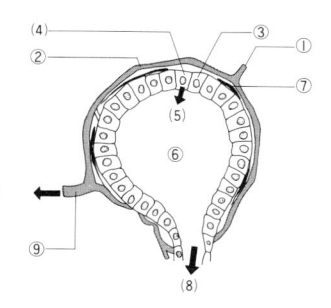

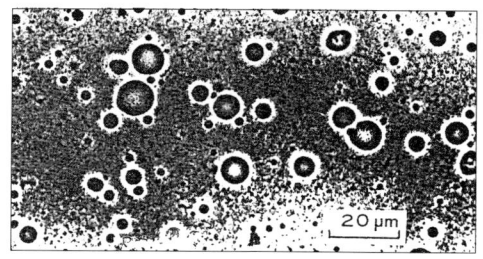

図 3-57 牛乳の顕微鏡写真
脂肪球がみえる。
（斉藤善一「畜産食品加工学」1990年による）

って**乳腺小葉**になり，乳腺小葉が集まって**乳腺葉**になる。乳は乳腺細胞で図3-57のように生産され，乳管を通って乳槽に集まり，子牛の吸乳や搾乳によって乳頭から排出される。

乳頭の構造　乳頭部乳槽の先端は乳頭管となり，乳頭孔で外部に開口している。

乳房の血管　1 l の乳を生産するためには，乳房のなかを約300〜400 l の血液が流れる必要があるといわれている。そのため，乳房内の静脈の長さは動脈の約100倍に達し，これによって血液は乳房内をゆるやかに流れることができる。

| 乳生産のしくみ | **血液と乳の成分**　乳のおもな成分である乳タンパク質・乳脂肪・乳糖・カルシウム，その他の灰分は，図3-58にみるしくみで，乳腺細胞が血液中のアミノ酸・グリコーゲン・揮発性低級脂肪酸・グリセリンなどをとりこんで，乳成分のそれぞれを合成する。ただし，血液中のミネラルやビタミンの多くは，乳腺細胞を通ってそのまま乳の成分となる。

泌乳とホルモン　乳腺組織は妊娠の中期以降急激に発達し，泌乳が減退すると反対に退化する。

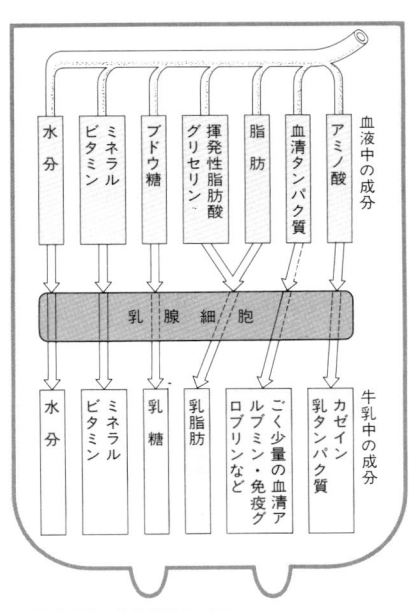

図 3-58　乳生産のしくみ

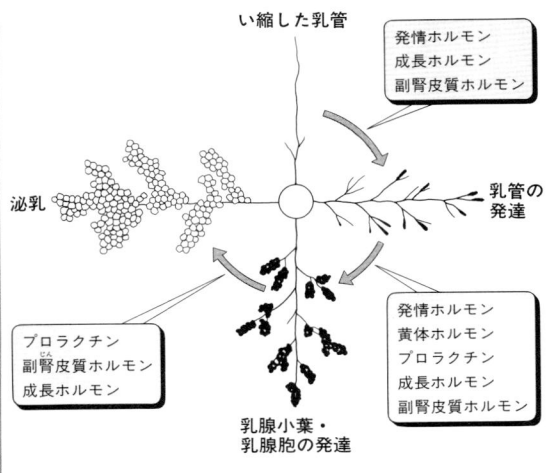

図 3-59　泌乳および乳腺胞などの発達に関与するホルモン
　たとえば，乳腺の発達に発情ホルモンはプラス，黄体ホルモンはマイナスのはたらきで，同一方向に協力することではない。

い縮した乳管を発達させるホルモン(前ページ図3-59中央上から右へ)，乳腺胞を発達させるホルモン(同図右から中央下へ)，泌乳を開始させるホルモン(同図中央下から左へ)を，図3-59に示す。

乳排出のしくみ

乳腺や乳頭部乳槽にたくわえられた乳と乳腺胞内の乳は，図3-60，61のしくみで排出される。❶

乳排出をうながすホルモン 下垂体後葉から分泌されるオキシトシンは，乳腺胞をとりかこむ平かつ筋を収縮させ，そのなかの乳を排出させる。このホルモンは，図3-60に示すような刺激によって血液中の濃度が急に高まり，6～8分で血中からほとんど消失する。

乳排出をさまたげるホルモン 副腎髄質から分泌されるアドレナリンは，オキシトシンの反対のはたらきをする。乳牛をとつぜん驚かせたり，不快感や不安感を与えると，アドレナリンが分泌され，乳牛は乳の排出をやめる。

搾乳の基本

搾乳回数 管理作業の点から考えて，これまでは1日2回の搾乳がふつうであった。しかし，最近は乳牛の泌乳能力が高くなってきたので，乳牛のストレスをさけるために，高能力牛群では1日3回以上の搾乳も有利とされている。

❶乳房内圧と乳排出　搾乳後，乳房内圧がしだいに高まり，これによって乳腺細胞や乳管からの乳排出がとまる。

乳排出と残乳　吸乳や搾乳によって，乳房内に生産されたくわえられていた乳の75～90%が排出される。乳房内にのこった乳を残乳といい，じょうずな搾乳によって，できるだけ残乳量をへらすことがたいせつである。

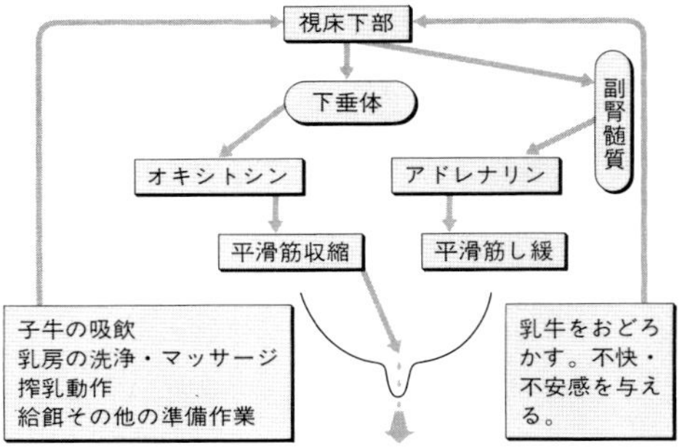

図 3-60　乳排出のしくみ

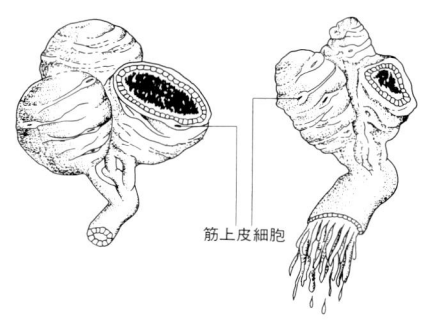

図 3-61　筋上皮細胞による乳排出のしくみ

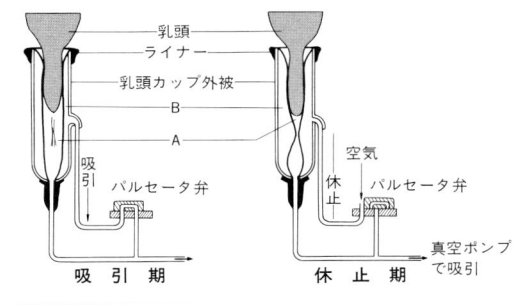

図 3-62　ミルカーによる吸乳のしくみ
吸引期は，ライナー内(A)外(B)ともに陰圧(パルセータの弁が真空に通じていて，乳が出ている時期)である。休止期は，ライナー内(A)は陰圧，外(B)は常圧（パルセータの弁が大気中に通じていて，乳はとまっている時期)である。
（三村　耕ほか「家畜管理学」昭和55年による）

搾乳間隔　朝夕の乳量を比較した表3-27のように，12時間間隔で搾乳しても，朝乳の乳量は約10%以上多い。間隔が8時間（昼）と16時間（夜間）の不等間隔搾乳法では，12時間間隔のばあいよりも乳量と乳固形分が減少する。これは，長時間搾乳されないため，そのあいだに，乳腺胞のなかでタンパク質や乳糖がふたたび吸収されて減少するからである。ただし，10時間と14時間程度のばあいは12時間間隔搾乳法とほとんど差がない。

搾乳時間　すでに学んだオキシトシンの変化からみて，すばやく短時間で搾乳しなければならない。

搾乳時刻　乳生産や乳排出のしくみからみても，搾乳を規則正しく決まった時刻に行うと，乳牛がこれに協力してくれることが理解されるであろう。

搾乳環境　搾乳中は静かな環境のもとで行い，大声や鋭い金属音をたてたりすることはさけたい。

衛生的な搾乳　清潔に搾乳し，完全に冷却することがたいせつである。清潔に搾乳するためには，とくに乳頭カップの搾乳前後の洗浄・消毒がたいせつである。また，搾乳終了後のミルカーその他の器具を完全に洗浄・消毒・乾燥する。

❶ 5℃以下がのぞましい。

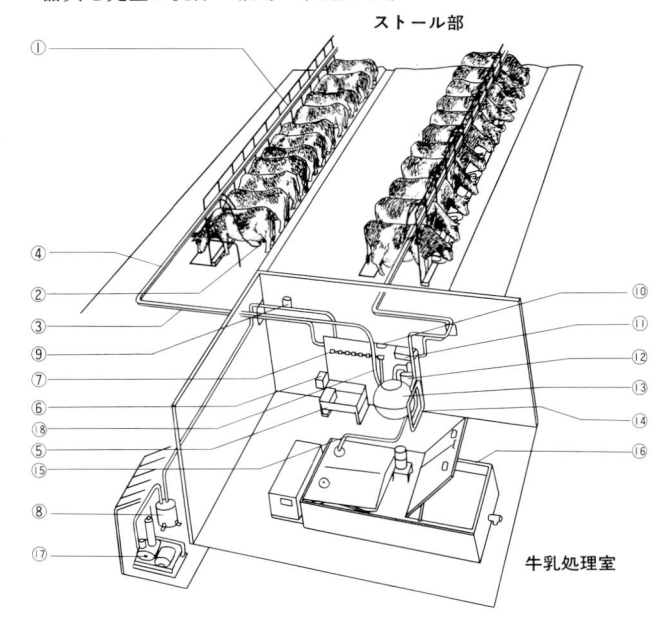

表 3-27　朝乳と夕乳の比較
（等間隔搾乳）

区分	乳量（kg）	乳脂率（%）
朝乳	8.35	3.66
夕乳	7.41	3.76

図 3-63　牛舎内パイプラインミルカー
①ミルクタップ　②クラスター　③真空配管　④牛乳配管　⑤洗浄槽　⑥給水弁ボックス　⑦洗浄タップ　⑧真空タンク　⑨調圧器　⑩真空計　⑪コントロールボックス　⑫サニタリートラップ　⑬レリーザー　⑭ミルクポンプ　⑮送乳チューブ　⑯バルククーラ　⑰真空ポンプ　⑱エアコック
（野附 巖・山本綽己編「家畜の管理」1991年による）

❶ 最近，大規模飼育農家では，搾乳者に対して牛が作業しやすい方向にしりをむけて，牛どうしが平行に並び，搾乳通路の両側に配置されるパラレル型がとりいれられつつある。

| 搾乳の方法 | **ミルカーの操作** ミルカーによる搾乳の基本は，子牛の吸飲動作であるから，ミルカーはその原理により，乳頭管から乳を陰圧によって吸引するしくみになっている。ミルカーを用いた搾乳法は，150ページの図3-62，および151ページの図3-63のとおりである。フリーストール牛舎や開放放し飼い牛舎では図3-64に示すようなミルキングパーラで搾乳する❶。また，搾乳は表3-28のような手順で行う。 |

2 ▪ 乳の処理と乳質の改善

| 乳処理法 | **沪過と冷却** 乳頭カップでしぼった乳は，牛乳かんか，パイプでタンク式バルククーラ（かくはんしながら冷却・保存をかねる）に送られる（図3-65）。このさい，清潔で乾燥した沪過器を通して，ごみ・飼料片などの異物をのぞく。乳は，できるだけはやく5℃以下に冷却する。なお，牛乳かんのばあいの冷却には，**ユニットクーラ**が用いられる。 |

| 乳質の改善 | **乳質検査** 従来，原料牛乳には**日本農林規格**と厚生省令による成分規格があり，工場に送られた乳 |

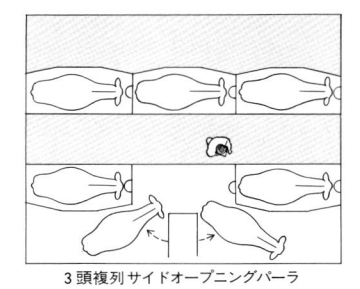

3頭複列サイドオープニングパーラ　　　　4頭複列ヘリンボーンパーラ

図 3-64　代表的なミルキングパーラ（搾乳室）の平面図

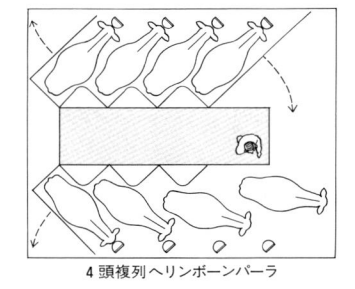

表 3-28　搾乳の手順

① 温湯を用意する。ミルカーを点検・調整する。
② 器具・手指などを，逆性せっけん液などで消毒したのち，湯で洗う。
③ 湯で乳房・乳頭・下腹部を洗い，軽くマッサージする。
④ はじめの1～3回めにしぼった乳は，細菌で汚されている。また，乳房炎の有無を検査（つぶつぶがあるかどうかなど）するため，黒布をはったカップにとって検査する。
⑤ 乳頭カップを乳頭に装着して，搾乳する。
⑥ 乳房の収縮や透明チューブを流れる乳の状態などから，搾乳終了を判断して，乳頭カップをはずす。このさい，まず，乳頭カップを下のほうにおしさげるようにし，片方の手で乳房をもみおろす（これを機械あとしぼりという）。
⑦ ふたたび，乳房・乳頭を洗い，乳頭を1本ずつ薬液につけて消毒する。また，乳頭カップをつぎの牛に移るまえに，殺菌液に軽く浸し，消毒する（デッピングという）。

は乳質検査を受け，表3-29のように格付けされてきた。乳脂率3.2％以下，無脂固形分率8.5％以下の乳は**低成分乳**という。現在では，牛の遺伝的能力の向上，飼育管理・搾乳および乳の処理技術の発達と消費者の高い品質指向とによって，第6章で学ぶように，一般にこれらの規格よりもかなり高い品質の乳が生産され，価格に反映されるようになった。最近，生乳[❶]の細菌数も著しく低くなっているが，細菌汚染の原因は，表3-30のとおりである。

　保存と輸送　乳は，タンク式バルククーラおよびユニットクーラで5℃以下に保存されたのち，輸送用タンクに集めて工場に輸送する。

　異常乳　異常乳は，いずれも飼育管理がよくないためにおこるものと考えられている（157ページの乳房炎を参照）。

　乳房炎の治療に抗生物質を用いると，抗生物質が直接牛乳のなかに混入するため，一定期間その乳は販売できない。また，飼料に原因する異臭乳，乳房炎のときや末期乳にみられる塩味乳もある。

❶搾乳したままの乳をいう。これを加熱殺菌したものを牛乳という。

表 3-29　乳質の規格

① 風味は新鮮で良好なこと。
② 乳脂率3.2％以上は特等，2.8％以上は1等。
③ アルコール試験で反応をあらわさないこと。
④ 酸度が乳酸として0.16％以下が特等，0.18％以下が1等。
⑤ 細菌数は1ml中400万以下であること。

図 3-65　バルククーラ

表 3-30　生乳の細菌汚染の原因（北海道乳質改善協議会，1990年）

汚染の原因	平成元年度 1)	昭和63年度 2)	昭和62年度 2)	昭和61年度 3)	昭和60年度 3)
ミルカーの洗浄不良	26.2%	19.2%	44.7%	33.9%	43.3%
バルククーラの洗浄不良	19.1	17.4	—	—	—
乳牛個体管理の不適	11.7	11.8	26.5	24.3	23.4
機器の故障，整備不良	8.3	11.0	5.4	6.1	10.2
搾乳衛生不良	10.4	8.5	6.4	2.4	11.2
バルククーラスイッチのいれ忘れ	13.6	6.1	2.9	3.3	4.8
その他（原因不明を含む）	10.7	26.0	14.1	19.8	7.1

注1)　ブリード法による細菌数30万／ml，または平板法による生菌数10万／mlをこえた例についての調査結果。
注2)　ブリード法による細菌数30万／mlをこえた例についての調査結果。
注3)　ブリード法による細菌数100万／mlをこえた例による調査結果。

7 乳牛の病気と予防衛生

ねらい
- 日常の健康管理の基本を理解する。
- 乳牛のおもな病気とその対策を理解する。
- 衛生管理と牛乳の衛生上の処置の基本について理解する。

1 乳牛の健康管理

毎日の健康観察 　牛を毎日，とくに搾乳時と給餌時に観察して，異常牛を早期に発見するようにつとめる。観察の要領は実習で学ぶが，とくに表3-31に示したことがらに注意する。

異常牛の処置 　体温をはかる　乳牛の正常体温・脈はく，および呼吸数は，表3-32のとおりである。発熱すれば脈はく数などが上昇し，乳量が急にへり，皮ふがかさかさになる。また，鼻鏡がかわき，目の輝きを失い，どろんとする。

　　隔離　異常牛は群からはなし，くわしく調べて適切な処置をとる。

表 3-31　乳牛の日常観察のしかた

ふんの状態	下痢のばあいの異常便は，軟便・水しゃ状便・どろ状便，くさい水状便と症状の進行とともに変化する。高能力牛が下痢をすると，いっぺんに栄養状態のバランスを失うので，とくに注意を要する。ふんの色が黄かっ色にかわっているばあいも注意する。
動作・毛づや・食欲	ほかの牛にくらべて，異常のあるもの，とくに，もの食いが悪く元気がなくなり，反すうがなくなったもの，腹部がふくれ，舌にこけ状の膜がみえるものは，消化器病が疑われる。
乳房	乳房が赤くはれ，しこりができ，ふれるといたがり，乳のなかに多くのぶつぶつを排出する。乳房・乳頭が紫色に冷たくなるものなどは乳房炎が疑われる。また，乳房は牛の皮ふの状態を示す窓として観察する。白ちゃけて血色のよくないものは不健康の徴候である。
その他の観察事項	外陰部から汚れた粘液を出すもの（繁殖関係），口のなかの粘膜が青白くかわるもの（カンテツ症などによる貧血），同じく暗赤色にかわる（心臓病や呼吸器関係）などに注意する。

2 ■ 乳牛のおもな病気とその対策

156ページの表3-35に，乳牛のおもな病気とその対策を示す。

3 ■ 予防衛生

衛生管理

衛生管理の基本 牛の健康を守るため第一に注意することは，伝染病・流行病の侵入をふせぐために，表3-33の三原則を守ることがたいせつである。

乳牛の観察 給餌や搾乳などの日常作業の時間を守ると，健康な家畜はいつも待ちわびているようすがみられる。そうでないものがいたら注意し，異常の発見につとめる。

健康診断 法律で定められている伝染病は，毎年定期的な診断があるので，これを受けなければならない。原因不明の病気がつづけておこるようなときは，ただちに獣医師の診断を受ける。

牛乳の衛生上の処置 牛乳は，人間の生活にとって重要な食品であるので，これを利用する人体を守るため，さまざまな規制が，法律などによって定められている（表3-34）。

表 3-32　乳牛(成雌)の正常体温および脈はく数・呼吸数

正常体温 (℃)	脈はく数（回／分）	呼吸数（回／分）
38.0～39.3	70～80	20～35

表 3-33　伝染病・流行病をふせぐ三原則

①	病気が伝染する汚染のもとになるものを近づけない。
②	牛舎の消毒を徹底して行う。
③	よそから移入したばかりの乳牛は，できるだけ一定期間隔離する。

表 3-34　牛乳の衛生上の取り扱い

初 乳 期 間	出産後5日以内の乳は，正常乳と成分が異なるので，出荷が認められない。
薬 剤 使 用 後	薬剤の使用後，あるいは注射後3日以内の牛の乳は，出荷できない。
抗菌性薬剤の使用規制	抗菌性薬剤を，治療や予防のために服用・注射または使用添加物として用いることが多い。しかし，これが人体に直接影響するほか，これに対する抵抗性(耐性)がなかなか細菌に伝わる(耐性遺伝という)問題があって，抗菌性薬剤を添加した飼料は，生後6か月までしか使用を許されていない。
成 分 規 格	牛乳には，成分規格が定められている。そのため生乳は，体積あたりの重さ(密度)・酸度・細菌数が検査される。

表 3-35　乳牛のおもな病気

〔法定伝染病〕

病　名	原因と症状	予防と対策
牛の流行性感冒	牛流行熱・イバラキ病・RSウイルス感染症の集合。6～12月に多く，また，周期的に発生する傾向がある。発熱・鼻汁を出し，せきをしたり，下痢をするものもある。	流行熱とイバラキ病にはワクチンがあるが，一般に衛生管理をよくして，ウイルスの侵入をふせぐことがたいせつである。
気腫そ	気腫そ菌によっておこる。若い牛がおもにかかる。はじめはびっこをひき，しだいにからだが強直し，背をまるめる。胸・腰・くびの筋肉がはれる。	検査の結果，菌が発見されれば，殺処分する。常在地では，予防接種がのぞましい。
結核病	牛型結核菌によっておこる。重くなると，せきをし，食欲不振・栄養不良となる。ときどき熱を出し，体表のリンパ節がはれる。	ツベルクリン反応の陽性牛は，殺処分する。最近は，陽性牛が少ない。

そのほか，ピロプラズマ病・ヨーネ病・炭そ病などが少しある。なお，表中に「殺処分する」とあるのは，法定伝染病にかかっている家畜を，都道府県で必要と認めたときに殺し，廃棄する措置のことをいう。

〔普通病〕

病　名	原　因	症　状	予防と対策
急性鼓脹症	発酵しやすい生草を過食したり，飼料がかわったりするとおこる。ほうまつ性鼓脹症は，とくに，マメ科生草を食べすぎたばあいにおこる。	左腹がひどくはってくる。たたくと太鼓のような音がする。呼吸が困難となり，食欲がなくなり，反すうを中止する。	市販の消ほう剤を早急に飲ませる。第一胃のマッサージ，冷水かん腸，おくびによるガスの排出。少し軽くなったら下剤を与える。ひどいばあいには，とう管針をさして，ガスをぬく。
食道こうそく	ダイコン・サツマイモ・カブなどが食道につまるためにおこる。	くびをのばしてよだれを多く出す。食欲がなくなる。	つまったものを外からもみあげて口中にもどすか，胃におしさげる。
第一胃食滞	過食により，また胃のはたらきが弱くなっておこる。	胃内に食物がたまり，腹部がはる。胃のぜん動がとまり，反すうを中止する。	かん腸をする。1～2日絶食し，左側腹のマッサージと，ひき運動を行う。
創傷性第二胃炎・創傷性心膜炎	針金・ピン・針・くぎ・砂・石・木片などを食べて，第二胃に損傷をおこすことによる。この損傷が胃をつらぬいて心臓に達すると，心膜炎をおこす。	消化不良・食欲不振・衰弱があらわれる。食後や起立のときにいたがり，不安なようすを示す。針金・ピン・針・くぎは，金属探知器に反応する。	カウサッカー（特製の磁石）を使ったり，第一胃の切開をしたりして異物をとりのぞく。また，これらの異物を，飼料に混入しないように注意するほか，牛舎内や運動場で，牛が食べないよう，あらかじめ，とりのぞくことがたいせつである。
ケトージス（ケトン症）	血液中のケトン体が異常に多くなるため，一種の中毒症状をおこす。ホルモン分泌の異常や栄養障害に原因がある。	出産後1か月くらいの盛乳期に多い。食欲がなく，泌乳量が急にへり，やせて，下痢または便秘をする。全身のけいれんやまひをおこすものもある。	栄養剤や副腎皮質刺激ホルモンなどの注射。適切な予防法はないが，飼育管理の注意や運動をさせ，分べんまえのふとりすぎをさける。
子牛の下痢	飼育管理（たとえば，急激な低温，不良な飼料など）によるばあいと，ある種の大腸菌による感染（白痢）によるものなど，原因はいろいろある。	生後1週間以内の子牛が多くかかり，さまざまな下痢症状を示す。白痢は牛舎内で，ほかの牛にも伝染し，死亡率も高い。	下痢を長びかせないように注意する。急性のものは絶食させ，下剤を飲ませ，水を自由に飲ませる。白痢のばあいには抗生物質を与える。原因を確かめ，とりのぞくことがたいせつである。

(表 3-35のつづき)

病　名	原　因	症　状	予防と対策
後産停滞 (胎盤停滞)	後産が子宮内にのこるためにおこる。	食欲不振となり，子宮内で後産が腐敗し，泌乳量がへる。子宮内膜炎の原因となる。	ホルモン注射。手をいれて後産をとり出す。抗生物質を用いて腐敗をふせぎながら，自然に出るのを待つなどの処置がある。
卵巣嚢腫 (卵胞嚢腫・ 黄体嚢腫)	卵巣の卵胞が変性して破れないでのこり，正常な発情・排卵をさまたげる。また，黄体が層をつくり，中心部に液がたまるもの。	つねに発情し，陰部にしまりがなくはれ，少量の粘液を出している。黄体嚢腫のばあいには無発情がつづく。	子宮洗浄・ホルモン注射。軽いものは，直腸から手をいれてつぶす。黄体嚢腫には，プロスタグランジンを応用する。
乳熱（産じょくまひ）	ふつう，出産後1～3日におこる。血液中のカルシウムが急にへることによるもので，分べん性低カルシウム血症とよぶ。	急に寝おきが不自由となり，後肢筋肉がけいれんする。興奮するものもある。よだれを流し，失神状態になる。体温が平温以下になる。	20％ボログルコン酸カルシウムの注射が効果がある。そのほかマグネシウム剤・強肝剤・ビタミン剤を与える。乳房送風法（乳頭からポンプで空気をいれる）も効果がある。
乳　房　炎	細菌による炎症，打ぼくによる炎症，外傷や搾乳がじょうずに行えないことが原因となることもある。	乳房が赤くなり，熱をもち，しこりが出てふれるといたがる。乳が出なくなり，血液状の乳汁やとうふのような固まりのある異常乳を出す（臨床型）。上記の症状をまったく示さないが，細胞数の増加，pH異常，細菌数から乳房炎感染が証明されるもの（潜在性乳房炎），夏季に子牛や乾乳牛に発生するもの（夏季乳房炎）がある。	抗生物質を主とした乳房炎用軟こうを注入する。乳房炎診断紙（水素イオン濃度の異常をみる）や界面活性剤の細胞凝集性を利用したカリフォルニア乳房炎テストやウイスコンシン乳房炎テストにより，はやく診断することがたいせつである。また，日常の搾乳管理にとくに注意して，はやく異常を発見することがたいせつである。
バベシア病と タイレリア病	牧野にいるフタトゲチマダニの幼虫（バベシア病），若ダニと成ダニ（タイレリア病－小型ピロプラズマ病）が媒介する。それぞれの原虫が牛の赤血球内に寄生しておこる。	高熱が1週間つづく。貧血・発育障害をおこし，乳量がへり，子牛は発育が悪くなる。いちど感染すると，ふたたび感染しても発病しない。	ダニを駆除する。
カンテツ症	ヒメモノアラガイを中間宿主とするカンテツの幼虫が肝臓にはいり，成虫はたん管に寄生して炎症をおこす。	夏から秋には発熱・いたみ・貧血があり，しだいにやせる。冬から春にかけて貧血・下痢をくりかえす。	定期的に駆虫する。また，ヒメモノアラガイを駆除する。幼虫の付着した稲わら・青草を利用しないようにする。

8 ■ 牛舎と付属施設・器具

ねらい
● 牛舎の必要条件と乳牛の管理方式，牛舎の関係を理解する。
● 牛舎の付属施設と器具・機械の概要を理解する。

1 ■ 牛舎

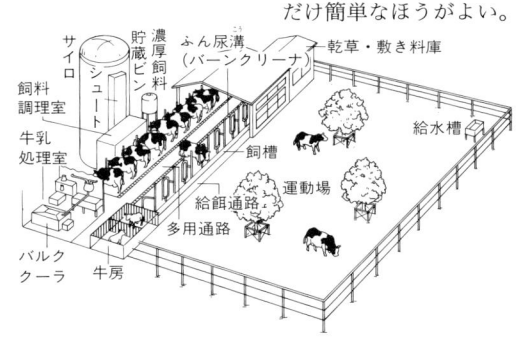

牛舎に必要な条件

牛舎は乳牛の生活の場であるとともに，管理者の作業場でもある。ホルスタイン種は，比較的暑さに弱いので，夏は涼しくすごせる牛舎がのぞましい。そのためには，天じょうや壁から放射熱がはいらないように，断熱材をじゅうぶんに使用することがたいせつである。冬は窓やとびらの開閉に注意するだけで保温できる。夏の防暑，冬の防寒のため，牛舎から少しはなれて林をつくると効果がある。牛舎の空間設計・構造は，できるだけ簡単なほうがよい。

図 3-66 つなぎ飼い方式

つなぎの形式は，スタンチョンを用いるものが多い。ストールを複列に配置するものと単列に配置するものとがある。

飼槽の形状・長さ・幅は，乳牛の習性を考慮して，最近では，牛が採食しやすいくぼみの浅いものが用いられる。また，牛床とのあいだの隔壁は，同じ理由から低くし，なるべくやわらかい材料を用いるようにしたい。

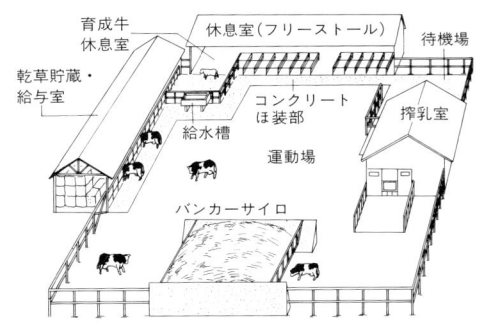

図 3-67 フリーストール牛舎

ふつうの開放放し飼い牛舎（ルースバーン）とフリーストールとよばれる形式があるが，後者のほうが乳牛を管理しやすいので増加している。放し飼い方式で重要な施設は，休息室と搾乳室であるが，休息室に牛が自由に選べるストールを並べたものをフリーストールという。搾乳室の入口まえには，待機場があり，牛はここを通って室内のストールにはいって搾乳され，搾乳中は濃厚飼料が与えられる。一般に，牛床と作業通路および牛乳処理室がつづいている。

牛舎の位置は，土地が乾燥していて日あたりがよく，夏は風通しがよく，冬は季節風をさけることができ，水の便のよいところを選ぶ。❶

| 乳牛の管理方式と牛舎 | 乳牛の管理方式　**放牧方式**と**舎飼い方式**とがある。舎飼い方式は，さらに大別して，**つなぎ飼い方式**と**放し飼い方式**とにわけられる。わが国では，つなぎ飼い牛舎が大部分であるが，乳牛の生理の面および管理作業の省力化の面から，放し飼い牛舎のほうがのぞましいという意見も多い。いずれにしろ，経営および地域の条件をよく考え，どの管理方式を採用するかを決め，さらに管理方式とあった牛舎と付属設備・器具の計画をたてることが必要である。両方式のくわしいことは，図 3-66，67に示した。

❶そのほか，環境保全の立場から，他家の住宅からはなれ，宅地内では住居からできるだけはなれた位置がのぞましい。

2 ■ 付属施設と器具・機械

| 換気装置 | **自然換気**　暖かい空気は上昇し，新鮮な冷たい空気は下降する。つまり重力の差を利用したもので，

図 3-68　自然換気のため棟がじゅうぶんあけてある牛舎

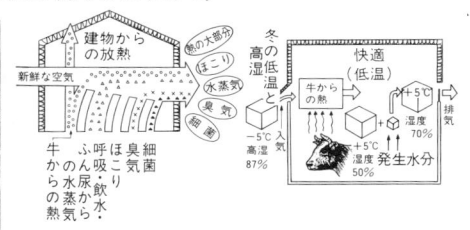

図 3-69　乳牛舎における機械換気の効果

夏は左側の図のようにできるだけ熱と水分を外に出すように換気量を最大にする。冬は右側の図のように水分をできるだけ外に出し，しかも熱がなかにのこるように換気量を調節する。夏冬ともに，断熱材を用いた乳牛舎であることが必要である。
（堂腰　純「畜産施設」昭和 52 年によって作成）

図 3-70　フリーストール

図 3-71　カムフォートストール

8　牛舎と付属施設・器具

2階建牛舎など，寒冷地用の牛舎では有効である(前ページの図3-68を参照)。

機械換気 断熱材を利用した牛舎では，換気は舎内の温度と湿度とを調節して，牛の生活環境を快適にする重要なはたらきをしている。(前ページの図 3-69参照)

給排水設備と電気設備 乳牛1頭に必要な水の量は，飲み水・作業用水その他を合計して，1日約150lである。飲み水は，つなぎ飼い牛舎では，牛床2に対してウォーターカップを1の割合で配備し，放し飼い牛舎では，ウォーターカップか飲水槽を給餌場の近くに配置する。そのほか，搾乳室・牛乳処理室・牛舎の適当なところに給水せんを配置して，作業の能率化をはかる。

必要な場所にコンセントをとりつけ，産室や牛舎内各所に照明装置をもうける。搾乳設備と関連して，簡易湯わかし器もとりつける。

給餌装置とその他の設備 給餌装置やその他の管理機械が，つなぎ飼い方式・放し飼い方式それぞれにあわせて多数開発されている。また，牛舎には付属して，サイロ・乾草貯蔵庫・敷きわら置場・濃厚飼料貯蔵室・たい肥場・尿だめ・作業機械置場なども

図 3-72 サイレージアンローダと連結した自由採食給餌装置

図 3-73 個体識別自動給餌機
牛は個体識別発信器をつけている。

必要である。いずれも経営規模・管理方式に適した機械化をすすめていくことがたいせつである(図3-70～73)。

運動場 放し飼い方式の牛舎では，運動場がなかにとりこまれているが，つなぎ飼い方式では牛舎に運動場をもうける必要がある。運動場の位置は，各季節の風向に対して風下側，牛舎に対しては南側がよい。

運動場のひろさは，ほ装しないばあいは，1頭あたり，30 m² 以上，ほ装するばあいは10 m² 以上を基準とするが，後者のばあいは，中央に植木を植えることがのぞましい。

図3-74に，乳牛の放牧状況を示す。

図 3-74 ひろびろとした牧場に放牧された牛

9 ふん尿の利用と処理

> **ねらい**
> ● ふん尿の排せつ量と性質の基本を理解する。
> ● ふん尿の利用と処理の方法の原則を理解する。

1 ふん尿の排せつ量と性質

ふん尿の排せつ量 排せつ量は，乳牛の体重，飼料の種類や摂取量，飲水量などによって大きく変動する。表3-36はその一例である。搾乳牛は1日およそ，ふん40 kg，尿20 kgを排せつするが，これを成人のふん110 g，尿1 kgとくらべると，乳牛がいかに大量のふんを毎日排せつしているかがわかる。

ふん尿の性質 これまで学んできたように，乳牛のふん尿も有機物といろいろな肥料成分からなり，耕地に施したばあい，土の性質を改善し，地力を高める効果がある（表3-37）。

表 3-36 乳牛のふん尿の排せつ量

区分	体重（kg）	ふん量（kg）	尿量（kg）
搾乳牛	500〜600 (550)	30〜50 (40)	15〜25 (20)
育成牛	200〜300 (250)	10〜20 (15)	5〜10 (7.5)

注．（ ）内は平均的な数値を示す。
（中央畜産会「家畜排せつ物の処理，利用の手引き」昭和53年度版による）

表 3-37 牛のふん尿中の肥料成分の平均含有率
（原物中の%）

性状	水分	窒素	リン酸	カリ
生ふん	81.9	0.43	0.38	0.29
発酵（きゅう肥）	72.8	0.67	0.60	0.85
尿	—	0.47	0.14	1.37

（「農林水産省技術会議資料」1974年による）

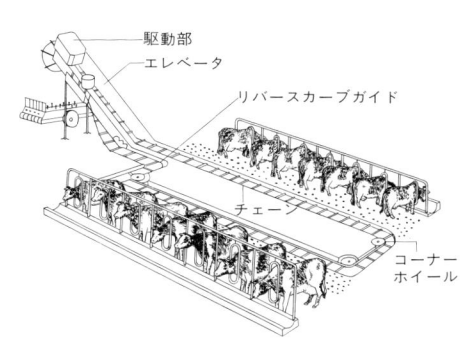

図 3-75 チェーン式バーンクリーナ

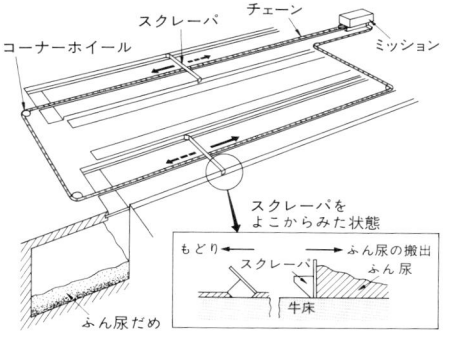

図 3-76 バーンスクレーパ

2 ■ ふん尿の利用と処理の方法

きゅう肥の利用　きゅう肥は腐熟によって生ふんの欠点を大きく改善しているので，安心して耕地へ利用できる。

　きゅう肥づくりの重要な点は，好気性の発酵を行わせるため，材料の水分を60％程度に調節すること，また，通気性をよくするために，ときどきかくはんや切りかえしを行うことである。水分の調節には，おがくずや完熟きゅう肥を生ふんとまぜたり，天日乾燥などの方法がとられている。

液肥の利用　牛舎で排出された尿やふんの混合液❶は，牧草や飼料作物の栽培に，液肥として使用するのに適している。

　液肥は，取り扱いや散布が容易であるが，一般に，けん気性発酵がすすんでいるので，散布のときに悪臭を発生する。貯蔵中にばっ気（好気性発酵）をしたり，土中に液肥を注入する装置（**スラリーインジェクタ**）をそなえた，ふん尿タンク車で施肥すると，そのような心配はかなり解消できる（図 3-77, 78）。

❶ふん尿の処理にあたっては，図 3-75, 76 のようなチェーン式バークリーナやバーンスクレーパなどが用いられている。

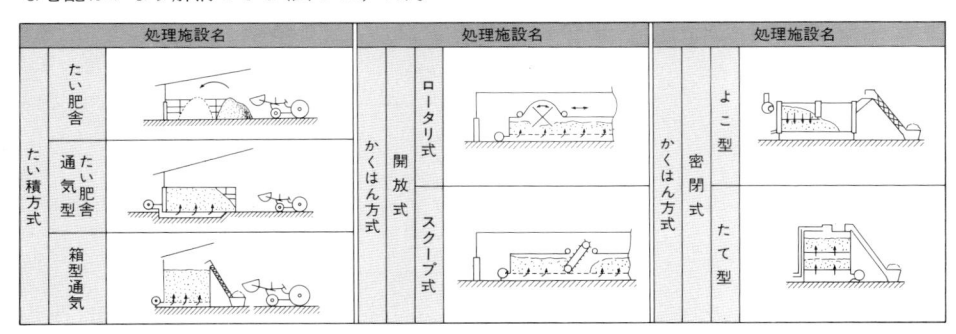

図 3-77　たい肥化施設のいろいろ

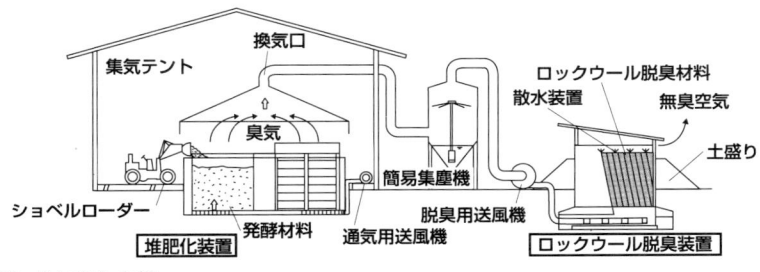

図 3-78　地上式ばっ気槽

10 ■ 酪農の経営

> **ねらい**
> - 酪農の形態とその特徴を理解する。
> - 酪農の計画のたてかたと経営診断の基本を理解する。
> - 牛乳・乳製品の流通機構について，その要点を理解する。

1 ■ 酪農の形態

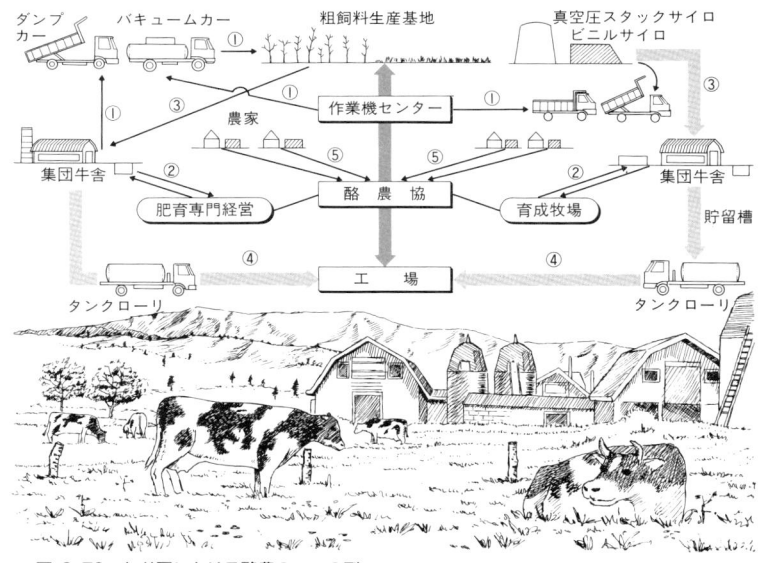

専業経営と複合経営　酪農を主とする**専業経営**は，ふつう搾乳牛30～50頭の経営が多い。しかし，飼育頭数が多ければ多いほどよいといわれた時代はすぎ，安定した酪農経営をめざすためには，他の作目，たとえば水稲・畑作物・果樹などを酪農に組み合わせた**複合経営**も考える必要がある。乳牛を飼育しながら，乳生産と肉用牛生産(従となる)を組み合わせた複合経営も，今後の新しい経営組織の一つと考えられる。

図 3-79　わが国における酪農の二つの型
上図は集約的プラント経営，下図は土地利用型経営である。
上図の①は運搬車による飼料やふん尿の流れ，②は家畜の移動，③は飼料の流れ，④は牛乳の流れ，および⑤は組合構成員の流れを示す。

| 集約的プラン
ト型酪農と土
地利用型酪農 | 地価の高い都市近郊およびその周辺では、せまい耕地面積を高度に利用して飼料を生産し、高能力牛を飼育して集約酪農を経営している。この種の |

集約プラント型経営は、前ページ図3-79のように、地域共同化によって地域の水田裏作や転換畑を利用して、粗飼料生産を高めるくふうをしている例も多い。かつて搾乳専業とよばれた経営も、多くは移転して、この種の生産組織に参加している。

❶これを集約的プラント型酪農とよぶこともある。

土地利用型は、地価の安い地域に多く、同時に、図3-79のように、各地域の緑の環境を保つ役割をになっている。これを**草地型酪農**と**畑作型酪農**とにわけるばあいがある。北海道や府県の山間部にみられる草地型は、1頭あたりが草地面積の0.6〜1 haを必要とするので、飼料の生産・貯蔵、乳牛管理に機械化がすすんでいる。畑作型は、理想をいえば1頭あたり0.5 haの面積が必要で、トウモロコシなど青刈作物のほか牧草も栽培し、飼料用地をいっそう拡大して、土地――牧草・飼料作物――乳牛が一体となった比較的大規模な経営が期待される。このばあい、草地・飼料作物の効率のよい利用法、および粗飼料の貯蔵・給与法についての科学的くふうが必要である。

表 3-38 酪農計画をたてる手順

項 目	具体的に研究する事項
1. 地域条件の研究	気候、農業の社会的環境、酪農の環境(乳の出荷先、酪農関係団体の所在など)、交通関係
2. 自家の経営の現況	土地所有面積・土地利用面積・労働力など
3. 酪農経営の目標	成牛飼育頭数・乳生産目標・更新牛計画
④ 労働力	酪農にふりむけられる労働力
⑤ 飼料の計画	
a 必要飼料の計算	飼育頭数からの必要量、乳生産量からの必要量
b 飼料の生産・貯蔵計画	作付計画・収穫目標・貯蔵計画
c 飼料の購入計画	濃厚飼料の購入計画、かす類の購入計画、粗飼料の購入計画
⑥ 管理方式と牛舎構造	どのような管理方式をとるか、労働力からも研究する。
7. 付属施設計画	搾乳システムをどうするか、乳処理室・飼料貯蔵施設など
8. 機械設備の計画	本文159〜160ページを参照
9. 環境の整備計画	ふん尿の処理・利用、敷地内の植樹など
⑩ 資金の計画	自己資金・政府資金・農協資金の利用など

注. ○は、とくに重要な事項である。

2 ■ 酪農の計画

前ページの表3-38は，計画をたてるうえで具体的に研究しなければならない事項を示している。自家経営の自然的，社会的環境をよく理解し，将来の発展を含めて，自家経営の条件をよく検討したうえで，酪農経営の目標をたてることがたいせつである。そのうち，飼料の計画，牛舎の改造資金の計画は，途中で容易にかえられないし，あるいは酪農技術の基礎となる性質のものであるから，とくに慎重に検討する必要がある。

3 ■ 経営の診断

| 牛乳の生産費 | 牛乳の生産費の費目別構成割合は，図3-80のとおりで，飼料費約51％，労働費約28％，乳牛償却費約7％をあわせると費用合計の約86％を占めている。今後の酪農経営では，飼料費を安くすること，労働生産性を高めること，能力の高い乳牛を健康に飼うことが，それぞれいかにたいせつであるかが理解されるであろう。

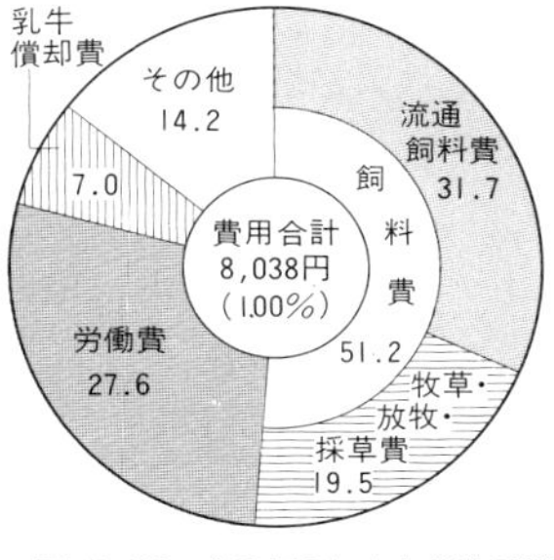

図 3-80 牛乳100kgあたり生産費
乳牛償却費 7.0／その他 14.2／流通飼料費 31.7／飼料費 51.2／牧草・放牧・採草費 19.5／労働費 27.6／費用合計 8,038円（100％）

その他は建物費・賃貸料・農機具費などである。
（農林水産省統計情報部「平成元年畜産物生産費調査報告」平成2年によって作成）

表 3-39 酪農の技術指針

	項　目	内訳と算出法
規模	飼育頭数(a)と平均搾乳牛頭数(b)	(b)×平均泌乳能力から予想生産乳量を出し，経営の規模を考える。(b)は常時飼育成牛頭数の平均85％とする。更新用育成牛数*は成牛の平均飼育年数を8年とし，（常時飼育成牛頭数÷8）×2で計算する。
繁殖関係	平均分べん回数 平均分べん間隔 群の年齢構成 平均交配回数	分べん頭数÷成牛常時飼育頭数 12か月÷平均分べん回数（年間） 成牛の年齢別頭数を成牛頭数で割って分布を出す。 交配延べ回数÷受胎頭数
栄養・飼料	群の栄養状態 成牛1頭あたりの飼料畑面積 乳飼比（％）	栄養状態を肉づきから上・中・下にわけて分布をみる。 飼料畑面積÷成牛常時飼育頭数 （購入飼料費÷牛乳販売代金）×100
管理関係	牛舎平均乳量** 1頭あたり乳量 牛舎の温度 労働時間 牛舎の構造 管理方式	牛舎ごとの1日生産乳量÷成牛頭数 1日生産乳量÷搾乳牛頭数 毎日の牛舎温度 作業者の労働時間を合計した総時間数 本章第8節　牛舎と付属設備・器具を参照のこと。 同上

注．＊　この1/2を予託する方法もある。
　　＊＊　牛舎ごとの乾乳牛を含めた成牛1頭あたり平均乳量で，牛舎全体の給与飼料量がつかみやすいので，これと対比できる利点がある。

酪農の診断と改善 　経営改善のための技術上の指針を，表3-39に示す。どのように診断し，改善したらよいか図3-80，表3-39を参考にして，つぎの事項について考えてみよう。

① 平均搾乳頭数および乳生産量は，指針をうわまわるか。
② 分べん間隔，群の年齢構成，平均交配回数は，指針のとおりであるか。
③ 各乳牛がやせてもいず，ふとりすぎてもいない，繁殖に適した栄養状態にあるか。
④ 繁殖などの基礎となる自給飼料・購入飼料の状態はどうか。
⑤ 牛舎平均搾乳量は毎月何キログラムか。
⑥ 気温・湿度など環境条件はどうか。
⑦ 管理者の毎日の労働時間はどうか。

4 ■ 牛乳の流通

わが国の牛乳・乳製品の生産から消費までの流れを図3-81に示す。

牛乳・乳製品の取引 　農家が生産した生乳は，多くは生産者団体がその共販体制を利用して集乳し，それをいくつかの乳業会社に供給している（**一元集荷多元販売**という）。一部には，農

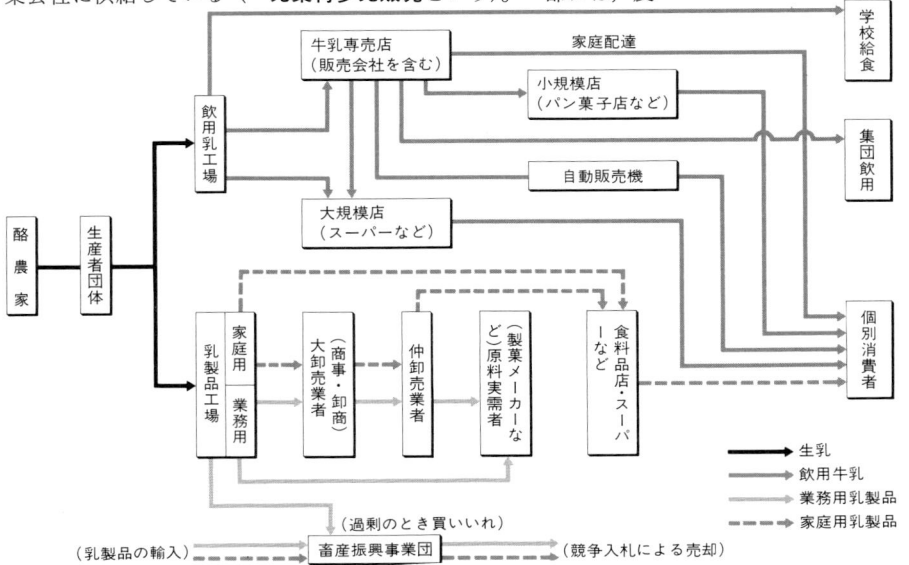

図 3-81　牛乳・乳製品の流通機構

家の組合で経営する工場で処理され、販売されるものもある。図3-82は、牛乳処理工場の一例である。

乳価 生乳の価格は、その用途によって差があり、乳製品むけ生乳の価格は、飲用むけ生乳にくらべて、かなり低い。このため国は、「**加工原料乳生産者補給金等暫定措置法**」(通称「不足払い法」)にもとづき、乳製品むけ生乳については加工原料乳価を定め、酪農家が生乳の再生産を確保できるよう、いわゆる乳価の不足払いを実施している。

加工原料乳価は、毎年3月に畜産振興審議会の答申を受けて決定される。いっぽう、飲用むけ生乳の価格は、生産者団体と個々の乳業会社のあいだで行われる協議によって毎年決定される。

乳価と生産者 以上のように、生乳の価格が用途によって異なり、さらに、販売先によっても異なることから、各販売先から支払われる乳代の合算額を平均化したもの(通称「プール乳価」)が生産者に支払う乳価の基礎となる。そして、個々の生産者に支払う乳価については、プール乳価に乳脂肪分率や細菌数などを指標とした乳質基準にもとづいた価格調整が加えられる。

図 3-82 牛乳処理工場

第4章 肉用牛の飼育

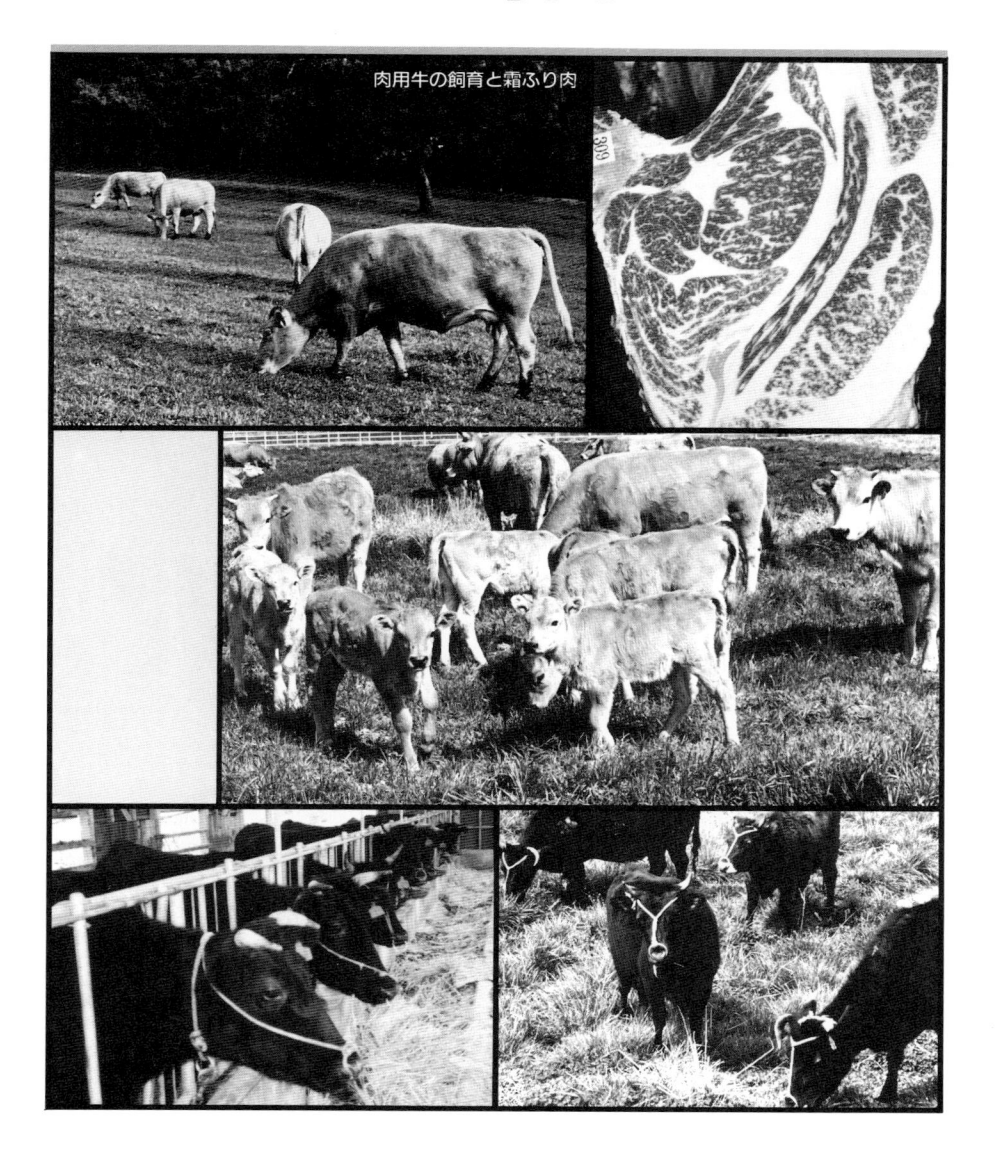

肉用牛の飼育と霜ふり肉

1. 肉用牛の特性

ねらい
- わが国の肉用牛構成の特色を理解する。
- 肉用牛のからだの特徴を理解する。
- 肉用牛の一生を理解する。

1. 肉用牛のからだ

❶肉用牛とは，牛肉生産をおもな目的として飼育される牛という意味の用語である。
❷平成3年2月現在。

わが国の肉用牛の構成　わが国の肉用牛は，**肉専用種**と**乳用種**とから構成されているのが特色である。最近の統計によると，約270万頭を数える肉用牛のうち，およそ6割が肉専用種，4割が乳用種である。

肉専用種としては，あとで学ぶように和牛が多く飼育され，乳用種は，第3章で学んだ酪農の副産物であるホルスタイン種の去勢子牛と，乳生産を行わない雌牛が肉用牛として多く利用されている。

肉専用種種雄牛

肉専用種去勢肥育牛

図 4-1　肉用牛のブロック体型（宮崎県家畜改良事業団・全国和牛登録協会による）

| 体型上の特色 | 図4-1のように，肉専用種の種雄牛をはじめ，肥育牛や繁殖雌牛も，第3章で学んだくさび型の乳用体型と対比される長方形（ブロック形）の肉用体型を示す。

　すべての肉用牛は，成長にともない体型はつねに変化する。誕生直後の子牛は，ややあし長で，前躯は後躯よりも低く，からだののびもなく，からだの深みもない。しかし，成長の過程で前躯と後躯の高さはほぼ等しくなり，からだののびも深みも出て，肉用体型を示すようになる。

| からだのしくみの特色 | わが国の肉用牛は，肉専用種も乳用種も，動物の種としては同じなかま（ヨーロッパ牛）に属するので，骨格をはじめ，角や歯や反すう胃などのからだのおもなしくみは，第3章で学んだ乳牛のそれと同じである。

　しかし，牛肉生産を目的として飼育された肥育牛の枝肉の組織構成は，肉専用種と乳用種とでは少し異なる。図4-2のように，和牛はホルスタイン種にくらべて筋肉と脂肪の割合が大きく，骨の割合が小さいという特色がある。

❶ほかにインドこぶ牛のなかまがある。

❷中空の洞角をもつ。

❸第3章107ページを参照。

❹第3章107ページを参照。

❺と殺して頭・尾・皮・四肢・内臓などをとりのぞいたと体を枝肉という。

肉専用種（黒毛和種去勢）
- 筋肉 57.0%
- 脂肪 30.0%
- 骨 11.3%
- その他 1.7%

乳用種（ホルスタイン種去勢）
- 筋肉 55.9%
- 脂肪 27.5%
- 骨 14.5%
- その他 2.1%

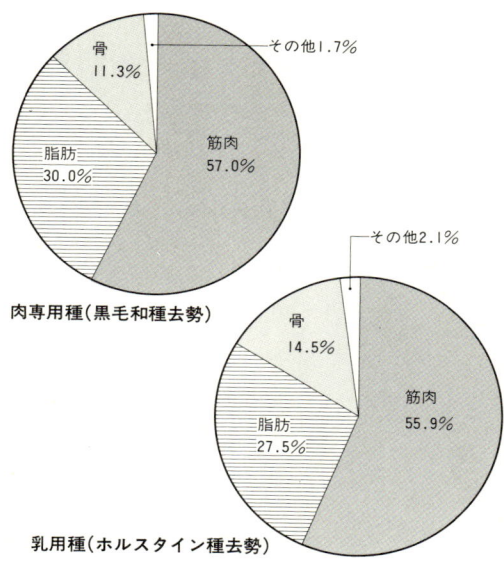

図4-2　肉専用種と乳用種の枝肉構成のちがい

表4-1　家畜および作物による土地からの食料生産効率

項目 家畜・作物	エネルギー （100万cal／ha）	タンパク質 （kg/ha）
肉用牛	750	27
乳牛	2,500	115
豚	1,900	50
羊	500	23
産卵鶏（鶏卵）	1,150	80
ブロイラー	1,100	92
ジャガイモ	24,000	420
コムギ	14,000	350
キャベツ	8,000	1,100

（D.グリック「農業地理学入門」によって作成）

2 ■ 肉用牛の性質

| 生物学的特性 | 肉用牛が一定の面積の土地から牛肉を生産する効率を，エネルギーやタンパク質の生産という観点から比較してみると，前ページ表4-1のように，肉用牛は乳牛や主要農作物よりも土地からの食料生産性が低いことがわかる❶。このことは，肉用牛の飼育施設に必要以上の投資をすることは経営的に賢明でないことを示している。

肉専用種は乳用種にくらべて，若い月齢で成熟値に到達したり，小さい体重で体脂肪の蓄積がさかんになるので，早熟であるといわれている(図4-3)。

| 肉専用種としての基本条件 | 土地生産性の低い肉専用種が，わが国農業のおもな作目の一つとして農業経営のなかにとりいれられるためには，①性質がおとなしく，じょうぶで飼いやすいこと，②繁殖・発育・産肉などの能力にすぐれていることなど，家畜としての基本条件をそなえていることが必要である。

このような条件を満たす肉専用種牛をつくり，質量ともにすぐれ，

❶世界的に肉専用種の子牛生産が，自然草地や牧草地での放牧によって行われている理由の一つとなっている。

❷売れる肉のとれる割合や脂肪交雑(179ページ参照)で代表される肉質など。

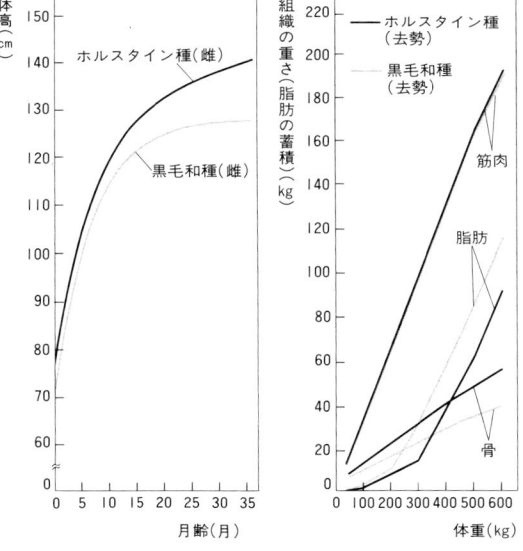

図4-3 **肉専用種**(黒毛和種)**と乳用種**(ホルスタイン種)**の熟性のちがい**(日本ホルスタイン登録協会(1983年)，全国和牛登録協会(1983年)による)

しかも健康で安全な牛肉を，社会的になっとくのいく低コストで消費者の食卓に提供することが，牛肉の輸入自由化という国際化時代にはいった，わが国における肉用牛の飼育と経営に与えられた一つの課題でもある。

❶生産者・生産プロセス・添加物などが明確になっていることをいう。

3 ■ 肉用牛の一生と生産

種雄牛の一生　肉専用種の雄子牛が，血統や外ぼう，各種の能力検定成績にもとづいて種雄牛に選ばれるには，図4-4のように，はやくても4～5年の時間が必要である。

検定の結果，産肉能力，とくに肉質の遺伝能力がすぐれているということが判明すれば，その種雄牛は十数年間にもわたって交配に用いられる。なかには，その生涯に数万頭をこえる子どもをのこし，改良に著しく貢献する種雄牛もある。

❷人工授精がひろく普及しているわが国では，99％以上の雄子牛は生後2～5か月齢で去勢されて肥育素牛にかわる。

繁殖用雌牛の一生　次ページ図4-5のように，約9か月半の妊娠期間をへて誕生した肉専用種の雌子牛は，4～6か月齢で母牛から離乳する。離乳後はしばらく生産農家で育成されたのち，はやいものでは7か月齢，おそいものでは10か月齢で，地域の

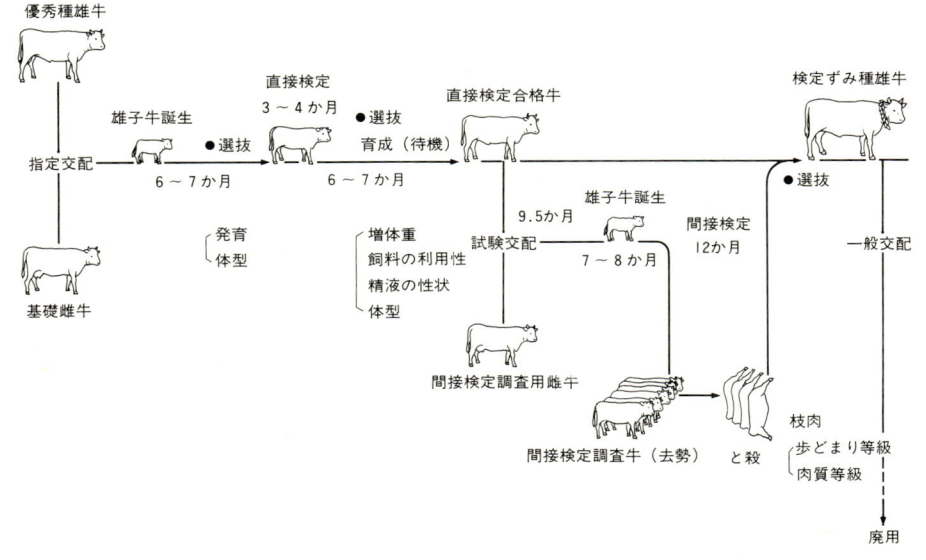

図 4-4　肉専用種種雄牛のライフサイクル（産肉能力検定のしくみ）

（農林水産省「種雄牛の後代検定事業資料」によって作成）

家畜市場に出荷されて，せりにかけられるのがふつうである。

せりで販売された雌子牛や自家保留された雌子牛は，それぞれ子牛生産用の基礎雌牛として繁殖用に育成される。一部は，肥育素牛として牛肉生産のために肥育される。

繁殖用に育成される雌牛は，約14か月齢ではじめて種付けされる。受胎に成功すると，初産まえの状態のよいときに登録検査を受ける。登録牛となった雌牛は，23〜24か月齢で初産してから，10歳くらいまで子牛生産をつづけるのがふつうであるが，なかには15産以上する雌牛も少なくない。

| 雌肥育牛の一生 | 繁殖用雌牛が老齢になったり，受胎しなくなったりすると，5〜6か月間の短期肥育をして牛肉生産にむけられる。また，高級肉と評価されている霜ふり肉を生産するために，30〜40か月齢にいたるまで，ゆっくり肥育される未経産の雌牛もいる。

いっぽう，家畜市場で去勢子牛と同じように，肥育素牛として販売され，約18〜19か月間肥育されたのち，食肉市場に出荷される雌子牛も多い。

❶うまれてくる雌牛のうち，生涯子牛を生産する機会をもつものは，30〜40％にすぎない。

❷授精ともいう。

❸牛肉の肉質は，ふつう雌牛がすぐれ，雄牛は劣るとされている。

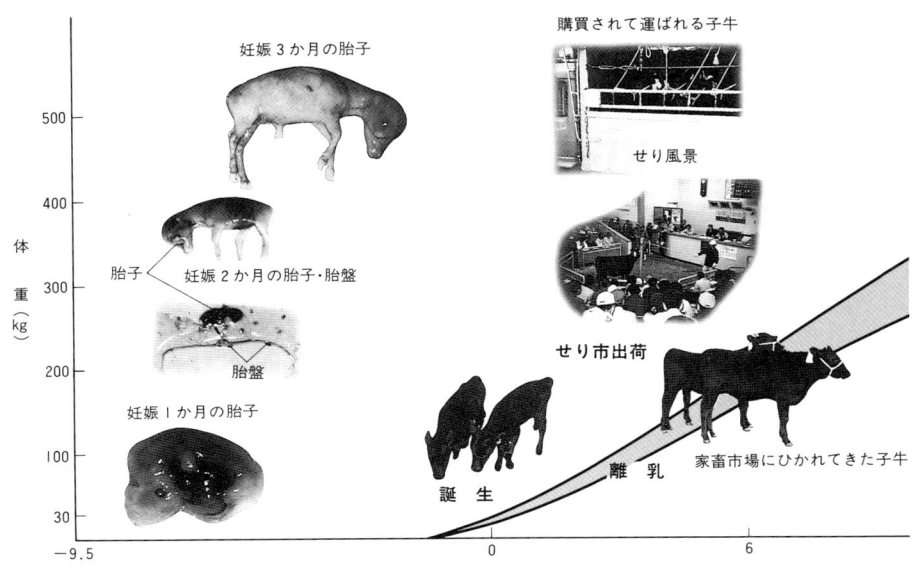

図 4-5 肉専用種雌牛の誕生から分べんまで

最近では，初産の子牛をうませながら肥育し，30か月齢をすぎてから食肉市場に出荷される，「1産どり」とよばれる肥育がひろく行われるようになっている。

去勢肥育牛の一生　種雄牛候補となった少数の雄子牛をのぞいて，去勢された雄子牛は，7〜10か月齢になると，雌子牛と同じように家畜市場に出荷され，せりにかけられて肥育素牛として系統農協や家畜商などに購買されていく。これらの肥育素牛は購買先の肥育農家や農協・民間のフィードロット❶で16〜20か月間肥育されたのち，食肉市場や食肉センターへ出荷されて，牛肉に処理される。

乳用種去勢牛の一生　乳用種の雄子牛は，生後7〜10日間初乳を飲まされたのち，酪農家から，ほ育・育成農家に売られていき，生後6〜7か月齢まで肥育素牛として育成される❷。去勢は，生後2か月齢から5か月齢のあいだに行われる。育成された去勢子牛は，家畜市場や家畜商を通して肥育農家に購買され，約13〜15か月間肥育されて，18〜20か月齢で食肉市場に出荷されるのがふつうである。

❶付加価値の大きい肉牛生産を効率よく行うようにつくられた，規模の大きい肥育場のことをいう。

❷酪農家が一貫経営として，ほ育・育成まで行うばあいもある。
また，ほ育のおわった段階で素牛育成農家に売られるばあいも多い。

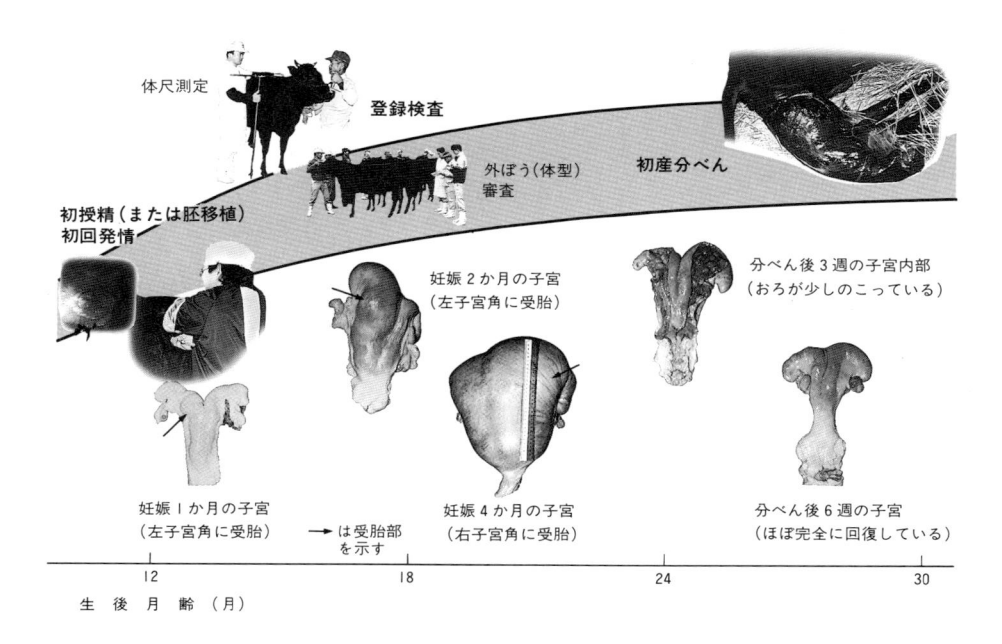

体尺測定　登録検査　外ぼう（体型）審査　初産分べん

初授精（または胚移植）
初回発情

妊娠1か月の子宮
（左子宮角に受胎）

→は受胎部を示す

妊娠2か月の子宮
（左子宮角に受胎）

妊娠4か月の子宮
（右子宮角に受胎）

分べん後3週の子宮内部
（おろが少しのこっている）

分べん後6週の子宮
（ほぼ完全に回復している）

生後月齢（月）　12　18　24　30

1　肉用牛の特性

2 ■ 肉用牛の品種と選びかた

ねらい、
- わが国の肉用牛飼育と牛肉生産の流れを理解する。
- 肉用牛のおもな品種の特徴を理解する。
- 種牛の選びかたを理解する。

1 ■ 肉用牛の歴史

役肉用牛としての和牛改良の歴史は，19世紀の中ころまでさかのぼることができるが，肉専用種として改良がすすめられ，積極的にわが国の牛肉生産に和牛がかかわるようになったのは，比較的最近のことである。また，乳用種が肉用牛の主役として登場してきたのも，わずか二十数年まえのことである（図4-6）。

| 役肉用牛から肉用牛にかわった和牛 | 昭和30年代にはいるころまで，和牛は稲作を中心とするわが国の農業をささえるのに不可欠な家畜であった。その役能力は農作業の原動力として |

❶中国地方の山間地ですぐれた雌牛（つる牛）を中心に近親繁殖が行われ，つるとよばれる優良牛の系統がつくられた。その後，明治33年（1900年）を中心に，これらの在来牛に外国種を交配して雑種をつくることによって改良しようとこころみられたが定着せず，固定化の努力がなされてきた。外国種を交配するまえの在来牛のおもかげをのこすものとして，山口県の見島で飼育されている「見島牛」が現存していて，天然記念物となっている（第4章169ページ中とびらの写真右下）。

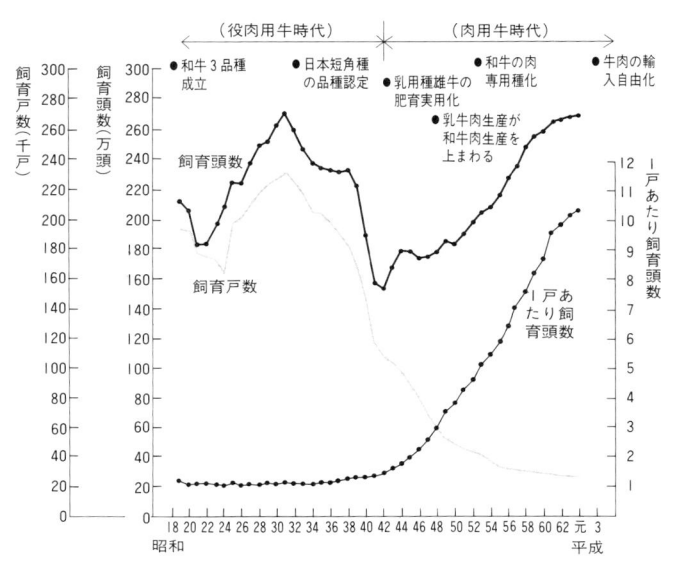

図 4-6 肉用牛の飼育戸数と飼育頭数の推移（農林水産省「第65次農林水産省統計表」などによって作成）

利用され，きゅう肥は田畑の地力の維持や改善に大きく貢献してきたばかりでなく，老齢となり農作業や子牛生産をはなれた雄牛や雌牛は，処分されて牛肉として貴重な食肉資源となっていた。

　昭和30年代にはいると，耕うん機をはじめとする農作業用動力が普及し，農業の機械化が著しくすすんだ。また，化学工業の発展にともない，化学肥料の生産と利用が急速に普及した。そのため，役利用やきゅう肥の生産を目的とする和牛飼育の意義はうすれてきた。いっぽう，当時のわが国は経済の発展期にあって，国民の所得が向上するにつれ，動物タンパク質源としての食肉に対する需要が強まり，人口の急激なのびもあって，牛肉そのものの消費も増加してきた。

　このような社会情勢に対応するために，和牛の飼育目的も役用から肉利用を第一とするようになり，和牛の肉専用種への脱皮をめざした改良の努力も強力に推進されるようになった。そして，昭和52年，肉専用種和牛が宣言され，現在にいたっている。

　なお，この間の去勢牛の若齢肥育技術の発達と普及が，この和牛の肉用牛としての位置を確固たるものにしたのである。

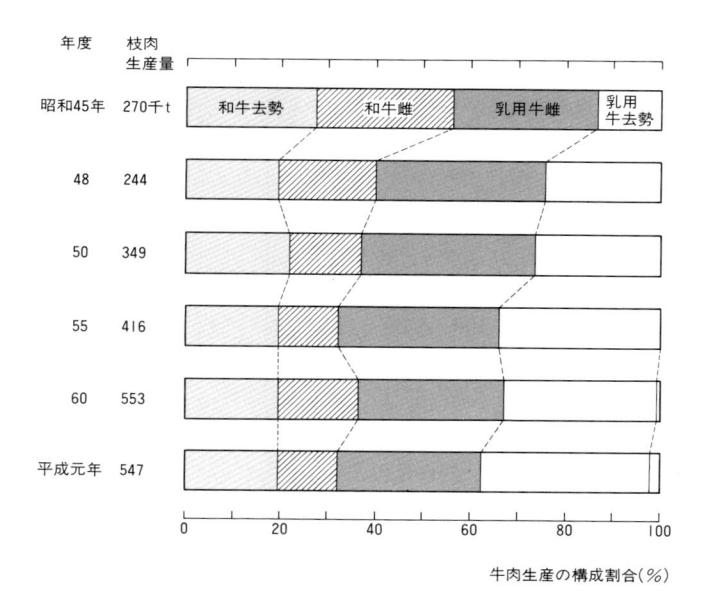

図4-7　牛肉生産の構造の変化（枝肉ベース）（農林水産省「食肉流通統計」各年次による）

乳用種雄子牛肥育の普及

わが国の肉用牛による牛肉生産を飛躍的に発展させたもう一つの流れは，昭和30年代なかばすぎから技術開発された乳用雄子牛の肥育技術の開発と普及である。それまでハムやソーセージの原料としてしか利用されなかった乳用種の雄子牛を，肥育して牛肉生産する技術がイギリスから導入され，わが国独自のほ育・育成飼料が開発されたこととあいまって，この技術は急速に全国に普及した。

そして，当時発展しつつあった酪農からの副産物として，搾乳をやめた雌牛とともに肉用牛のなかまいりするようになった結果，乳種からの牛肉生産量は，年々増加の一途をたどり，ついに昭和48年を境として，肉専用種から生産される牛肉量を上まわるようになり，今日にいたっている（前ページの図4-7）。

❶乳用雄牛が農林統計に記録されるようになったのは，昭和42年以降である。

輸入牛肉と自給率

わが国における牛肉の需要量は，平成元年度で約697千tであるが，国産牛肉の占める割合（すなわち自給率）は54％にすぎず（図4-8），不足分はおもにアメリカやオーストラリアからの輸入に依存している。なお，平成3年4月から，牛肉も輸入自由化品目となった。

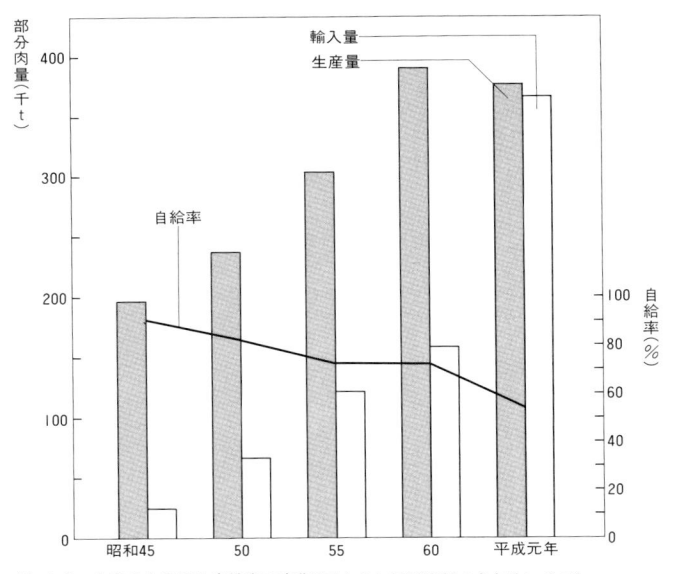

図 4-8　牛肉の生産量と自給率の変化（図4-7と同じ資料の各年次による）

2 ■ おもな品種

肉専用種「和牛」

わが国で飼育されている肉専用種には，和牛と外国種がある。和牛には黒毛和種・褐毛和種・無角和種・日本短角種の4品種がある(181ページの表4-2, 図4-9, 次ページの図4-10)。

このうち，頭数シェアの最も大きいのは**黒毛和種**で，肉専用種雌牛の約85％を占めている。黒毛和種の成雌牛の標準的な大きさは，体高129 cm, 体重540 kgである。明治時代に交雑された外国種の品種は，府県によって異なるが❶，昭和19年には一つの品種として認められ，現在は，九州・中国・東北・北海道など全国にひろく分布している。肉用牛としての体型は，前・中躯が発達しているが，後躯とくにしりの形が悪く，ももの充実を欠くという特徴がある。筋肉内に脂肪が沈着しやすく❷，その肉質のよさは世界的に有名である❸。骨格がほそいので，枝肉から売れる肉がとれる割合が高い。

褐毛和種は，俗にあか牛ともよばれ，約10％のシェアをもち，熊本・秋田・長崎・北海道・高知などの各道県で飼育されている。熊

❶ブラウンスイス種(兵庫・鳥取・島根・広島・大分・鹿児島県など)，ショートホーン種(兵庫・岡山・広島・鳥取県など)，デボン種(兵庫・岡山・島根・山口県など)。

❷脂肪交雑・さし・霜ふりなどという。この状態のよいものほど，わが国では肉質がよいとされ，高く評価される。

❸古くは，Kobe beef, 最近では，Wagyuということばが世界的に通用している。

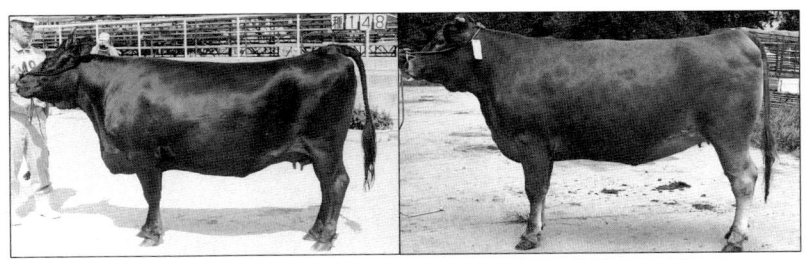

図4-9 わが国で飼育されている肉専用種(その1)(全国和牛登録協会・日本あか牛登録協会・高知大学農学部附属農場による)

黒毛和種(雌, 側望)　　褐毛和種(熊本系, 雌)
黒毛和種(雌, 後望)　　褐毛和種(高知系, 雌)

本系と高知系にわかれるが，いずれもシンメンタール種や朝鮮牛を交雑して改良をすすめてきた歴史がある。熊本系は，典型的な肉用体型をしていて，増体能力や放牧適性にすぐれている。

無角和種は，アバディーンアンガス種との交雑から出発した品種で，山口県の一部で少数飼育されている。和牛が肉専用種をめざしたころは，すぐれた増体能力によっておおいに期待されたが，昭和50年代にはいって肉質重視の時代に移行するにつれ，人気を失うことになった。

日本短角種は，東北の在来牛にショートホーン種を交雑して改良をすすめてきたものであり，品種として認められたのも他の3品種よりも約10年おそい。肉専用種雌牛のなかでのシェアは約3％で，北海道・岩手・青森・秋田県などで飼育されている。毛色は濃赤かっ色である。粗飼料の利用性が高く，泌乳能力がすぐれているので，牧野での放牧に適している。

外国産肉専用種 　昭和20年代以降，外国産の肉専用種として，イギリス原産のヘレフォード種・アバディーンアンガス種などが，そのすぐれた放牧適性を期待されながら，北海道・

無角和種（雌）　　　　　ヘレフォード種（雌）

日本短角種（雌）　　　　　アバディーンアンガス種（雌）

図 4-10　わが国で飼育されている**肉専用種**（その2）（農林水産省家畜改良センター奥羽支場および十勝支場による）

表 4-2　わが国で飼育されている肉専用種(和牛)の特徴

品種名	分布	雌牛の成熟時の目標サイズ	外ぼう	特徴
黒毛和種	わが国の肉専用種成雌牛の85%を占める。全国的に飼われていて，とくに鹿児島・宮崎県に多い。	体高：129 cm 体重：540 kg	毛は黒褐単色で，有角。	わが国の在来牛に，1900年以来約10年間，イギリス原産のショートホーン種・デボン種，スイス原産のブラウンスイス種などを交配して，その雑種を整理・固定❶した和牛である。肉質，とくに筋肉内への脂肪交雑は世界で最もすぐれている。
褐毛和種	わが国の肉専用種成雌牛の約10%を占めている。熊本・高知両県を主産地としているが，北海道や長崎・秋田の各道県に約7.2万頭飼われている。	(熊本系) 体高：130 cm 体重：600 kg (高知系) 体高：129 cm 体重：540 kg	毛は黄褐単色で，体下部四肢内側，目と鼻の周辺は淡色。鼻鏡・蹄は黒色。有角。	熊本系は，すでに渡来していた朝鮮牛にスイス原産のシンメンタール種を交雑してつくられた。強健で，環境に対応する適応性がある。ロースしん❷も大きい。部分肉の歩どまりは，かなりよい。 高知系は，朝鮮半島から渡来した在来牛にシンメンタール種を交雑したが，その後朝鮮牛を使って交雑・固定して改良された。「毛わけ」といって，角・まぶた・鼻鏡(鼻の先端)・尾などが黒色のものが好まれている。ほ育・育成期の発育がすぐれ，ロースしんも大きく，部分肉の割合も大きい。
無角和種	おもに山口県の一部に約600頭飼われている。	体高：129 cm 体重：600 kg	毛は黒色。無角。	黒毛の在来牛とイギリス原産のアバディーンアンガス種とのF_1の雄を使って，改良・固定した。近年，近親交配がすすんで繁殖性の低下や小格化が念されたことと，肉質指向の時流にそって，一部黒毛和種によって血液の更新がこころみられている。
日本短角種	岩手・秋田・青森の各県および北海道に約2.2万頭飼われている。	体高：129 cm 体重：560 kg	毛は濃赤褐単色。鼻鏡・蹄は黒色。	東北の在来種南部牛にショートホーン種を交雑したものから改良・固定された。昭和32年上記の3品種よりも13年おくれて，品種として認定された。その泌乳能力は，わが国の肉専用種のなかで最高で，1日の乳量は約10kg前後あり，他の品種よりも多い。

❶遺伝的に変化がなくなることを固定といい，これにより新しい特性をもった品種が育成される。

❷ロース肉のうち，とくに切断面の背最長筋の赤肉部分をいう。

❶このほか，肥育素牛として，マリーグレー種・リムザン種・黄牛種などが，生体輸入されて利用されている。

❷北アメリカやオーストラリアおよびECの一部では，肉専用種と乳肉兼用種の純粋種のほか，これらの純粋種間の交雑種(雑種)による牛肉生産も行われている。

❸肉質等級は5，4，3，2，1の5段階で5が最上等級である(222ページを参照)。

東北・九州など草資源の豊かな地域に導入されたが，予想されたほどには飼育頭数がのびず，現在でもそのシェアは2％未満にとどまっている❶(180ページ図4-10)。

ヘレフォード種は，赤かっ色と白のはん紋をもち，顔の白はんに特徴がある。有角と無角とがある。放牧適性はあるが，肉質がやや劣るといわれる。

アバディーンアンガス種は，黒毛の無角で，ヘレフォード種と同じように典型的な肉用体型をしている。きわめて早熟で，肉質は外国種のなかでは最もよいといわれ，わが国に輸入される高品質牛肉の生産ベースとなって注目されている。

| 乳用種 | わが国で肉用牛として飼育されている乳用種は，**ホルスタイン種**がほとんどである。 |

| 雑種の利用 | わが国の牛肉生産は，肉専用種・乳用種とともに純粋種が利用されているのがふつうであり，これ |

が外国における牛肉生産とちがう特色の一つとなっている。しかし，近年，乳牛のホルスタイン種の雌牛に黒毛和種を交配して生産した雑種F_1を肥育することが普及しつつある(図4-11)。F_1は，枝肉取引規格にもとづく格付けでは，ホルスタイン種よりも肉質等級上位❸のものの割合が高くなることが知られているためである(図4-12)。

図4-11 雑種F_1(黒毛和種の雄×ホルスタイン種の雌)

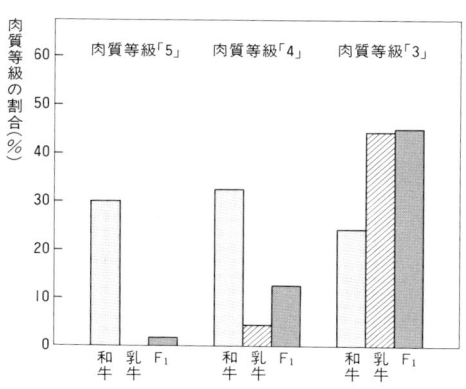

図4-12 雑種F_1の肉質評価
(日本食肉格付協会，平成2年格付結果によって作成)

3 ■ よい種牛[❶]の選びかた

肉用牛経営における改良の重要性

たとえば，肉専用種の繁殖経営を安定させるためには，図4-13の模式図のように，子牛の生産コストをさげる努力をするいっぽうで，生産物である子牛の売り上げを大きくすることが必要である。子牛の売り上げを大きくするには，市場価値の高い優良子牛を生産することが基本となる。

優良子牛の具体的な条件は，次ページ表4-3のように，いろいろある。遺伝的にすぐれた素質をもつ子牛は，遺伝的に能力や体型のすぐれた種雄牛を選び出し，これを経営内の繁殖用雌牛に交配することによってつくることができる。このように優秀な種雄牛の**選抜**と**交配**を**育種**といい[❷]，育種によってできた遺伝的にすぐれた素材を，**改善された飼育技術**によってりっぱな優良牛に育てあげていくことを**改良**という。

優秀な種牛を選ぶ手段には，**血統・外ぼう・能力**の三つがある。

[❶] 種雄牛と繁殖用雌牛を種牛という。

[❷] もちろん，交配相手の繁殖用雌牛も選抜する必要があるが，低受胎や老齢などの理由で更新するのがせいいっぱいで，能力の高い雌牛を積極的に選抜するまでにはいたっていない。しかし，最近では生産現場での肥育成績を利用して，繁殖用雌牛の産肉能力を評価するシステムが開発され，胚移植技術を利用した種雄牛づくりに使う供卵牛の選抜が行われるようになり，改良のスピードが改善されている。

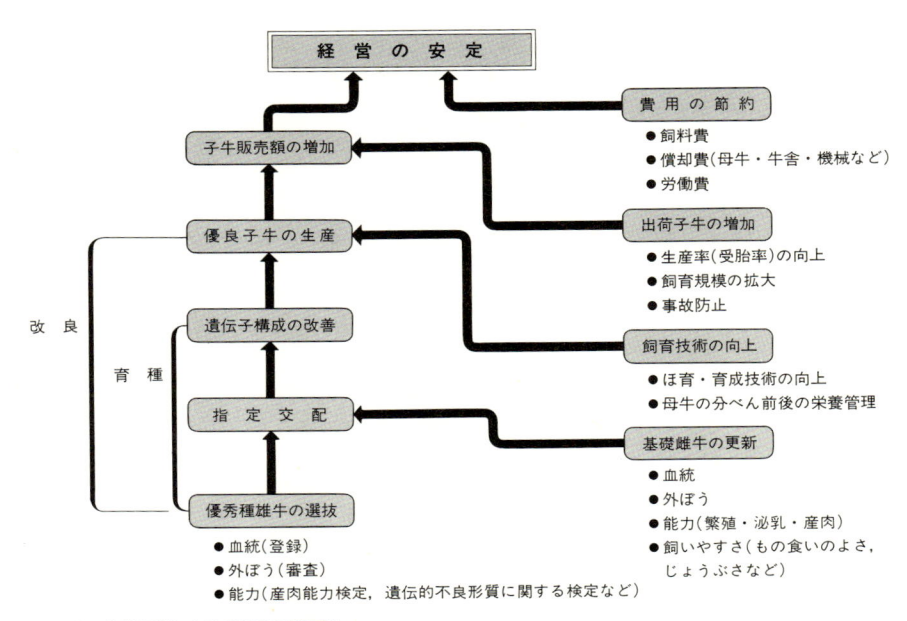

図 4-13　繁殖経営における改良の重要性

血統による選びかた

種牛の第一の条件は，父母や祖父母などの血縁関係を示す血統が明らかなことである。血統は，各品種ごとに生産者によって自主的に組織される登録協会で発行される登録証明書によって証明される。登録証明書には，その牛の3〜5代祖までの名号・登録番号のほか，おもな体測定値や繁殖・産肉能力に関する情報も記載されている。

❶父母を1代祖，祖父母を2代祖とよぶ。

どの品種でも，生後数か月以内に子牛登記を受け，将来，種牛になるものは，最初の子どもを生産するまえに正式の**登録検査**を受けることになる。

外ぼうによる選びかた

どんな家畜でも，人間が永年にわたって努力してつくりあげてきたその利用目的に最もふさわしい体型や外ぼうをそなえているのがふつうである。

種牛の体型や外ぼうの理想像を文章で表現したものを**審査標準**という。審査標準にもとづいて，一定の約束のもとに種牛を観察し，点数をつけて評価することを**審査**という。審査はふつう，登録検査のときに行われる（表4-3参照）。

❷審査標準にもとづかないで，経験やかんにもとづいて牛を評価するのは相牛という。

表4-3 優良子牛の条件

①血統	・産地として妥当な血統をもっていること。 ・産肉性のすぐれた祖先の血縁牛であること。
②発育	・月齢にみあった発育をしていること。
③健康	・外観(からだ全体，顔・被毛)から活力が感じられること。 ・下痢をしていないこと。 ・垂れ腹でないこと。 ・背をまるめていないこと。
④将来性 　(発育性)	・あしがやや長めにみえるようなもの。 ・後高となっていること。 ・飛節(186ページの図を参照)が高めのこと。 ・皮ふにゆとりがあること。 ・体幅があり，胴の深みに富むもの。 ・からだののびがあること。 ・肋ばりのよいこと。
(飼いやすさ)	・顔が面長にすぎず，頸(くび)がほそくないもの。 ・鼻孔が大きく，鼻鏡のひろいもの。 ・中軀の形状のよいもの。 ・肋の付着角度が大きく，肋間のじゅうぶんなもの。 ・蹄のがっちりしたもの。 ・目つき・挙動の温和なもの。 ・毛づやがあるもの。
(と肉性)	・被毛や皮ふのよいもの。 ・背・腰が幅ひろく，まっすぐのもの。 ・ももやしりの形のよいもの。 ・肩は厚めでがっちりしているもの。 ・骨締りのよいもの。
(種畜性)	・乳のよいもの。 ・品位のあるもの。 ・性質のよいもの。

能力による選びかた	種牛の能力を一定の条件のもとで調べて比較することを**検定**という。わが国の肉専用種では、種雄牛候補の産肉能力について調べる公式の検定がひろく行われている。産肉能力検定には、種雄牛候補自身を調査する**直接検定**[❶]と、種雄牛候補の息牛を調査する**間接検定**[❷]がある(173ページの図4-4参照)。
これからの肉用牛の育種・改良	牛肉の輸入自由化時代にはいり、わが国における肉用牛の飼育と経営がいっそう発展していくためには、肉専用種と乳用種のいかんにかかわらず、

質量ともにかねそなえ、しかもわが国の風土に適した独自の肉用牛をつくりあげていくことがたいせつである。

そのためには、現状を正しく認識したうえで、改良目標を具体的に設定し、図4-14の超音波などによる生体での肉質判定や、分割受精卵などによる優秀個体の複数生産など、いわゆる先端技術を駆使しながら、真に遺伝的にすぐれた種雄牛をより多くの雄子牛のなかから、よりはやく、しかもより正確に選抜して、これをひろく交配に供用していくことが必要である。そのいっぽうで、飼育技術の改善にも最大の努力をはらうこともたいせつである。

❶直接検定は、7～8か月齢の若雄牛を7週間、検定飼料で飼育し、その間の増体能力や飼料の利用性を調査するものである。

❷間接検定は、生体のままでは調べることのできない、枝肉の肉量や肉質などの産肉性について種雄牛候補の息牛を使って調査するものである。ふつう、7～8か月齢の去勢牛8～10頭を52週間、検定飼料で肥育したのち、と殺して調査する。後代検定ともいう。

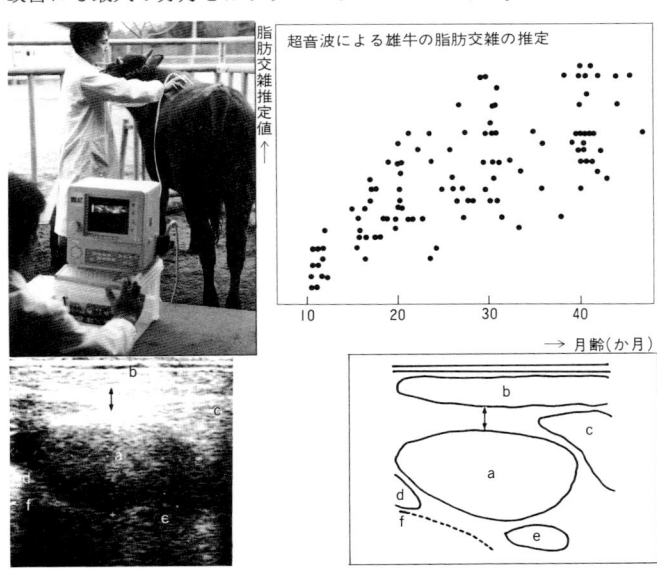

図 4-14 超音波スキャニングによる産肉能力の推定
 a 胸最長筋 b 僧帽筋 c 背棘筋 d 肋間筋 e 多裂筋 f 肋骨
 ↕胸最長筋中央部筋間脂肪厚

実習

肉用牛(繁殖用雌牛)の審査

目的
繁殖用雌牛の体型の特徴を理解し，からだ各部の測定法と審査の方法を学ぶ。

準備
成雌牛1～2頭および生後6～8か月の雌子牛，体尺計・巻尺，その品種の月齢別正常発育値・審査標準。

方法
1. 牛を正しい姿勢に保ち，体高・体長・胸囲・胸深・寛幅各部の測定を行う。
2. 審査標準を参考にして，からだ全体を観察する。つぎに，牛に近づいて各部の状態を観察したり，ふれたりして確かめてみる。
3. 2頭のばあいには，全体と各部について，よしあしを比較してみる。

❶成雌牛と雌子牛の体長・胸囲・胸深・寛幅の体高に対する比率を計算し，成長にともなうからだのつりあいの変化を数字でとらえ，さらに実際の姿を目で確認する。

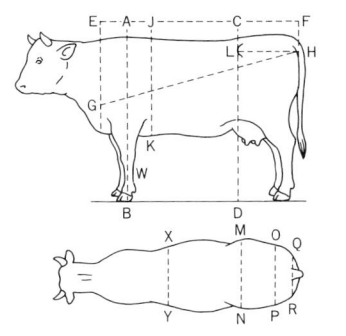

まとめ
1. からだ各部のよび名をおぼえる。
2. 体高を正常発育値とくらべてみて，その雌牛の発育のよしあしを判断する。審査標準の各項目にしるされている表現と，成雌牛の実際とを比較して，どの項目がどのくらい不満足かを話しあってまとめる（減率をつけて採点する）。

AB…体高　JK…胸深　OP…寛幅　CD…十字部高
LH…尻長　QR…坐骨幅　EF…体長(水平長)
XY…胸幅　W…管囲　GH…体長(斜長)　MN…腰角幅
胸囲は胸深の測定をしたところを巻尺をまいてはかる。

牛体の測定部位　　　　　　　　　　牛体各部位のよびかた

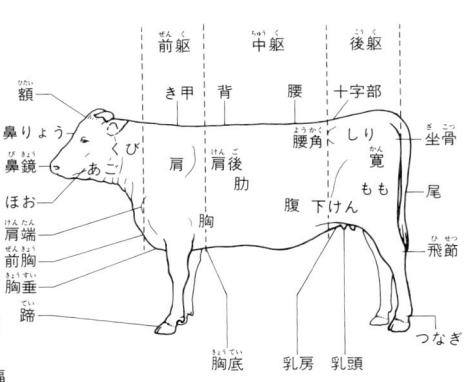

3 ■ 繁殖と育成

|ねらい| ● 肉専用種の繁殖に関する基礎知識を理解する。
● 子牛のほ育と育成の要点を理解する。
● ほ育・育成牛の一般管理技術を身につける。

1 ■ 繁殖❶

|繁殖適齢| 肉専用種の雌子牛が成長して性的に成熟すると，発情する。これを**初回発情**といい，和牛では平均10か月齢で観察される。栄養条件がよく，発育のよい雌子牛ほど初回発情がはやい。

初回発情では，まだからだの骨組，とくに骨盤の成熟がふじゅうぶんなので，交配はしない。初交配のめやすは，体高118〜120 cm，体重330〜360 kgに到達したとき，黒毛和種では13〜14か月齢である。

|発情徴候と発情周期| **発情のみわけかた**❸ 発情のみわけかたは，乳牛とまったくかわらない。発情を確かめるのは飼育者の熱意と技術によるので，自分の牛をふだんからよく観察し，なる

❶肉用牛の繁殖の特徴は，乳牛と共通していることが多いので，第3章を参照しながら学ぶとよい。

❷性成熟という。ふつう初回発情をさす。

❸肉専用種では，運動場でののりあいのようすをみて，発情をみつけるばあいが多い。

図 4-15　運動場での発情行動
　ある雌牛が発情すると，まず雄子牛が発情牛のあとを追い，のりかかろうとする(図左)。つづいて，発情牛と非発情牛が交互にのりかかろうとするが，どちらもきらってにげる。さらに時間が経過すると，発情牛は他の牛にのられてもじっと動かず，交尾をゆるす態度を示す(図右)。この時期が授精の適期である。

❶肛門から手をいれて直腸壁を通して、卵巣の状態や胎子の存在を調べる技術をいう。

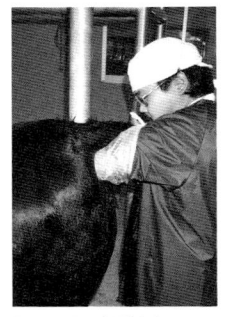

図 4-16　直腸検査

❷平成6年4月1日に授精し妊娠が確認された雌牛の出産予定日は、平成7年1月11日となる。平成6年1月25日の授精であれば、同年11月5日となる。

べくはやく発見することがたいせつである。

発情は16〜26時間，平均24時間つづく。また，発情は約21日の周期（発情周期という）で，雌牛が授精されて受胎するまでくりかえされる。

授精の適期　発情の中期から末期に授精するのが最も受胎しやすい。ふつうは，朝発情を発見したら，その日の午後か夕方に授精する。午後発情を発見したら，翌朝授精するのが原則である。第3章の表3-9(123ページ)，前ページの図4-15を参考にして，適期にこころがける。和牛の初回授精の受胎率は，55〜65％である。

妊娠の確認と妊娠期間　発情中に授精してから，つぎの発情予定日に発情がなく，つづいて1〜2回発情がなければ，妊娠したと考えてよい。妊娠の確認は，授精師や獣医師の直腸検査❶（図4-16）によって行う。最近は，超音波を利用して早期に確実に妊娠診断を行うこともできる（125ページを参照）。

和牛の妊娠期間は約285日である。分べん予定日は交配した月の数から3をひき，交配日の数に10を加えて求める。❷

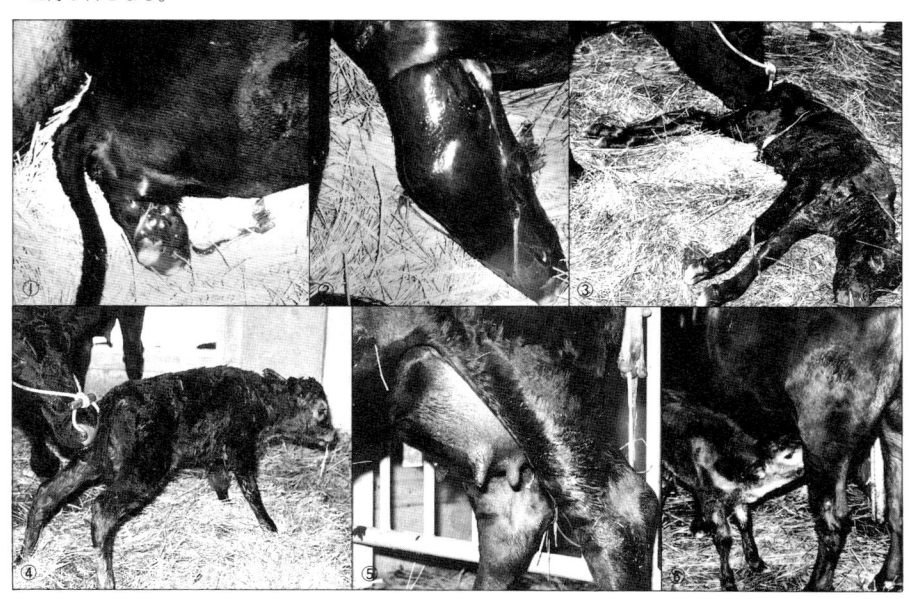

図 4-17　分べんの経過

妊娠牛の飼いかた

妊娠が確認されたら，胎子の発育は，174ページ図4-5のように妊娠初期から急速にすすむので，母牛にはタンパク質やミネラル・ビタミンの補給に気をつける。また，妊娠末期には胎子の重量が急に大きくなるので，出産まえの2〜3か月間は，増し飼いによるエネルギーの補給が必要である。❶

妊娠牛は，母性本能から積極的に飼料を摂取するようになるので，それを見守るような姿勢で栄養管理をすればよい。

出産時の母牛と子牛の管理

妊娠牛の管理上最もたいせつなことは，出産前後の事故がおこらないように注意することである。❷

出産予定日の1〜2週間まえから単房の分べん室に移し，敷き料を多めにいれてやる。

分べんは，陣痛の開始，破水，胎子のべん出（図4-17の①，②，③）とつづき，子牛の起立，初ほ乳（図4-17の④，⑤，⑥）で完了する。和牛では，陣痛から分べんまで2〜4時間かかる。そして，分べん後2〜3時間で胎盤がべん出される。❸

分べん後，子牛の起立と初ほ乳を確認することがたいせつである。❹

分べん後3〜4時間で胎盤がべん出されるので，母牛がこれを食

❶胎子の日齢と重さ
（黒毛和種の雄の一例）

57日齢	0.8 g
70	290 g
132	1.2 kg
167	4.3 kg
201	8.0 kg
220	13.0 kg

❷繁殖経営では，子牛の生産と販売が目的であるので，授精と出産には最大限の気くばりがたいせつである。

❸これを後産といい，4〜6 kgある。

❹初産牛や神経質な母牛のなかには，子牛をきらって乳を飲ませないものもいる。

表4-4　1年1産への努力

①	発情発見率の向上	・発情予定牛の観察回数をふやす。 ・繁殖記録を黒板に書きつける。 ・いろいろな発情徴候の観察 ・牛舎を明るくする。	②	適期授精の徹底	・1頭ごとのくせをつかむ。 ・授精師への連絡をはやめにする。
③	適切な飼育管理	・分べん前後の栄養管理 ・適度な運動と日光浴 ・子牛の早期離乳	④	病気の早期発見と治療	・授精後3か月以内の妊娠診断 ・かわったようすはすぐに獣医師へ
⑤	事故発生の予防	・妊娠末期は単房へ ・危険な箇所の早期点検	⑥	経営者意識の自覚	・発情みのがしの損 ・牛飼いに情熱を ・愛情を牛に

（優良経営者の実践メモによって作成）

❶後産停滞は、繁殖障害と低受胎のきっかけとなるので、後産のべん出をしっかり確認しなければならない。

❷出産後すぐに子牛を離乳すると、発情ははやくもどるが、子宮の回復はおくれる。これは子牛による吸乳刺激がなくなるためと考えられている。

❸免疫グロブリン。

べないように、とりのぞいておくのがよい。

　破水してから2時間以上経過しても胎子がべん出しないばあいには、獣医師に相談しながら助産の処置をとる必要がある。

| 出産後の発情回帰 | 母牛の卵巣機能が回復し、はっきりした発情がふたたびみられるようになるのは、20〜70日、平均48日である。子宮が収縮し、すっかり回復するのは、出産後50〜60日かかる。

| 1年1産への努力 | 繁殖用雌牛の1年1産は、繁殖経営の成否を決める重要な課題である。前ページの表4-4に、1年1産を実践している優良経営者のメモをまとめて示した。

　分べん間隔の現状は、390〜400日で、1年1産への道はまだ遠い。

2 ■ 子牛の育成

| 新生子牛の管理 | 子牛は、うまれてから1時間くらいまでに、自分で起立して母牛の乳をさがして飲む。子牛が誕生後7〜10日のあいだに飲む乳を初乳という。初乳は、表4-5のように、免疫タンパク質を含んでいて、子牛はこれを飲むことによって

表 4-5　和牛の初乳の成分組成

区分	全固形分(%)	脂肪(%)	タンパク質(%)	グロブリン態タンパク質(%)	乳糖(%)	灰分(%)
初乳	27.6	3.5	22.5	16.4	1.1	0.5
常乳	11.9	2.7	4.1	0.9	4.3	0.8

（久馬ほか「東北農試研報　52」1976年による）

図 4-18　三つ子(左)と早期離乳にともなう人工ほ育(右)

外界や病気に対する抵抗力をつけることができる。したがって，新生子牛を育てる第一の要点は，この初乳をしっかり飲ませることである。❶

誕生直後の子牛は，寒さや風など外部環境や病気に対する抵抗性が小さいので，分べん房をつねに清潔に，暖かく，しかも乾燥させることがたいせつである。とくに生後2か月くらいまでは，下痢をはじめとする消化器病や感冒・肺炎などの呼吸器病にかかりやすいので，つねに子牛の活力やしりの汚れなどに注意することが第二の要点となる。

多胎出産による早期離乳のばあいには，分べん後できるだけはやく人工ほ乳させるのがよい(図4-18)。

ほ乳子牛の別飼い 子牛を順調に発育させるためには，発育に必要な養分量をきちんととらせることがたいせつである。子牛が良好な発育をするために必要な養分量と，母乳からとる養分量との関係を模式的に示すと，図4-19のとおりである。

日本短角種をのぞく肉専用種では，母牛の乳量は5～6 kgで少ないので，多くのばあい母乳だけで養分がたりるのは生後1か月くらいまでで，その後は不足分を消化のよい飼料で補ってやらなければ

❶乳用種雄子牛も7～10日間初乳を飲ませてから離乳するのは，このためである。

❷品種と最高乳量(日量)

黒毛和種	6～7 kg
褐毛和種	6～7 kg
日本短角種	10～11 kg

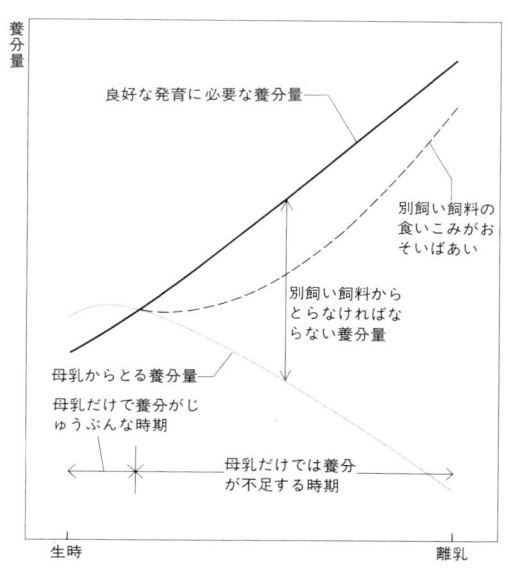

図4-19　良好な発育に必要な養分量と母乳からとる養分量との関係

図4-20　別飼い施設で採食中の子牛

ならない。これを**別飼い**といい，その飼料を別飼飼料という。

別飼飼料としては，良質の牧乾草や子牛の成長に必要な養分をバランスよく含ませた高タンパク質の子牛用配合飼料を与える。子牛は誕生してから3週間もすると，母乳以外に母牛の飼料や敷き料のわらを食べはじめるが，積極的に別飼飼料をとるようになるのは，2か月齢以降である。したがって，子牛がおちついて食べたり，休息したりすることができる別飼い施設が必要である(前ページの図4-20)。

❶別飼いは子牛の月齢，大きさや性によって2～3のグループにわけて行うとよい。

和牛ほ乳子牛への飼料給与例を示すと，表4-6のとおりである。

子牛のほ乳期は，牛の消化器の特徴である第一胃が発達する時期にあたる(表4-7)。将来，繁殖用雌牛や肥育牛となって能力をじゅうぶんに発揮させるためにも，このほ乳期に第一胃をしっかり発達させることがたいせつである。そのためには，良質の牧乾草など繊維性の飼料を食べさせることが必要である。

子牛の成長は，生後2～3か月齢までは，母牛からのほ乳量と，その後は別飼飼料の摂取量と密接な関係をもつ。発育の良好な子牛

表4-6　子牛に対する飼料の給与例

(a) 雌子牛のばあい

区分		月齢別飼料給与量 (kg)				日数(日)	1頭あたり総与量(kg)	養分摂取量 (kg)		
		1～2	3	4	5			DM	DCP	TDN
乾草		0.2	0.5	1.0		110	55.8	46.8	3.4	28.6
濃厚飼料		0.2	0.7	1.7	1.9	110	116.5	102.6	15.5	85.1
ほ乳		6.7	6.7	5.1	5.1	141	863.0	124.3	32.8	167.4
1日あたり養分摂取量	DM	0.3	1.0	1.9	2.5			149.4 (273.7)	18.9 (51.7)	113.7 (281.1)
	DCP	0.04	0.13	0.26	0.31					
	TDN	0.25	0.77	1.49	1.90					

(b) 雄子牛のばあい

区分		月齢別飼料給与量 (kg)				日数(日)	1頭あたり総与量(kg)	養分摂取量 (kg)		
		1～2	3	4	5			DM	DCP	TDN
乾草		0.2	0.5	1.0	1.5	110	81.3	68.1	4.9	41.6
濃厚飼料		0.4	1.4	2.2	2.5	110	170.0	149.5	22.6	124.0
ほ乳		6.7	6.7	5.1	5.1	141	863.0	124.3	32.8	167.4
1日あたり養分摂取量	DM	0.5	1.7	2.8	3.5			217.6 (341.9)	27.5 (60.3)	165.6 (333.0)
	DCP	0.07	0.21	0.36	0.43					
	TDN	0.39	1.28	2.12	2.60					

注1. 給与量は1日1頭あたり (kg)。
　2. ( )は，ほ乳を含む量。
　3. DMとあるのは，乾物量のことである。
(農林水産省中国農業試験場「中国山間地帯における肉用牛生産の手びき」による)

表4-7　子牛の第一胃の発達

	第一・二胃 (反すう胃)	第三・四胃	反すう胃の成牛に対する大きさ比
生時	0.25 *l* (42%)	0.34 *l* (58%)	0.3%
10日	0.65 *l* (68%)	0.31 *l* (32%)	0.8%
3か月	4.7 *l* (75%)	1.6 *l* (25%)	6 %
6か月	27.2 *l* (88%)	3.8 *l* (12%)	35 %
成牛	78 *l* (93%)	6 *l* (7%)	100 %

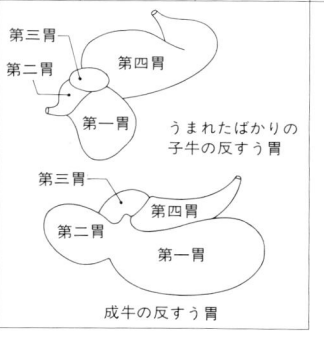

注. かっこ内の数値は，全胃に対する割合を示す。
(全国和牛登録協会「和牛百科図説」による)

を育てるためには，母牛の乳量を多くすることと（図 4-21），子牛の別飼飼料の食いこみをよくすることが要点となる。

除角・去勢と離乳

ほ乳子牛のおもな管理としては，除角・去勢・離乳がある❶（図 4-22(a), (c)）。

除角は，単房やつなぎ式で舎飼いするばあいには行わないが，群飼で多頭飼育するばあいには，牛どうしの争いをなくし，おちついて採食させるのに重要な管理技術の一つである。将来，自家牛としたり❷，一貫経営での肥育素牛とするばあいには，生後1週間したら焼きごてで焼き切るのが簡単である。

雄子牛は，ふつう2〜5か月齢で去勢する。去勢の目的の第一は，肉質の改善であり❸，第二は性質の温順化である。子牛の発育がおくれているばあいには，去勢時期をおくらせるとよい。一般に，去勢は無血去勢器を使って行う。

子牛の離乳は，ふつう生後4〜6か月で行う。母牛の乳量が少ないときには，はやめに離乳して育成に移るのがよい。母牛からはなされた子牛は，1〜2日間は母牛を求めてしきりに鳴き，興奮するので，子牛房の戸締りをしっかりして，とび出さないようにする必要がある❹。

❶このほか，耳標のとりつけ（図 4-23(b)），ワクチン注射などがある。

❷自家保留牛ともいう。

❸雌にくらべて，肉がやわらかくなり，脂肪交雑がはいりやすい。

❹放牧場で離乳して，子牛を母牛からはなして飼うばあいには，母牛が子牛を求めて脱さくすることがあるので，じゅうぶんに注意して事故のないようにする。

図 4-21 ほ乳中の母子牛
（高知大学附属農場による）

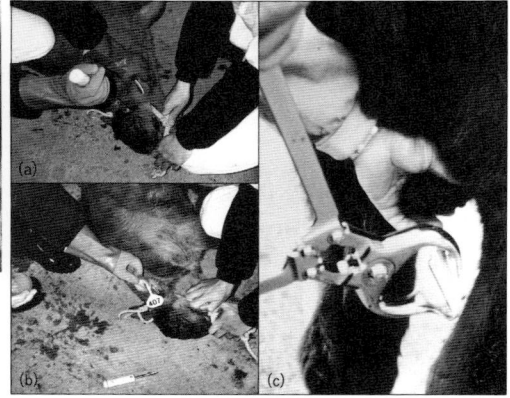

図 4-22 子牛の除角(a)，耳標のとりつけ(b)および去勢(c)
（農林水産省中国農業試験場畜産部による）

| 離乳からせ
り市出荷ま
での管理 | 離乳後の子牛は，性ごとにわけて飼う。この時期は，家畜市場に出荷する商品として子牛を育てる時期である。月齢にみあった発育をするように， |

飼養標準を参考にしながら飼料の給与量を決め，その量をきちんと食べさせることがたいせつである。表 4-8 は，標準的な発育をしている雌牛の給与例である。

　家畜市場への出荷月齢は，はやいもので 7～8 か月齢，おそいもので 9～10 か月齢である。出荷まえには，からだにブラッシングをしてみがいたり，削蹄をして，蹄の形や肢勢(しせい)をととのえておくこともたいせつである。

　この時期の子牛は，日光浴や運動をじゅうぶんにさせることが必要で，これによって活力と強い足腰をきたえることになり，繁殖用雌牛としては多産にたえる骨組を，また肥育牛としては 600 kg 以上の体重をささえる肢蹄をつくる土台ができるのである。

　家畜市場での子牛価格は，子牛の需給関係・血統・体型のほか，発育のよしあしによって総合的に決められる。

表 4-8　離乳からせり市出荷までの子牛の飼料給与例

(a) 雌子牛のばあい

区分		月齢別飼料給与量 (kg)				日数 (日)	1頭あたり給与量 (kg)	養分摂取量 (kg)		
		4	5	6	7			DM	DCP	TDN
乾草		1.5		1.5		102	153	128.2	9.2	78.3
濃厚飼料		3.2	3.2	3.5	3.9	102	357	314.2	47.5	260.7
稲わら					0.5	61	31	27.0	0.3	11.7
1日あたり養分摂取量	DM	4.1	4.1	4.4	4.7			469.4	57.0	350.7
	DCP	0.51	0.51	0.56	0.61					
	TDN	3.10	3.10	3.51	3.80					

(b) 去勢牛のばあい

区分		月齢別飼料給与量 (kg)				日数 (日)	1頭あたり給与量 (kg)	養分摂取量 (kg)		
		4	5	6	7			DM	DCP	TDN
乾草		1.5		1.5		102	153	128.2	9.2	78.3
濃厚飼料		3.5	3.5	3.7	3.9	102	376	330.9	50.0	274.0
稲わら					0.5	61	31	27.0	0.3	11.7
1日あたり養分摂取量	DM	4.3	4.3	4.6	4.7			486.1	59.5	364.0
	DCP	0.55	0.55	0.58	0.61					
	TDN	3.32	3.32	3.66	3.80					

注. 給与量は，1日1頭あたり (kg)。

(表 4-6 と同じ資料による)

実習

肉用牛の去勢

目的
去勢が肉質や管理にどのように影響するかを理解し、去勢が正しくできる技術を身につける。

準備
生後2～5か月齢の雄子牛、無血去勢器・ロープ・保定わく。

方法
1. 1人が、保定わくに子牛をロープで保定する。
2. 1人が、子牛のうしろから精巣を下にしごくようにしてにぎり、もう1人が、去勢器のすべりどめの突起のついた歯を下にして去勢器をもち、片方の精索を軽くはさむ。精索のはさみを確認後、去勢器を月齢に応じて1～2分間力いっぱい締める。❶
3. 同様にして、反対側の精索を去勢器ではさんでつぶす。
4. 去勢器をはずしてから、おしつぶした箇所のようすを確認する。
5. 子牛の月齢がすすむと、子牛の保定にも、去勢器をはさむことにもかなりの力を必要とするので、神経を集中して行うとよい。

❶子牛はうしろあしをまげてすわりこんでしまうばあいが多いので、保定するときの頭の位置に注意する。

まとめ
1. 去勢の利点についてまとめる。
2. 去勢の方法で注意しなければならない点をまとめる。

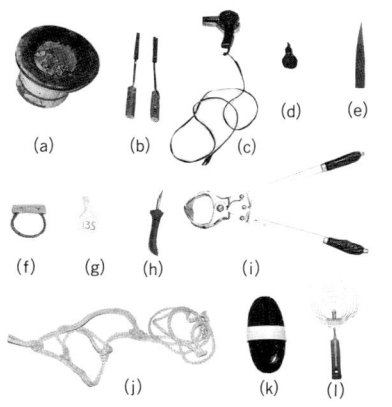

牛の管理道具（その1）
(a)コンロ (b)焼きごて (c)ドライヤー (d)ヨードチンキ用スポイト (e)鼻通し（木製） (f)鼻環 (g)耳標 (h)耳標通し (i)無血去勢器 (j)無口（おもがた） (k)毛ブラシ (l)金ブラシ

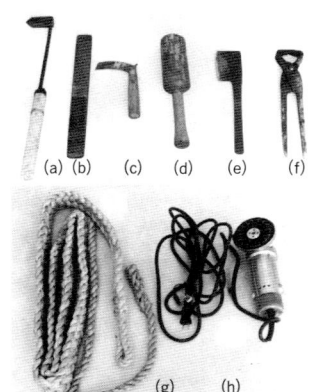

牛の管理道具（その2）
(a)止血用焼きごて (b)やすり (c)削蹄がま (d)木づち (e)削蹄用なた (f)つめ切り (g)平打ちなわ (h)電気削蹄器

❶家畜市場と同意。
❷クレゾール消毒液にひたした布切れで，四肢・尾・しりなどを軽くふき，蹄には消毒液を直接かけておく。

繁殖用育成雌牛の飼いかた

せり市❶で購入して導入した雌子牛は，牛舎にいれるまえに消毒❷する。牛房内には敷き料をじゅうぶんおき，水と少量の良質乾草を与えて休養させる。翌日からは，購買先の飼育環境を配慮しながら，少しずつ自分のところの飼料にならしていく。自家保留の雌子牛のばあいには，このような配慮はいらないので有利である。

新しい環境になれてきたら，鼻環を通し，ほお綱をつけると，その後の管理に便利である。

導入牛は，ちょうど初回発情をむかえる月齢になっているので，発情発見に注意し，発情したら初回授精まで記録をつけたり，発情徴候のくせを観察するようにするとよい。

共進会（図4-23）や品評会に出品するばあいには，ふだんの手いれや削蹄のほか，調教をすることも必要である（図4-24，25）。

育成牛の飼料給与は，飼養標準（241ページ付表）を参考にして行えばよいが，できるだけ粗飼料を多く与えて，食欲の旺盛な牛にすることがたいせつである。

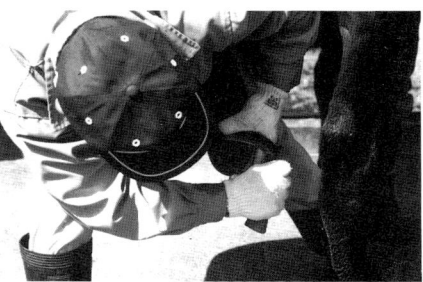

図 4-23 肉専用種の共進会

図 4-24 育成牛の削蹄

図 4-25 育成牛の調教

実習

牛の削蹄

目的
牛の蹄の構造と削蹄の必要性について理解し，削蹄ができる技術を養う。

準備
蹄がのびた子牛および成牛，保定わく・削蹄用具・平打ちなわ。

方法
1. **削蹄回数** 蹄は1か月に6mmほどのびるが，飼育方式によって，摩耗(まもう)の程度が異なるので，削蹄回数は一定ではない。舎飼いで，子牛は年3回，育成牛・成牛および肥育牛は2回くらい行うとよい。
2. **牛の保定法** 子牛は保定わくを用いず，牛のあしをもちあげ，人のもものうえでささえながら削蹄する。成牛は，前肢は子牛と同様にして行うが，後肢は保定わくの後柱に平打ちなわで保定して削蹄する。
3. **削蹄法** 蹄がのびすぎているときは，その部分に削蹄刀をおき，木製つちでたたいて切り落とし，形をととのえる。ついで，削蹄がまで内外蹄の接地面が同じになるように蹄の底を削り，やすりをかける。

まとめ
牛の前後の正常な蹄を，図に描いてみる。また，削蹄のまえとあとの蹄の状態と牛の歩きかたを観察し，正しく削蹄が行われたかを調べてみる。

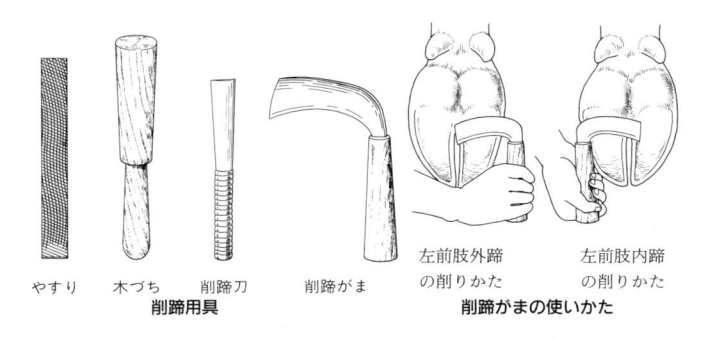

やすり	木づち	削蹄刀	削蹄がま	左前肢外蹄の削りかた	左前肢内蹄の削りかた
削蹄用具				**削蹄がまの使いかた**	

削蹄用具と削蹄がまの使いかた

4 ■ 肥育

> **ねらい**
> - 成長と産肉の基本的な原理を理解する。
> - 肥育の種類と肥育の方法を理解する。
> - 乳用種去勢牛の肥育の基本を理解する。

1 ■ 肉用牛の肥育

肉用牛飼育の最終目的は，牛肉の生産である。導入あるいは保留した子牛に，成長過程や体重に応じた適正な養分要求量を満たす飼料を給与し，肉量の増加と肉質の改善をはかることを**肥育**といい，肥育中または肥育のおわった牛を**肥育牛**または**肉牛**という。

飼料の消化と維持・生産のエネルギー　反すう胃（ルーメン）をもつ牛では，飼料中のデンプンやセルロースなどの炭水化物は，ルーメン内の微生物によって揮発性脂肪酸❷に分解され，ルーメン壁から吸収されて，からだの維持や肉生産のエネルギー源として利用されたり，貯蔵脂肪❸の合成に利用される。飼料中のタンパク質は，ルーメン微生物によりアミノ酸などに分解される❹❺。分解されたアミノ酸は，微生物体タンパク質に合成され，これが第四胃および小腸で消化・吸収されて，体タンパク質に合成される。

成長の原理　子牛の体重は，ゆるいS字状の成長曲線を描きながら成長して成熟値に近づく（174ページの図4-5

❶肥育をおえることを，仕上げるともいう。

❷酢酸・プロピオン酸・酪酸。

❸内臓脂肪・筋間脂肪・皮下脂肪など。

❹ペプチドやアンモニア。

❺タンパク質の一部は微生物によって分解されることなく，そのままルーメンを通過して，第四胃以降で消化・吸収される。

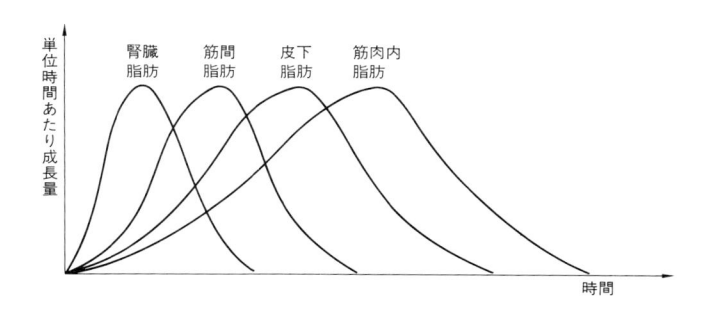

図 4-26　脂肪の種類と成長（蓄積）順序の模式図

（ハモンド，1955年によって作成）

参照)。子牛や肥育牛のからだを構成するおもな組織である骨・筋肉・脂肪の成長を調べてみると，172ページの図4-3の右図に示したように，肥育の前半における肥育素牛の組織成長量は，筋肉が最も大きく，ついで骨が大きく，脂肪は小さい。肥育の後半にはいって，体重増加がにぶるころから，脂肪の成長が大きくなってくるが，筋肉と骨もひきつづき成長をつづける。

肥育素牛が成長するにつれて，増体分中の水分含量はしだいに減少し，タンパク質含量はやや減少し，脂肪含量が明らかに増加する。素牛の成長は飼料の栄養水準によっても影響を受け，高栄養下では成長ははやく，増体分中の脂肪含量がふえてエネルギー含量も高くなる。

いっぽう，牛のからだに貯蔵される脂肪は，図4-26のように，腎臓脂肪のような内臓器官の周囲につく脂肪が最もはやく蓄積する。わが国における牛肉の肉質評価にあたって，最も重視される筋肉内脂肪(**脂肪交雑**という)の蓄積は，ふつう皮下脂肪の蓄積よりもおくれ，和牛では16か月齢ころから明らかに確認されるようになる(185ページの図4-14参照)。

したがって，脂肪交雑のすぐれた高品質の牛肉生産を行うばあいには，肥育の前半は良質の粗飼料を中心にして，骨格や筋肉の発達をうながし，後半はエネルギー含量の高い濃厚飼料を主とした飼料給与が効果的である。

| **遺伝と環境の影響** | 肥育牛の体重増加や脂肪交雑などの**形質**のあらわれかたは，遺伝と環境の影響を受ける。形質のあ |

❶脂肪は約9 kcalのエネルギーを生産するが，これは炭水化物の4.2 kcal，タンパク質の5.6 kcalの2倍も多い。

❷俗にさしともいい，これが多いものは，霜ふり肉といって高級牛肉として高く評価される。

❸観察や測定の対象となる生物の性質や能力を形質という。

表 4-9 和牛のおもな産肉形質の遺伝率 (%)

出生時の体重	30～50
離乳時の体重	20～40
肥育中の増体量	20～40
肥育終了時の体重	40～60
枝肉の重量	40～60
枝肉歩どまり	40～50
ロースしんの面積	40～60
脂肪交雑	30～50
背脂肪の厚さ	20～60
ばらの厚み	30～40
推定歩どまり	30～40

(全国和牛登録協会「和牛百科図説」1987年度などによって作成)

らわれかたが遺伝によって影響を受ける割合を**遺伝率**といい，表4-9に示すように，その大きさは形質によってちがう。したがって，肉量・肉質にすぐれた肉牛を生産するには，①肉量や肉質について遺伝的能力のある素牛を選ぶこと，②この素牛を成長の原理に適した栄養管理をこころがけながら飼育することが要点となる。

2 ■ 肉用牛肥育の方法

| 肥育の種類と選択 | 肉用牛の肥育は，肉専用種と乳用種のちがいをはじめ，使用する素牛の性・年齢・肥育期間などに

よって表4-10のように分類されるが，それぞれの地域や経営条件に最も適した肥育方法を単独または組み合わせて選ぶのがよい。

肥育期間も，素牛の素質・大きさ・肥えぐあい・性・年齢，目的とする牛肉の種類などによってちがいがあるが，それぞれの標準的な肥育期間と出荷時の体重は，表4-10に示すとおりである。

3 ■ 素牛の選びかた

肥育牛の生産技術のうち，素牛の導入は仕上げた肥育牛の販売と

表4-10 肉用牛の肥育の分類

性別	肥育の種類	素牛の種類と体重(kg)	肥育期間(月)	仕上げ時の標準体重(kg)	1日あたり増体量*(kg)	特　徴
肉専用種（和牛）雌牛	理想肥育	未経産または1産のもの（2～3歳）370～420	10～12	600以上	0.6	肉質が最高の牛肉を生産する肥育である。素牛の選定と飼育に経験が必要である。
	普通肥育	2～3産のもの（5～6歳）370～420	5～6	540以上	0.9	繁殖成績のよくない牛を肥育する。素牛の入手も容易で，牛の回転がはやい。
肉専用種（和牛）去勢牛	理想肥育	生後7～8か月のもの220～250	20～23	700以上	0.7	雌牛の理想肥育に劣らない上質肉を生産する。
	壮齢肥育	1.5～2歳のもの370～400	5～6	560以上	1.0	肉質は並肉であるが，1日の増体量が大きい。最近では，素牛の入手が困難になっている。
	若齢肥育	生後7～10か月のもの180～240	16～18	600以上	0.8	素牛の入手が容易で，飼料効率は高く，枝肉の大きさも手ごろである。多頭飼育に適する。
乳用種去勢牛肥育		生後6～7か月のもの200～250	12～13	650以上	1.1	増体はきわめてよい。肉質は和牛よりも劣るが，飼料の利用性に富み，多頭飼育が容易である。
		生後1週間以上のもの45	18～20		1.1	

注．＊肥育期間中の増体量／肥育日数。

ともに最も重要なものである。子牛生産者の立場からみた，好ましい子牛の条件は，すでに184ページの表4-3で学んだ。しかし，肥育する者の立場からみると，このような条件をすべて満たすような子牛は高価であり，特別にすぐれた肥育技術をもっていないと素牛として選んで導入してみても採算がとれないばあいが多い。

どんな素牛を選ぶかは，経営のなかで扱う肥育の種類，生産しようとする牛肉の種類，家畜市場の相場などのほか，導入資金の大きさによって総合的に判断して行うのがよい。基本的には，自分のもっている肥育技術で付加価値をつけることができるような，飼いやすい子牛を選ぶのが賢明である（図4-27）。

4 ■ 肥育の方法

| 基本的な肥育パターン | 若齢肥育のばあいの肥育のしかたの基本は，つぎのとおりである。肥育の前半は，いろいろな飼育環境で育った素牛を新しい飼育環境や飼料にはやくなれさせること，骨格と筋肉の発育をよくし，胃袋を大きくすることを目的として高タンパク質の肥育前期用配合飼料を与えること，良質な粗飼料をじゅうぶんに食べさせることである。

肥育の後半には，筋肉の発育をうながして肉づきをよくするほか，脂肪蓄積をうながして肉質の改善をはかることを目的として，粗飼料の給与をおさえ，高エネルギーの配合飼料を主とした給与を行う

図 4-27　発育のよい肥育素牛
　　　　（左）　去勢　　（右）　雌

のが一般的である。

肥育飼料の選択　肥育飼料の給与量のめやすは，飼養標準によって示されているが，実際に給与する飼料の種類と配合や組み合わせは，それぞれの経営によって異なる（表4-11）。

粗飼料としては，飼料作物や牧草の青刈り・乾草・サイレージを生産して給与するのがのぞましいが，実際の肥育経営では粗飼料の生産基盤が小さいので，購入稲わらや乾草を給与する例が多い。

濃厚飼料も市販の配合飼料だけでなく，これに単味飼料を加えたり，独自に単味飼料を配合して給与するばあいも多い。とくに肉質が重視される肉専用種の肥育では，脂肪の色や質が給与飼料の影響を受けやすい。

表 4-11　肉専用種去勢肥育中の飼料給与例（28か月齢，700 kg仕上げ）

肥育期別	肥育月数	月齢	体重(kg)	飼料給与量（1頭／1日）(kg)						濃厚飼料体重比(%)	TDN充足率(%)	備　考（管理上の留意事項）
				濃厚飼料		粗　飼　料						
				配合飼料		乾草	稲わら	ヘイキューブ	計			
			開始時 体重245kg	前期用	後期用							
前期栄養（1日増体量0.75 kg/日）	1	8	260	3.0		1	1	1	3	1.15	107	導入時 ・体重測定　・グループわけ ・飼いならし ・感冒・下痢の予防 ・給与時間の設定 ・カンテツ駆除・削蹄 ・発育不良牛の選別
	2	9	283	3.5		1	1	1	3	1.24	108	
	3	10	306	3.5		1	1	1	3	1.14	102	
	4	11	329	4.0		1	1	1	3	1.22	106	
	5	12	352	4.0		1	1	1	3	1.14	101	
	6	13	372	4.5		1	1	1	3	1.20	105	
中期栄養 0.80	7	14	392	5.0		1	1	1	3	1.26	103	・カンテツ駆除 ・削蹄 ・体重測定 ・発育不良牛の選別 ・生草・サイレージ給与の中止
	8	15	422	5.5		1	1	1	3	1.30	106	
	9	16	446	5.5		1	1	1	3	1.23	102	
	10	17	471	6.0		1	1	1	3	1.27	105	
	11	18	495		6.0	1	1	1	3	1.21	103	
	12	19	519		6.5	1	1	1	3	1.25	105	
	13	20	544		6.5	1	1	1	3	1.19	102	
後期栄養 0.65	14	21	568		7.0	1		1	3	1.23	98	・体重測定
	15	22	588		7.5	1		1	3	1.28	101	
	16	23	608		7.5	1		1	3	1.23	99	
	17	24	628		8.0	1		1	3	1.27	102	
	18	25	647		8.0	1		1	3	1.24	100	
	19	26	667		8.5	1		1	3	1.27	103	
	20	27	687		8.5	1		1	3	1.24	101	
計				1,357	2,257	397	610	305	1,312			
				3,614								

飼料成分（ただし，粗飼料は「日本標準飼料成分表　1987年版」による）　　（単位　%）

区分＼飼料	配合飼料		乾草	稲わら	ヘイキューブ
	前期用	後期用			
乾　物　量（DM）	87	87	83.5	87.8	87.4
可消化粗タンパク質（DCP）	12	10	5.2	1.2	13.7
可消化養分総量（TDN）	72	73	45.8	37.6	52.6

（宮崎県ほか「肉用牛肥育の手引き」による）

また，低コスト生産を実現するために，地域内や経営内で生産される農作物や未利用資源を積極的に活用することもたいせつである。

肥育牛の管理　導入された肥育素牛は，はじめは数頭から十数頭まとめて追込み牛舎の一つのペン❶に群飼される。素牛の成長にともない，ペン内の頭数をへらして，仕上げ期には2～数頭にする。群飼のばあいには，すべての牛が頭をつっこめるような飼槽の長さが必要である。飼槽は，つねに清潔にしておく。

飲水は，水槽やウォーターカップで自由にきれいな水が飲めるようにする。敷き料もじゅうぶんに与え，床面がつねに乾燥している❷状態がのぞましい。食塩をはじめ，ミネラル剤もつねに補給できるようにする。

肥育牛が効率よく増体するように，夏季の高温・多湿と換気や冬季の寒風やすきま風にはじゅうぶん注意をはらうことがたいせつである。

❶仕切られた単位の牛房をいう。

❷床面の乾燥や敷き料の節約のため，いろいろなタイプの送風機が利用されている。

5 ■ 乳用種去勢牛の肥育

乳用種去勢牛の肥育には，素牛として生後1週間程度の子牛❸を用

❸新生子牛・ぬれ子ともいう。ふつう，生後7～10日齢の子牛をいう。

表 4-12　乳用種雄（去勢）子牛のほ育・育成期の1日1頭あたりの飼料給与例

(a)　1～3か月齢の飼料給与

区　分	1	2	3
代 用 乳	0.5 kg　35日		
人 工 乳	1.0 kg　45日		
肥育前期用配合飼料		0.5 kg　10日	2.5 kg　45日
乾 牧 草	0.2 kg　35日	0.7 kg（自由採食）　55日	
鉱　　塩		15 g　45日	
T D N	1.4kg	1.6kg	2.6kg

(b)　4～7か月齢の飼料給与

区　分	4	5	6	7
肥育前期用配合飼料	4 kg　30日	5.5 kg　90日		
乾 牧 草	1.3 kg　30日	2.0 kg　90日	（配合と混合給与）	
鉱　　塩	15 g　120日			
T D N	4.2kg	5.8kg		

（全国肉用牛協会「平成2年度肉用牛優良経営事例」1991年による）

いるものと,生後6〜7か月の育成子牛を用いるものとがある。どちらも,生体重650 kg以上に肥育して出荷する。

　乳用種去勢牛の肥育は,乳用種の特性である1日あたりの増体が大きくて飼料効率がよく,肥育期間が短くて資金の回転が比較的はやいことを最大限にいかすことを考えて行うのがのぞましい。

　生後1週間前後の子牛を用いるときは,肥育にはいるまえに,ほ育と育成を行う必要がある。

| ほ育期の飼いかた | ほ育期とは,生後3か月間をいう。素牛は生後7〜14日齢,平均体重50 kg以上のもので,初乳をじゅうぶんに与えた健康な雄子牛を選ぶ。 |

　ほ育期に与える飼料は,代用乳・人工乳・乾草などである。これらの飼料の基本的な給与法は,130ページの図3-38に示されているが,その実際例は前ページ表4-12(a)のとおりである。

❶132ページを参照。

　導入した子牛は,カーフハッチや単房式のペンで飼育する。離乳は代用乳・人工乳の総量が1日1 kg以上になった時点(約35日齢)で行う。離乳した子牛(図4-28)は4〜5頭群の舎飼いに移し,日量2.5 kgの前期用配合飼料と良質な乾草を自由に採食させる。飲水は

図 4-28　早期離乳方式でほ育した牛
　生後98日で,体重が150 kgに達した発育のよい牛。

自由にする。3か月齢後半に去勢する。

育成期の飼いかた 育成期とは，生後4か月から7か月までをいう。この時期にはいると，子牛は環境に対する抵抗力もつき，飼料もよく食べるようになる。

育成期の飼料給与の実際例を，203ページの表4-12(b)に示した。牧乾草の食いこみをよくするために，配合飼料とまぜて給与するとよい。朝給与した飼料が夕方には食べつくされるように給与する。ほ育期・育成期の7か月を通して，1日あたりの増体量が1.2kg以上，素牛としての出荷時体重310kg以上，事故率2％以内がのぞましい。

このようにして，ほ育・育成された去勢子牛は，そのまま肥育部門に移ることになる。

肥育期の飼いかた 生後7～8か月齢から肥育がおわるまでを肥育期という。図4-29のような乳用種去勢牛の肥育も，基本的には肉専用種と同じように行えばよい。

仕上げ月齢17～18か月，体重650～700kgを目標として，濃厚飼料を主体に期間中の増体量と飼料効率を高め，ホルスタイン種のす

図4-29 導入時の乳用種去勢肥育素牛
　　　約7か月齢，体重　約270kg。
　　　　　　　　　　　　　　　（滋賀県の農協による）

❶アメリカ産の濃厚飼料主体に飼育された牛肉（グレインフェッドビーフ）をさし，わが国の霜ふり肉をさす高級肉とは意味がちがう。

❷低能力牛からうまれた雌子牛をはじめから肥育に用いるばあいと，搾乳用の育成牛を事情によって肥育に用いるばあいとがある。

❸老廃牛肥育のほか，低能力牛や繁殖障害乳房炎などによるとうた牛を肥育するばあいがある。

❹乳量が多いばあい搾乳しながら肥育する方法をいう。また，乳量が少ないばあいは，搾乳を中止して肥育する乾乳肥育法で行う。

ぐれた発育能力を最大限にいかすのが要点となる。乳牛の肉は，牛肉の輸入自由化によって，安い外国産の高級牛肉❶と競合することになり，今後はいっそう肉質・肉量の改善が要求されることになる。

粗飼料として稲わらを使うばあいには，切りわらとして濃厚飼料の10％（重量比）をまぜてやるのがよい。水は自由に飲ませる。

牛舎は追込み牛舎で群飼する。敷き料として，おがくずやバークを使うばあいには，蹄がのびやすいので，気づいたときには削蹄しておく。図4-30に，出荷まえの乳用種去勢肥育牛を示す。

| 乳用種雌牛の肥育 | 未経産牛肥育❷と経産牛肥育❸とにわけられる。未経産牛肥育では，20〜22か月齢，650〜700 kgが仕上げ目標となる。

経産牛肥育では，仕上げ目標は体重700〜750 kg，1日あたり増体量および肥育期間は搾乳肥育法❹0.6〜1.0 kg，3〜6か月，乾乳肥育法0.8〜1.2 kg，3〜4か月が一般的な指標となっている。経産牛は，カロチンが体脂肪に蓄積して脂肪が黄色化するため，枝肉の肉質評価は低い。

図 4-30　出荷まえの乳用種去勢肥育牛
約19か月齢，体重750 kg。

（資料提供は，図4-29と同じ）

5 ■ 肉用牛の病気と予防衛生

ねらい
- 安全な牛肉を求める消費者の意識を理解する。
- 肉用牛を健康的に飼育することの基本を理解する。
- 肉用牛のおもな病気の症状と予防の基礎知識を理解する。

1 ■ 肉用牛の健康管理

肉用牛の健康管理と安全な牛肉生産　食肉としての牛肉に対して、消費者が最も強い関心をもっていることの一つに、安全性がある。安心して食べられる牛肉は、健康的に管理された肉用牛からだけ生産される。肥育牛のばあい、内臓に大きな負担がかかり、消化器系の病気にかかりやすいので、つねに牛の健康状態や食欲などに注目して、異常牛の早期発見につとめるとともに、適切な処置をすみやかにとることがたいせつである（表4-13）。

肉用牛につねに旺盛な食欲をもたせ、給与飼料を必要量きちんと

表 4-13　肥育牛の健康管理計画

素牛導入まえの牛舎管理	素牛導入時	飼いならし期間	肥育期間
導入まえ2週以上	導入3日間	導入20日間	集荷時まで
①除ふん ②清掃 ③水洗 ④消毒 ⑤乾燥 ⑥通風換気の点検・整備	①打ぼく・外傷など異常の有無 ②呼吸・食欲の状況 ③発熱の有無 ④鼻鏡乾燥、鼻汁の有無 ⑤口角にあわをふいていないか。 ⑥下痢・悪臭の有無 ⑦排尿の状況（色・ひん度） ⑧歩様状況	①隔離飼育による観察期間 ②毎日元気か。 ③食欲・反すうの状況 ④ふんの状況 ⑤カンテツの駆除 ⑥感冒・下痢の予防 ⑦鼻環装着 ⑧削蹄	①1か月ごとに定期健康検査実施 ②元気・食欲の状況 ③せき・鼻汁・下痢の有無 ④歩行・行動の状況 ⑤皮ふ病 ⑥排尿の状況（尿石症） ⑦カンテツの駆除 ⑧鼓脹症などの消化器病に注意 ⑨削蹄
管理上の注意	①到着当日はぬるま湯を10 l ほど飲ませ、乾草を与えて静かに休ませる。 ②個体標識の装着および体重測定 ③群飼育のグループわけ、性・年齢・体格をそろえる。 ④飼料給与時間は、同一間隔をとる。		①体重測定（前・中・後期） ②増体にともなう、牛房頭数の調整 ③定期的牛舎の清掃・消毒 ④残餌の除去とひょう量および飼槽の清掃・消毒

（表 4-11と同じ資料による）

採食させるこつは，給餌後1～2時間以内で食べきれる程度の量を清潔な飼槽で与えることである。飲水も，清潔な水槽できれいな水を自由に飲ませるようにする。

牛床は，敷き料の多少にかかわりなく，つねに乾燥していることがのぞましい。とくに子牛房や別飼施設や運動場は細心の注意をはらって管理する必要がある。子牛の下痢が発生したばあいには，石灰の散布やガスバーナによる焼却消毒，ときには汚れた土のとりかえなどの処置を必要とするばあいがある。

| 牛舎の整理と整頓 | 牛房の出入口や飼料のおき場をきちんと管理しておかないと，夜中に牛がとび出して濃厚飼料を盗食して思わぬ消化障害をおこすことがある。日ごろの牛舎内の整理・整頓が牛の健康管理にたいせつであることを忘れてはならない。

2 ■ 肉用牛のおもな病気とその対策

| 繁殖用雌牛の病気とその対策 | 繁殖用雌牛のおもな病気は，乳房炎など一部をのぞき，第3章で学んだ乳牛とほとんど同じである（155～157ページを参照）。呼吸器病では，流行性

表 4-14 肥育牛のおもな病気

病 名	原 因	症 状	予防と対策
ビタミンA欠乏症	飼料中のビタミンAの不足による。とくに単味飼料と稲わらを主として肥育する牛に発病が多い。	栄養不良で食欲が落ち，毛づやがなく，毛がばさついてみえる。目やにを出し，涙を流したりするが，失明することもある。育成牛では骨の成長がとまる。	粗飼料は稲わらと飼料作物または牧草サイレージ・牧乾草をいっしょに用いる。濃厚飼料にビタミンA剤を混合する。注射用のビタミンA，D，E剤を3か月にいちど筋肉注射する。
尿石症	濃厚飼料の与えすぎと粗飼料の不足によるリンとマグネシウムの過剰摂取やカルシウムとリンの比率の不均衡などが第一の原因である。さらに尿路の上皮細胞が脱落して，そこへ尿中のリン酸アンモニウムやマグネシウムが付着し，尿結石ができる。	肥育中の去勢牛だけに発病がみられる。陰毛に白い結石がついて，陰毛が白くみえる（これを陰毛反応という）。尿道に結石がつまると，尿が出なくなる。病牛は食欲がなくなり，四肢をひらいて，苦しむ。	予防には粗飼料として，飼料作物の青刈りまたは牧草サイレージ・牧乾草を与える。水を自由に飲ませ，濃厚飼料にカルシウム剤・ビタミンA剤を加える。対策としては，塩化アンモニウム20～30gを500mlの水でとかして，1日1回，2週間与える。

感冒・肺炎など，消化器病では鼓脹症・そう傷性胃炎など，生殖器病では卵巣嚢腫(のうしゅ)・後産停滞が多い。

　繁殖経営や乳用種のほ育では，子牛の下痢や肺炎がとくに重要である。いずれも早期発見と早期治療がたいせつである。

　繁殖用雌牛を放牧で飼育するばあいには，ダニのタイレリアやバベシアの感染による貧血症状に対する対策を講じることがたいせつである。

　肥育牛には，このほか肥育牛独特の病気がある。そのおもなものは，表 4-14 のとおりである。

　肥育牛を食肉市場に出荷するばあいには，給餌をおさえる，削蹄をする，生体を清潔にするなどの配慮が必要である。

3 ■ 予防衛生

| 毎日の牛の観察 | 飼育者の牛に対する観察は，毎日愛情をもって行うことがたいせつである。毎日の管理作業のさい

（表 4-14 のつづき）

病名	原因	症状	予防と対策
ルーメンパラケラトーシスと肝膿瘍(のうよう)	濃厚飼料主体で，粗飼料が不足した肥育をつづけると発病する。第一胃内の発酵が正常に行われないことから，胃粘膜の上皮細胞の成長が異常になり，角質化して正常でなくなる（ルーメンパラケラトーシスという）。この病変部から第一胃内の細菌が血液中にはいって，肝臓に膿瘍をつくる（これを肝膿瘍という）。	ルーメンパラケラトーシスだけのときは，あまりめだった症状はない。肝膿瘍がおこると，増体が不良になる。これらの病気は，牛が生きているあいだは発見するのがむずかしい。と殺して衛生検査をし，はじめて判明することが多い。肝膿瘍のある肝臓は食用に適さない。	良質粗飼料をじゅうぶんに与える。そのほかに，ビタミンA・D・E剤の筋肉注射をすることもある。
アシドーシスによる蹄葉炎（ロボット病・つっぱり病・木馬病）	濃厚飼料の与えすぎと粗飼料の不足が原因である。第一胃内容物が酸性となり（これをアシドーシスという），そのために，ひづめ（蹄）に炎症がおこって，はれる。蹄葉炎をひきおこす。	肥育中の生後6〜9か月齢の乳用種去勢牛に発生する。前肢をよこにひらき，関節がはれる。背中をまげて歩くので，ひづめの前方だけがのびる。飼槽から飼料を食べるのが困難で，増体が悪い。	粗飼料を育成期からじゅうぶんに与えて，予防をする。病気になった牛には，よい対策がない。

に，毛づや，鼻鏡のぬれぐあい，採食や反すうのぐあい，ふんや排尿の状態，しりの汚れ，牛の挙動などを注意して観察し，異常があったら，ただちに適切な処置をとる必要がある。

| 子牛の予防衛生 | 牛舎の消毒と乾燥に心がけ，冬季は冷たい風が子牛の体温をうばわないように，保護する。子牛の下痢に対しては，図4-31のような衛生管理プログラムを作成して対処するとよい。

| 繁殖用雌牛の予防衛生 | 繁殖障害の発生予防が第一の要点である。そのためには，栄養管理に気をつけ，栄養不良や過肥❶にならないようにする。産後の後産停滞の発生予防もたいせつである。分べん時の看視をじゅうぶんにし，難産時の処置を誤らないようにする。

❶141ページを参照。

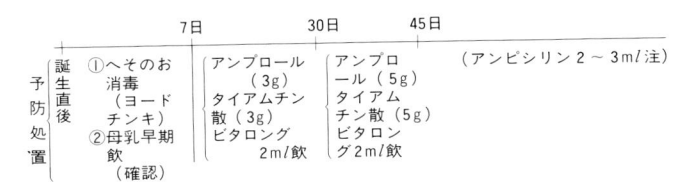

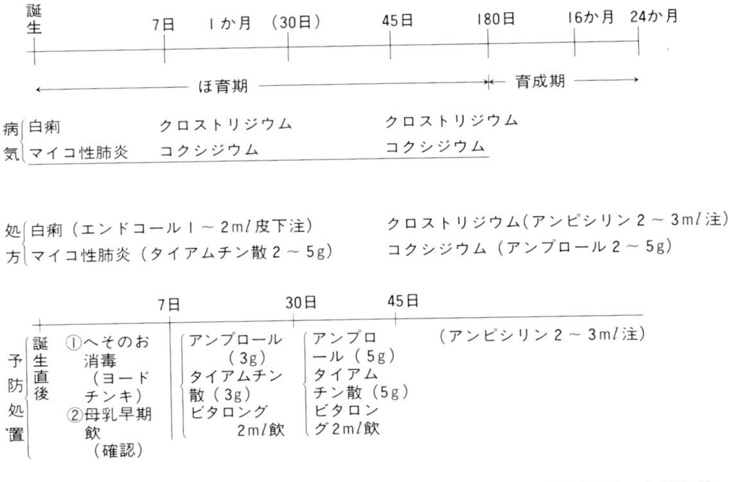

図 4-31　子牛の下痢の衛生管理プログラムの一例

（全国和牛登録協会「和牛」1991年による）

6 ■ 牛舎と付属設備・器具

ねらい
- 肉用牛の牛舎のそなえるべき基本条件を理解する。
- 牛舎の付属設備や器具として,なにが必要かを理解する。
- 放牧場に必要な施設について理解する。

1 ■ 牛舎

牛舎の基本条件　牛舎は,飼育する肉用牛をいろいろな外部環境のストレスから保護し,その経済能力をじゅうぶんに発揮して,期待する生産をあげさせる場であるとともに,人間が,毎日牛の世話をする労働作業の場でもある。

したがって,牛舎は,肉用牛の成長や飼料摂取,繁殖・ほ育・産肉にとって好ましい環境条件をそなえていると同時に,飼育者が日常の管理作業を能率よくできるものでなければならない(図4-32)。

また,人間の居住域にあっては,ふん尿・臭気,外部寄生虫の発

図 4-32　明るく,通風のよい牛舎
　　天じょうに直下型の送風器をそなえているので,牛床がよく乾燥している。

生によって公害の発生源にならないような配慮も必要である。

そしてなによりも，経営の採算がとれるように，牛舎への資本投資は必要最小限として，むだをはぶくことがたいせつである。[1]

❶間伐材や古電柱などの利用がすすめられる。

繁殖用雌牛の牛舎と肥育牛の牛舎は，その目的によって多少構造が異なるが，いずれも排水と通気がよく，採光がじゅうぶんにとれる場所および構造で建設するのがよい。

繁殖牛舎 繁殖用雌牛を飼育するための牛舎には，**単房牛舎**と**つなぎ式牛舎**がある。いずれの牛舎も，繁殖用雌牛を収容する成牛房に隣接して，子牛房または別飼い室を用意する。単房牛舎の面積は，2.7 m×2.7 m，または2.7 m×3.6 mのものが多い。牛房内で牛が自由に行動できるので事故は少ないが，1頭あたりの床面積を多く必要とし，飼料の給与や敷き料の出しいれに労力が多くかかるのが欠点である。

つなぎ式牛舎では，1頭あたりの間口と奥行の寸法は，1.2 m×1.8 mあればじゅうぶんであり，多頭飼育のばあいによく利用される。牛は，作業路に面した飼槽にそって1列にロープで左右の支柱や横棒につながれる。1頭あたりの所要面積が少なくてすむ，牛の観察や敷き料の交換がしやすいという利点がある。つなぎ式牛舎では，べつに分べん房を準備する必要がある。

ほかに，離乳した子牛をせり市に出荷するまで飼育するため，または保留用の繁殖用若雌牛を飼育するための育成房を用意する。ふつうは，単房牛舎に2頭いっしょに飼育することが多い。

図 4-33　開放式繁殖牛舎の連動スタンチョン(左)と子牛別飼室(右)

また，繁殖牛舎には，牛を運動させるためのパドック（運動場）が必要である。パドックは運動や日光浴のためだけでなく，牛どうしののりあいによって発情を発見する場としてもたいせつである。
　飲み水やミネラルの補給施設は，牛房内かパドックにそなえつけ，つねに清潔に管理する必要がある。
　繁殖用雌牛の多頭飼育のためには，このほか連動スタンチョン（図4-33の左）・分べん房・子牛別飼室（図4-33の右）・休息場・パドックなどをそなえた**開放式牛舎**もある。

| 肥育牛舎 | 肥育牛を収容するためには，ふつう追込式牛舎が適している（図4-34）。とくに，大規模な肥育経

営ではほとんどでこの方式が採用されている。構造が簡単であり，肥育牛の成長にともない，群の大きさを自由に調節することができる。肥育素牛の導入時の1群10頭前後から，仕上げ出荷まえの2頭程度まで調節される。飼槽は，作業通路にそってじゅうぶんな長さをとることが必要である。床はコンクリートほ装し，のこくずなどの敷き料を敷き，きれいな飲み水を確保する。仕切りさくをくふうすれば，床の清掃や敷き料の交換も機械作業で省力化される。
　繁殖牛舎と肥育牛舎のいずれでも，牛房のほか，飼料調整や体重測定などの作業スペースや，飼料や作業具をおくためのスペースが作業通路とともにじゅうぶんとられていることが必要である。

図4-34　追込肥育牛舎における飼料給与作業(左)と採食風景(右)

2 ■ 付属施設と器具・機械

牛舎の付属施設と器具・機械　繁殖牛舎には，サイロ・たい肥室・乾草室などが必要である。また，大規模な肥育牛舎では，飼料の調整室，たい肥発酵処理施設・ふん尿処理施設・機械庫などが必要となる。大規模飼育では，繁殖・肥育にかかわりなく，各種の作業機械が必要であり，共同購入・共同利用をする。

放牧場の施設　放牧を肉用牛の飼育にとりいれるばあいには，放牧場をはじめ，牧さく・水飲み場(図4-35)・給塩箱・別飼施設・薬浴場などの施設が必要である。

図4-35　放牧場につくった水飲み場
山のわき水を利用したもので，じょうずにできている。

7 ふん尿の利用と処理

ねらい
- 肉用牛の排せつする、ふんと尿の量を知る。
- 肉用牛のふん尿の利用方法を理解する。

1 ふん尿の排せつ量

ふん尿の排せつ量 肉用牛のおよそのふん尿排せつ量は、表4-15のとおりである。繁殖用雌牛では約20 kgのふんと約14 kgの尿が排せつされる。舎飼い牛では、稲わら・麦かん・おがくずなどの敷き料が使われるので、排せつされたふん尿はこれらの敷き料に混合・吸水され、処理するふん尿の量はさらに多くなる。したがって、多頭飼育経営では、大量に排せつされるふん尿をどのように省力的に処理し、有効に利用するかが大きな問題となる。

❶敷き料の吸水率(%)

稲わら	300
大麦かん	285
小麦かん	226
おがくず	420〜450
雑乾草	145
もみがら	74

2 ふん尿の利用

ふん尿の有効利用 ふん尿は、有機質肥料として、自家のほ場へ還元し、地力の向上や農作物栽培の費用の低減に役だてるのが原則である。しかし、大規模繁殖経営や肥育経営のように、自家のほ場にふん尿を還元しきれないばあいには、たい肥として積極的に発酵処理をし、耕種農家や園芸農家に無償または有償でゆずるか、稲わらなどの敷き料との交換条件で処分している例が多い。

利用上の留意点としては、水分を70%以下に調整することが必要で、有償で大規模に商品として販売するには、それなりにたい肥の品質維持と生産コストの低減にも配慮することがたいせつである。

表 4-15 肉用牛のふん尿排せつ量（生ふん量）

区分	体重（kg）	ふん（日／頭）		尿
		排せつ量(kg)	乾物量(kg)	日／頭(kg)
繁殖用雌牛	400〜550	20	6.0	13.5
育成牛・子牛	30〜400	7	1.5	5.5
肥育牛	200〜700	15	3.3	10.5

（上野克美、1990年によって作成）

8 ■ 肉用牛経営

ねらい
- 肉用牛経営の種類を知る。
- 子牛の生産費、肥育牛の生産費の内訳を理解する。
- 肉用牛経営改善の具体策を考える。
- 肉用牛の取引と牛肉の流通のあらましを理解する。

1 ■ 肉用牛経営の種類と形態

肉用牛経営の種類　肉用牛を扱う経営には、図4-36に示すように、肉専用種の子牛生産をおもな目的とする繁殖経営、肥育素牛を購入して肥育することをおもな目的とする肥育経営、子牛生産を行いながら肥育も行う一貫経営がある。乳用種では肥育用経営、新生子牛のほ育経営・育成経営または、ほ育・育成の一貫経営、ほ育から肥育までの一貫経営などがある。肉専用種と乳用種の両方を扱う肥育経営もある。図4-37に、各地区における肉用牛の飼育の状況を示す。

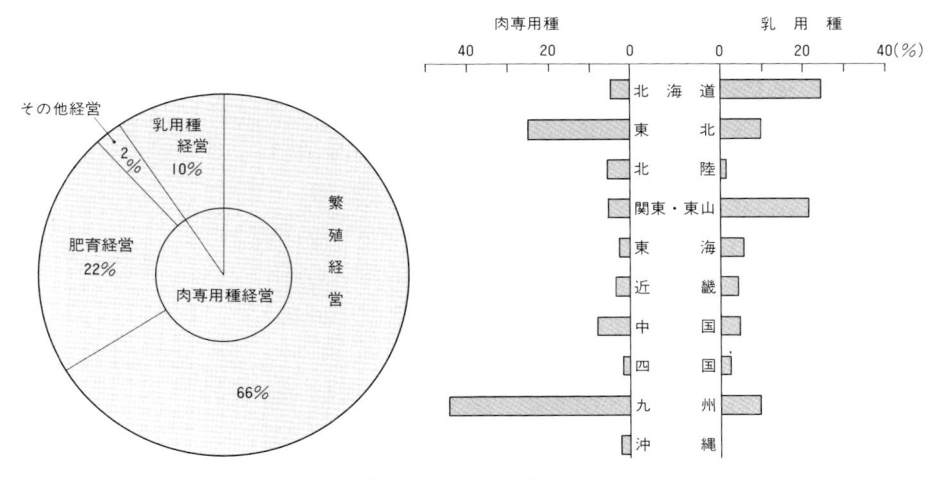

図 4-36　肉用牛の経営タイプ別飼育戸数割合
（農林水産省「平成2年度農業白書」による）

図 4-37　各地区における肉用牛(成雌牛)の飼育頭数分布割合
　肉専用種の飼育は、乳用種とくらべ、九州地区に多いことがわかる。
（農林水産省「第65次農林水産省統計表」1990年による）

肉用牛経営の形態 肉用牛の飼育だけを行う専業経営と，稲作・園芸作物・林業・養豚など他の作目との組み合わせで肉用牛を飼育する複合経営とがある。

専業経営は飼育頭数が大きいばあいにだけなりたち，繁殖経営では40～50頭以上，肥育経営では200頭以上のものが多い。繁殖経営は粗飼料の生産基盤との関係で専業は少なく，肥育経営は機械化が可能で専業になりやすい。わが国の繁殖経営は小規模なものが多いが，最近，数百頭を飼育する企業的な経営もみられる。

繁殖経営 一般に，肉専用種，とくに和牛の繁殖経営は，耕地に恵まれない山間部や地力の収奪のはげしい畑作地帯に多く分布している。九州・東北・中国などがおもな子牛生産地帯となっている。

繁殖経営のトップクラスの指標をまとめて示すと，表4-16のとおりである。繁殖経営の要点は，毎年確実に市場価値の高い優良子牛をできるだけ低コストで生産することである。そのためには，繁殖・改良・飼育・粗飼料生産・衛生などの基本的な生産技術をしっかりと身につけることがたいせつである。

表 4-16 肉用牛の優良経営事例における指標

項目	単位	事例1	事例2	事例3	事例4
労働力員数	人	2	3.5	3.5	3.5
成雌牛飼育頭数	頭	48.2	28.5	35.9	18.5
肥育牛飼育頭数	頭	0	5.3	4.8	—
飼料作延べ面積	a	3,345	800	913	830
年間子牛販売・保留頭数	頭	43	26	29	17
農業所得	千円	11,750	13,228	16,570 (うち繁殖)	8,892 (イネ・シイタケ)
肉用牛部門の年間総所得	千円	11,750	12,745	16,570 / 1,062	4,078
成雌牛1頭あたり年間所得	千円	234	284	461	220
成雌牛1頭あたり子牛販売頭数	頭	0.9	0.75	0.81	0.91
平均分べん間隔	月	11.8	11.8	11.6	11.7
平均授精回数	回	1.1	1.4		1.4
雌子牛1頭あたり販売価格	千円	259	477 (4頭)	427 / 581	426
雌子牛販売日齢	日	358	278	343 / 327	303
雌子牛販売体重	kg	252	279	299 / 304	272
雌子牛日齢体重	kg	0.7	1.0	0.87 / 0.92	0.9
去勢牛1頭あたり販売価格	千円	330	423 (17頭)	493 / 499	499
去勢牛1頭あたり販売日齢	日	322	269	311 / 303	297
去勢牛1頭あたり販売体重	kg	277	300	298 / 302	295
去勢牛1頭あたり日齢体重	kg	0.86	1.12	0.95 / 0.99	1.00
子牛生産率	%	98	101.3	83	92
成雌1頭あたり飼料作延べ面積	a	69	28	29 / 25	45
借地依存率	%	57		15 / 32	—
飼料TDN自給率	%	95.6	70.7	61.4	—
所得率	%	87.6	61.9	57 / 47	61.5
子牛1頭あたりの生産原価	千円	76	150	325 / 397	199

(全国肉用牛協会「平成2年度肉用牛優良経営事例集」による)

実習

繁殖用雌牛(授乳牛)の1日あたりの飼育費の算出

目的
　飼養標準の使いかたを学ぶとともに，繁殖用雌牛を1年1産させることが繁殖経営にとって子牛生産コストをさげるのに，いかにたいせつであるかを学ぶ。

準備
　肉用牛用の日本飼養標準(1987年版)，授乳牛・牛衡器，飼料の単価一覧表(近くの農業協同組合などの飼料販売業者に問いあわせて作成する)，電卓。

方法
1. 分べん牛の体重を2週間ごとに3か月間測定する。
　測定した体重をもとにして，飼養標準を参考にしながら，1日の必要TDN量を計算する。
2. 学校で実際に与えている飼料の種類(配合飼料・単味飼料・粗飼料)を適当に組み合わせて，このTDN量を満たすそれぞれの飼料量を決める。
3. 各飼料の1日あたりの必要量に飼料単価をかけて，授乳牛の1日の飼料費を計算する。

まとめ
1. この1日の飼料費をもとにして，分べん後の初回発情(発情回帰)のおくれや，授精しても不受胎であったばあいの費用をいろいろ計算して，まとめる。
2. 分べん間隔がのびると，飼料費がむだになることのほか，経営上どのような好ましくない点があるかを話しあって，まとめる。

| **肥育経営** | 肥育経営は，繁殖経営のような粗飼料基盤の確保という土地の制約がなく，しかも生産技術が繁殖経営に比較して平準化しやすく，多頭化に移りやすい利点がある。そのため，ふん尿の処理の対応を誤ると公害問題をおこしやすいし，急激な投資による大きな負債をかかえこみやすい欠点もある。したがって，繁殖経営以上に，導入・販売・飼育管理・飼料調整・衛生対策などの生産技術にきめこまかな選択と組み立てが経営成立の条件となり，すぐれた経営者能力が要求される。

| **肉用牛の生産費** | 図4-38，39および図4-40は，それぞれ和牛子牛1頭あたりの生産費，肉専用種肥育牛(去勢若齢)1頭あたりの生産費および乳用種去勢肥育牛1頭あたりの生産費の全国平均を示したものである。

国際化時代における肉用牛経営は，最終生産物である子牛や牛肉の生産コストの低減と高品質化によってだけ安定化が期待される。最近の肉用牛経営発表会の優良事例から，今後の経営努力の方向をまとめてみると，つぎのようになる。❶

❶島津　正，1991年ほか。

| **子牛・肥育牛の生産コストの低減** | 生産コストの低減は，国際化時代における社会的要請である。具体的な対応としては，①飼料の生産や調達のためのコスト低減への努力，②投資と

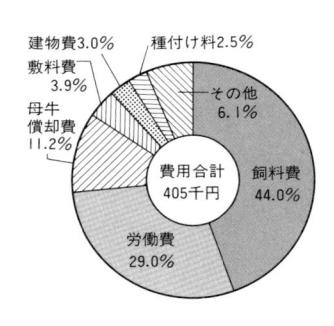

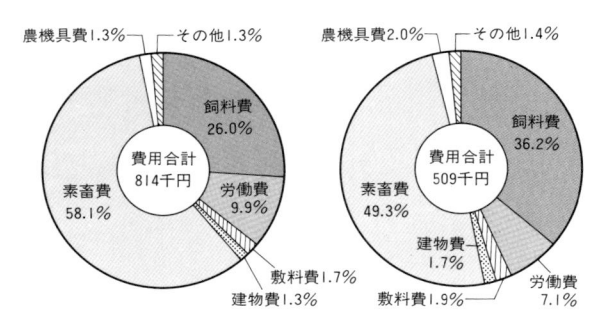

図4-38　和牛子牛1頭あたりの生産費

図4-39　肉専用種肥育牛(去勢若齢)1頭あたりの生産費

図4-40　乳用種去勢肥育牛1頭あたりの生産費

(農林水産省「平成2年畜産物生産費調査」によって作成)

減価償却費の低減，③自家保留牛による増頭で牛の償却費の低減，④規模拡大，施設の合理化による省力化と単位あたりの労働費の節減，⑤子牛生産率・育成率の向上による成雌牛1頭あたり，および子牛1頭あたり生産費の低減，⑥1産どり肥育による肥育素牛購入費の低減などが考えられる。

経営内における自己資本の蓄積

自己資本の蓄積は，肉用牛経営の所得の増大のための対応であり，規模拡大のプロセスとして重要である。その柱としては，①繁殖経営における成雌牛頭数規模拡大の条件整備，②繁殖および肥育管理成績の向上，③高品質・高付加価値の実現，④簿記記帳による経営内容の把握があげられる。

組織体の拡大と個別経営の収益性向上

以上のほか，個別経営では解決しにくい問題を組織的なまとまりによって解決する努力も必要である。たとえば，粗飼料生産における機械の共同利用と作業，技術の交流や，改良組織を通しての生産意欲を維持・発展させていくなかまづくりがたいせつである。

図 4-41　共進会での牛枝肉取引規格による枝肉の評価
　　　　　BMSにもとづいて脂肪交雑をみているところ。（全国和牛登録協会による）

| ゆとりある
経営と生活
文化の向上 | 家族が平和に生活していけるだけの経済的ゆとりのもてる経営の確立を目標とし，経営・生活両面において「時間的なゆとり」のある管理労働時間 |

と，レジャーをもてるような経営環境を設計していく必要がある。

3 ■ 生産物の流通

| 子牛の取引 | 肉専用種の子牛は，生後7～10か月齢になると，家畜市場に出荷されて，せりにかけられる（174ページの図4-6を参照）。出荷月齢は，家畜市場の開催数や子牛の発育のよしあしによって一定しない。 |

　子牛の価格は，需要と供給によって上昇したり，下降したりして，**キャトルサイクル**❶とよばれる周期性をもつ。

　乳用種子牛も，一部は新生子牛の段階で，一部はほ育終了時に，家畜市場や家畜商を通して取引される。

| 成牛の取引 | 肥育途中または肥育が終了した肉牛の一部は，そのまま家畜市場や農家の庭先で生体のまま取引さ |

❶和牛のばあい，あがり3～4年，さがり4～5年といわれていたが，牛肉の輸入自由化に関連して，この周期がくずれつつある。最近の和牛子牛の価格は，かつてないほど上昇傾向がつづいている。

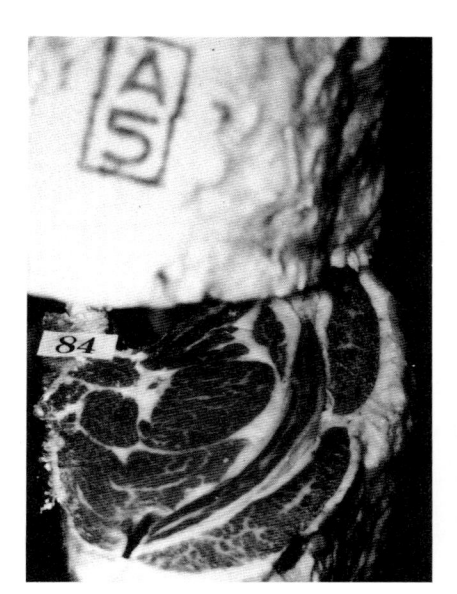

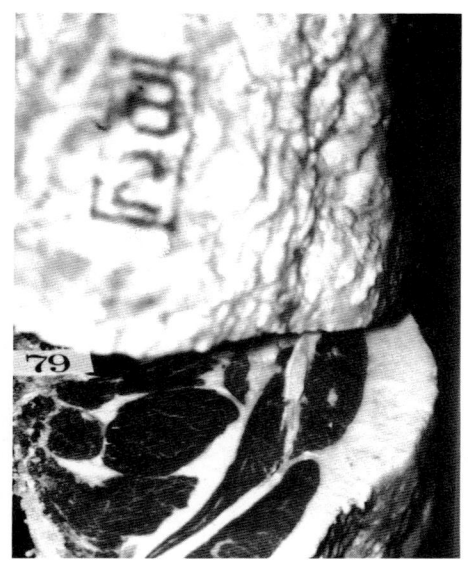

図 4-42　脂肪交雑がじゅうぶんで，むだな脂肪も少ない好ましい枝肉（左）と脂肪交雑がふじゅうぶんで，むだな脂肪も多い好ましくない枝肉（右）

れる。これは仕上げ時やと殺後の肉量や肉質を予測して1kgあたりの単価を決め，これに体重をかけて取引価格とする方法である。この方法は，経験がものをいう取引方法であるから，つぎに学ぶ枝肉取引のように合理的ではないが，近くに食肉市場などの処理場がないばあいや，肉質に自信のないばあいには有利に取引することもできるので，肥育牛の約3割は生体のまま取引されている。

未経産牛や経産牛などの雌牛も，家畜市場や家畜商を通して生体で取引されている。

枝肉の取引

肥育牛の約7割は，中央卸売市場や地方卸売市場などの食肉処理場や食肉センターに出荷され，と殺されて枝肉としたあとで取引される。これを**枝肉取引**といい，冷却した枝肉の肉質・肉量の格付成績を参考にして1kgあたりの単価を決め，これに枝肉の重量をかけ，さらに皮と内臓の価格とを加算して取引価格とする。枝肉の格付は牛枝肉取引規格にもとづいて日本食肉格付協会の格付員によって行われる。

わが国の牛枝肉取引規格は，歩どまり等級と肉質等級からなる。**歩どまり等級**は，枝肉からとれる部分肉の歩どまりを計算して，その大小によってA，B，Cの3等級に評価される。いっぽう**肉質等級**は，脂肪交雑，肉の色沢，肉のしまりときめ，脂肪の色沢と質の4項目について5，4，3，2，1の5段階に評価される。枝肉は，最終的にA5，A4，…，C2，C1というように15段階に評価されることになる。同じ品種や性の枝肉のせり値は，おおむね肉質等級によって決められる傾向がある。

なお，肉質のうち，とくに重視される脂肪交雑や肉色は画像解析の技術を使ってつくられた見本に照らしあわせながら客観的に評価されるもので，わが国の肉専用種の脂肪交雑のはいりぐあいとともに世界じゅうから注目されている(220ページの図4-41，前ページの図4-42)。

第5章 畜産の新しい技術

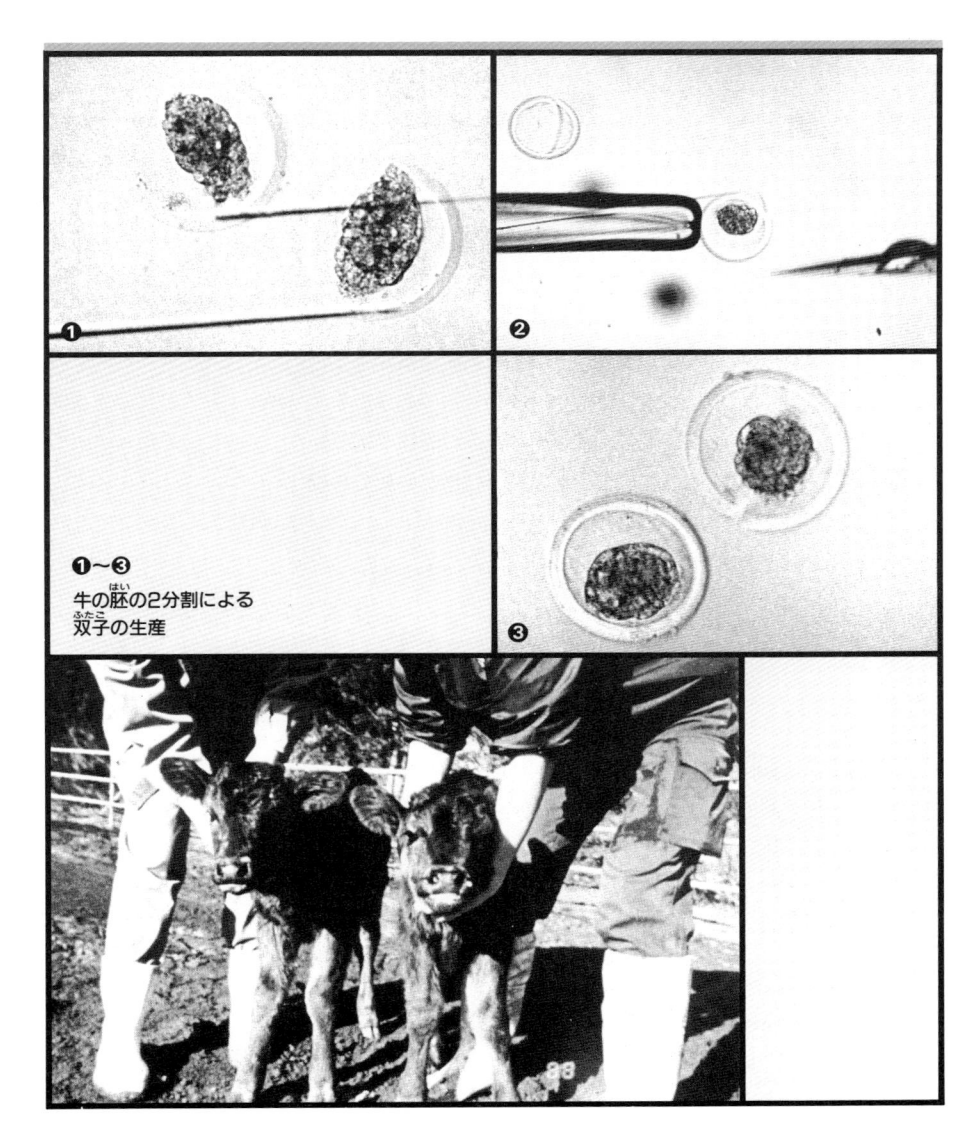

❶〜❸
牛の胚の2分割による
双子の生産

1 ■ 繁殖の新しい技術

1 ■ 牛の胚移植技術

胚移植技術とは　胚移植とは，供胚雌畜（ドナー）の生殖器から着床まえの胚を取り出し，これを他の受胚雌畜（レシピアント）の生殖器に移植して着床・妊娠・分べんさせることをいう。ほ乳類の胚移植は，1890年ウサギではじめて成功し，その後数多くの実験動物や家畜で成功している。わが国では，世界に先駆けて1964年に牛で開腹手術をすることなく成功し，1979年には基本的な技術体系が確立した。1982年以降，改良増殖の新しい技術として実用化されている。最近では，体外に取り出した胚の凍結保存や，人為的な分割による双子の生産（前ページ中とびらの写真），など改良増殖への応用範囲が拡大している。

牛の胚移植技術　この技術のあらましは，図5-1のとおりで，つぎのような過程で行われる。すべての過程において胚を無菌的に取り扱う技術が必要である。

(1) すぐれた供胚牛を選定し，これに性腺刺激ホルモン（PMSG❶

❶妊娠中の馬の血清からつくられたホルモンで，卵胞の発育・排卵をうながす作用がある。

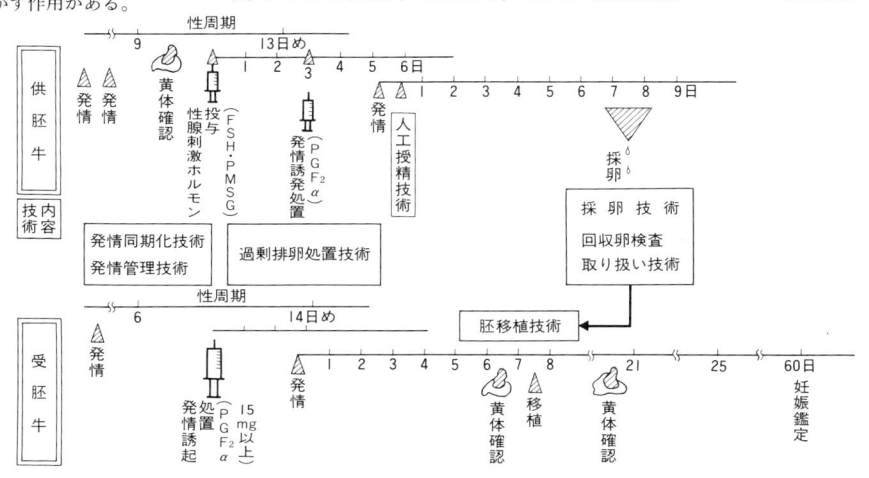

図5-1　牛の胚移植技術のあらまし
注．供胚牛は，胚を供給する雌牛をいい，受胚牛は，胚を受けいれる雌牛をいう。また，発情同期化技術とは，あらかじめ選定しておいた健康な受胚牛に，同じ時期に発情をおこさせる技術をいう。発情管理技術は，発情の確認などを行うのに必要な技術をいう。

またはFSH)を注射して,排卵を多くさせる(過剰排卵)処置を行う。つぎに発情をおこさせるために黄体退行ホルモン($PGF_2\alpha$)を注射し,発情がおこったら(これを発情誘起処置という),これに優秀な雄畜の精液を人工授精して,多数のすぐれた胚をつくる。

(2) 人工授精後7〜9日めに,子宮角に移動した胚を図5-2のようにバルーンカテーテルを用いて,かん流液とともに洗い出す。

(3) 回収した液のなかから,実体顕微鏡を用いて胚をさがし,保存液に回収(図5-3)❷して,正常な発育をしているか判定する。

(4) 保存液とともに胚をストローにつめて凍結保存するか,供胚牛の性周期と同調した受胚牛の子宮角深部(図5-4)に注入器を用いて胚移植する。

新しい繁殖技術体系と胚移植

この技術を直接活用することによって,①すぐれた雌畜の子を,短期間に数多く生産できる。❸ ②雌畜の品種と異なる特定品種の増産ができる。❹ ③胚の凍結保存技術ができたので,すぐれた雌畜,あるいは特定品種の雌を生体で移動する必要がなくなり,輸送経費,家畜検疫の経費が節減される。いっぽう,この技術は多くの器具・機材を必要とするため,利用経費が高いという課題をかかえている。しかし,続いて開発された体外受精技術とクローン技術の基礎となって家畜繁殖バイオテクノロジーの技術体系を組み立てるのに貢献している。

❶PBS(リン酸緩衝液)に抗生物質・血清アルブミン・ブドウ糖・ピルビン酸ナトリウムを加えたものが多く用いられている。

❷かん流液の血清アルブミンに対して牛血清を用いており,胚の代謝をより助ける組成にしてある。

❸供胚雌畜を妊娠させることなく,胚の生産だけに利用する方法による。

❹たとえば,乳用雌牛に肉用牛の胚を移植すれば,乳の生産を落とすことなく肉用子畜を増産できる。

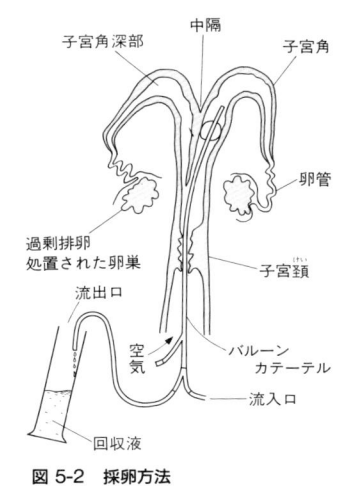

図 5-2 採卵方法

図 5-3 受精後8日めに回収された胚盤胞期の胚
A, B卵は,発生途中で死滅したものである。

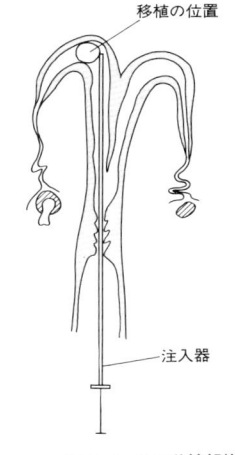

図 5-4 胚の移植部位

2 ■ 体外受精技術

体外受精技術とは　体外受精技術は，肉用牛のと体の卵巣から卵子（未成熟卵子）を採取し，これを体外で成熟させ受精させて，移植可能な胚盤胞期まで発育させる技術である。牛の体外受精の研究は，1970年代に急速に発展し，わが国では1986年に体外成熟卵子の体外受精由来胚の移植による子牛の出産例が報告された。体外受精技術は，未成熟卵子の培養，精子の受精能獲得と媒精および受精卵の培養の3要素から成り立っている。

牛の体外受精技術は，低コストでの移植可能な胚の大量生産技術として，優良肉用牛の選択的増殖技術として，さらに卵子の成熟培養は核移植などの基礎技術として重要である。

体外受精技術　この技術のあらましは，図5-5のとおりで，つぎのような過程で行われる。すべての過程を無菌的に行うことが必要である。

A　卵子の採取と培養

(1) 卵巣は採取後，直ちに37℃に保温した抗生物質添加生理食塩水❶に保存し，実験室で卵巣を数回洗浄し保温する。

(2) 18～19G針(鈍角)つき5m*l*注射筒を用いて，小卵胞(3～6mm)中の卵子を卵胞液とともに吸引する。吸引採取した液を小試験管にとり上澄みを除去し，残渣をBSA-PBS液❷で希釈する。

❶抗生物質液
　滅菌生理食塩水2*l*にペニシリン20万単位，ストレプトマイシン200 mgを溶解した液。

❷BSA-PBS液
　BSA：牛血清アルブミン300 mg，
　PBS：Dulbecoのリン酸緩衝生理食塩水100 m*l*。

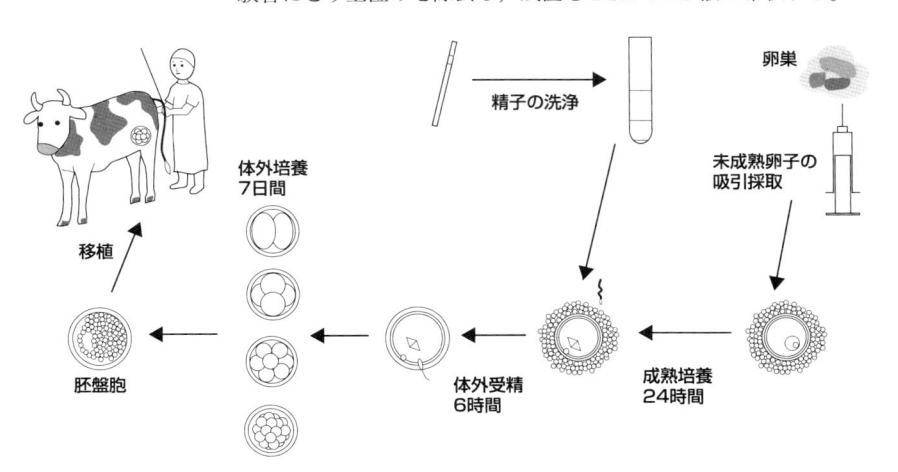

図5-5　体外受精の手順（下司原図　1999）

(3)実体顕微鏡下で，卵丘細胞が透明帯のまわりに緊着している卵子のみを選択し，成熟培地のシャーレに移して洗浄後，成熟用ドロップ1個につき卵子10個位の割合で移す。

　(4) 38.5℃, 5(2)% の CO_2 の空気の培養条件で20〜24時間成熟培養を行う。❶

B　精子の受精能獲得と媒精 ❷

　(1)必要量の精子ストローを37℃の温湯で融解し，10 mM カフェイン-BO 液❸を加え，軽く転倒混和して，500×g で5分間の遠心分離を行い上澄みを除去する。この操作を2回繰り返す。

　(2) 精子を計数し，10 mM カフェイン-BO 液で $20×10^6/ml$ に希釈する。さらに受精培地 BSA-BO 液❹で等倍希釈し，100 μl の精子ドロップを作成する。

　(3)成熟培養した卵子を受精培地で洗い，精子の1ドロップに10〜20個の割合で移し，38.5℃, 5(2)% CO_2 の空気中で6時間媒精する。

C　発生培養 ❺

　(1)媒精終了後，卵丘細胞のついた卵子を精子ドロップから取り出し，発生用培地❻で洗い，1ドロップに10〜20個の割合で発生ドロップに移す。38.5℃, 5(2)% CO_2 の空気中で培養する。

　(2) 2日目にピペットを用いて，体外受精胚をシート状になった卵丘細胞から剝離し，発生状態を確認する。

　(3) 48時間ごとに培養液を交換し，24時間ごとにシャーレの縁をたたき，胚が卵丘細胞にかこまれて押し潰されるのを防ぐ。

　(4) 7〜9日まで培養し，胚盤胞への発生を検査する。

---

❶体外成熟用培地
Medium 199：9 ml
牛胎児血清： 1 ml
抗生物質液： 10 μl
FSH（アントニン20 AU/ml/H_2O）：10 μl

❷精子の受精能獲得にはBO液による精子洗浄の場合とパーコールを用いた運動精子の分画法を用いる場合がある。ここでは，BO液洗浄による方法を説明した。

❸精子洗浄液
BO液（ブラケットとオリファントの液）50 ml にカフェイン-安息香酸ナトリウム194.2 mgを溶解した液。
BO液の組成：A液380 ml にグルコース1.25 g，ピルビン酸ナトリウム0.06875 g，ペニシリン0.0375 g，ストレプトマイシン0.025 gを溶解と，B液120 mlを混合した液。
A液：生理食塩水にKCl, $CaCl_2$, NaH_2PO_4, $MgCl_2$, フェノールレッド加えた液。
B液：$NaHCO_3$ 2.5873 gを蒸留水200 ml に溶解，0.5% フェノールレッド0.08 ml を混合した液に CO_2 通気を30分したもの。

❹BSA-BO液（前培養・受精培地）：BO液10 ml, 結晶アルブミン200 mg, ヘパリン（1000単位/ml）100 μl

❺発生培養には，卵丘細胞との共培養する方法と受精卵のみを培養する方法がある。ここでは前者の場合を説明した。

❻発生用培地（発生培養用 TCM-199）：Medium 199 0.5 ml, 牛血清 0.5 ml, 抗生物質液 10 μl, ピルビン酸ナトリウム（55 mg/ml TCM-199）10 μl

3 クローン技術

クローンとは

有性生殖を行う高等動物では、精子と卵子の遺伝子の結合により決定された遺伝子構成をもつ動物は、自然界に1個体しか存在しない。たまたま1卵性双生子あるいは1卵性多生子の場合には、同じ遺伝子構成をもつものが2あるいは多個体いることになる。クローンとは、このようにある個体と同じ遺伝子構成をもった複数の個体群のことである。クローン技術とは、無性生殖によってこの同じ遺伝子構成をもった複数の個体を作り出すことをいう。

牛のクローン作成は、1990年頃は受精卵が発生を開始した初期胚で割球が全能性をもっている間に、①初期胚を分割してそれぞれ発生させる法、②初期胚割球を取り出し、別途用意した除核した成熟卵細胞に移植し発生させる法(核移植)が行われていた。1998年これまで全能性を失っていると考えられていた組織に分化した、③

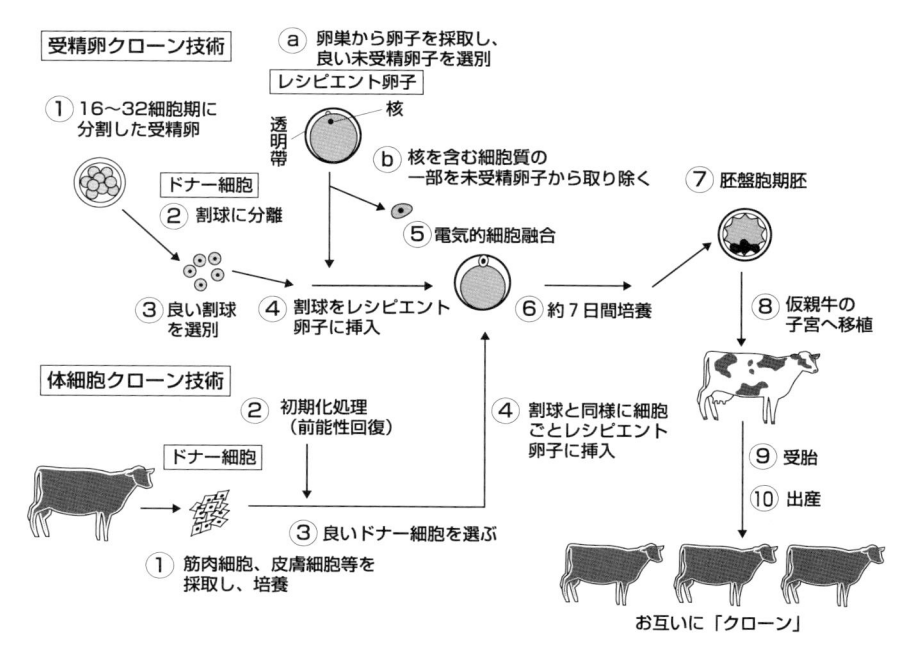

❶クローンとはもともと植物界の用語で、受粉による有性生殖の他に挿し木、球根、鱗片、塊茎等また植物体の一部(細胞)を組織培養して、無性生殖で同じ遺伝子をもつ個体を増殖することができる。これは成長した植物体の細胞が全能性を保っているからである。

❷細胞の全能性とは、生物の細胞が、その種の全ての組織や器官に分化して、完全な個体を形成する能力をいう。高等動物において、全能性を有する細胞は、受精卵と発生のごく初期の細胞(割球)に限られる。

図5-6 クローン牛の作成技術
(農林水産技術会議事務局・畜産局原図 1999)

体細胞の核に全能性を回復させ，これを成熟卵細胞に移植して発生させる法，「体細胞クローン」技術が開発された。❶

| 牛のクローン技術 | 牛のクローン技術には，①初期胚の分割，②初期胚割球の移植，③全能性を回復した体細胞核移植の3方法がある。すべての過程は無菌的に取り扱う必要がある。|

A　初期胚の分割

(1)後期桑実胚から拡張胚盤胞までの胚を実体顕微鏡下で2分割し❷，3～5時間培養した後受卵雌牛に胚移植を行う。

(2)体外培養した初期胚の細胞をバラバラにして，それぞれの細胞を胚盤胞期まで発生培養し，受卵雌牛に胚移植を行う。この方法は，ごく初期の細胞に限られる。

B　初期胚割球の移植（受精卵クローン技術）

(1)体外培養した初期胚を割球に分離し，よい割球を選んでドナー細胞とし，これをピペットに取り，別途成熟培養していたレシピエント卵細胞の核を取り除き，割球を移植する。

(2)ドナー細胞を移植したレシピエント卵細胞に電気的刺激を与えて❸，細胞を融合させ（細胞融合）て発生を開始させ，胚盤胞期まで培養する。

C　体細胞核移植

(1)目的とする成体組織をとり，組織培養❹により細胞を取り出す。

(2)組織細胞を血清飢餓培養❺して，核の全能性を回復させ，ドナー細胞とする。

(3)全能性を回復したドナー細胞を，別途成熟培養していたレシピエント卵細胞の核を取り除き，移植する。

(4)移植したドナー細胞とレシピエント卵細胞を電気的刺激により融合させ，発生を開始させ，胚盤胞期まで培養する。❻

| クローン技術の期待される応用 | 高能力家畜の短期間での増殖，希少系統の保存，有用物質（生理活性物質等），低アレルゲン畜産物を生産する動物工場としての遺伝子組み換え家畜の増殖，拒絶反応を緩解させる遺伝子を組み込んだ臓器移植用の家畜の作出の他，遺伝子機能解析および発生学など基礎生物学の研究手法として応用等が期待される。|

---

❶成体の体細胞からのクローンは，1997年に英国のロスリン研究所で，羊の乳腺細胞から，子羊ドリーを誕生させたのが世界で最初の成功例で有名になった。

❷培養液は，TCM-199液に子牛血清10%，βメルカプトエタノール100μM混和した小滴中で，38.5℃　5% CO_2の空気中で3～5時間培養後胚移植。

❸電気的細胞融合：ドナー細胞をレシピエント卵細胞の透明帯と細胞質の隙間に挿入した後に，瞬間的に微弱な電気刺激（1細胞当たり1.5V相当）を与え，双方の細胞膜に微小な孔をあけ，それぞれの細胞質を混合させることにより，一つの細胞としての発生を誘起する。

❹組織培養によるドナー細胞の作成：目的とする組織をとり，コラーゲナーゼで細胞をバラバラにし，MEM培養液で培養する。

❺細胞の血清飢餓培養：通常この種の培養液には牛胎子血清10%を加えるが，これを0.5%の低濃度で飢餓培養し，全能性を快復させる。

❻体外受精での卵子培養技術を用いる。

2 飼育管理の新しい技術

1 迅速自動分析による乳質の管理

高品質牛乳の生産　わが国における生乳の乳質は，酪農の規模拡大に平行して改善されてきた。そして消費者の好みが多様化，高級化しているので，**成分的乳質**(脂肪率・タンパク質率・乳糖率・無脂固形分率)と，**衛生的乳質**(細菌数・体細胞数)の両者が求められている。主要酪農国では，牛乳の集中検査を行い，その結果を酪農家にフィードバックして飼育管理の改善に役だてる体制が整備されている。

迅速自動分析法と検査体制　従来，生乳検査の公定法は労力と時間がかかっていたが，現在表5-1のように，成分分析には**赤外線分光方式**，また細菌数と体細胞数の検査には**蛍光光学方式**による

表 5-1　生乳の乳質自動測定機とその性能

乳質の区分	検査項目	測定機器と測定の原理	検査能率	従来の検査法(公定法)
成分的乳質	乳脂肪 乳タンパク質 乳糖 無脂固形分	赤外線分光式多成分測定機 脂肪・タンパク質・乳糖に特異的な波長の赤外線吸収の程度によって，測定。無脂固形分は計算。	1時間あたり250検体と360検体の連続測定ができる2機種がある。	乳脂率：バブコック法 固形分：TMSチェッカー
衛生的乳質	細菌数	蛍光光学式細菌測定機 連続的遠心分離によって細菌を分離して蛍光染色し，内蔵した蛍光顕微鏡で菌数を測定する。	1時間あたり60～70検体を連続測定できる。	ブリード法 レサズリン還元標準試験法
	体細胞数	蛍光光学式測定機 牛乳を希釈して蛍光染色したのち，染色された細胞核を蛍光発光させて測定する。	1時間あたり250検体と360検体の連続測定ができる2機種がある。	ブリード法

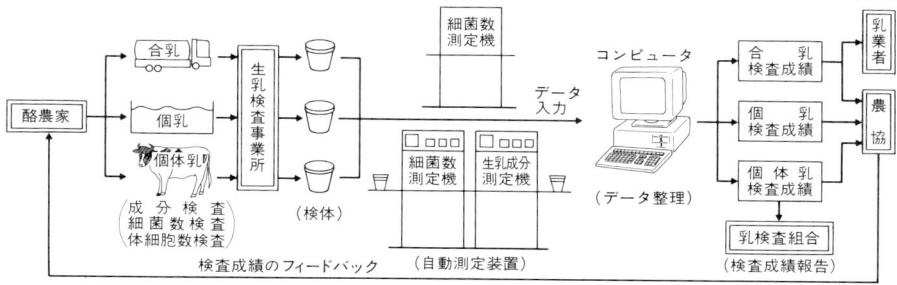

図 5-7　生乳質集中検査体制のモデル

検査能率の高い自動測定機が各国の検査施設にそなえつけられている。わが国の生乳検査体制は，府県の検査条例のほか，さまざまな規制によって，集中方式の検査体制の整備がすすめられてきた。この検査体制は，生乳取引検査・生産者バルク乳検査，乳牛改良事業における個体乳検査❶など広域的に検体を集めて，統一したシステムで高い検査精度の確保をねらっている。集中検査体制のモデルを示すと，前ページ図5-7のようになる。検査の結果は，合乳成績❷については10日ごとに農協を通して酪農家に，個乳❸と個体乳の成績は検査後すみやかに農協を通して，酪農家に報告される。

❶乳牛1個体からしぼった乳をいう。
❷何戸かの酪農家の乳を集めたタンクローリ単位の乳をいう。
❸個別酪農家のバルククーラ単位の乳をいう。

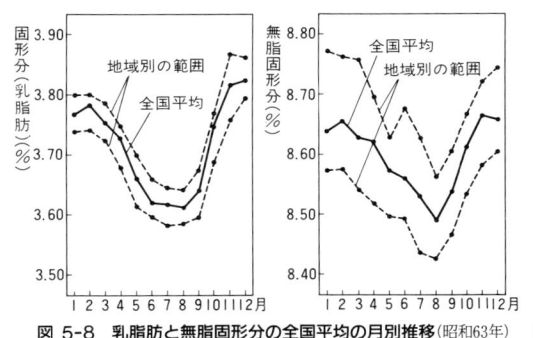

検査成績の活用 乳脂率と無脂固形分率は，図5-8のように明らかな季節変動を示している。両者とも夏季に低くなり，冬季に高くなる。そして，無脂固形分率のほうが夏季の低下が著しい。細菌数は，図5-9のように夏季に多く，冬季に少なくなる。体細胞数は夏季に多くなる傾向があるが，年間を通して地域的には暖地が高い数値を示す傾向にあるので，管理上注意が必要である。

生乳の総合的品質評価 わが国の牛乳の消費構造，乳牛の能力，飼料の供給状態，気候条件などを考えて，消費者にも受けいれられ，生産者にも生産性向上の指標として対応できる乳質基準

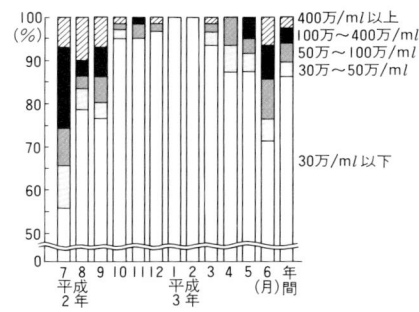

図5-8 乳脂肪と無脂固形分の全国平均の月別推移(昭和63年)　図5-9 細菌数のひん度分布

表5-2 乳成分・細菌数および体細胞数のランク区分

対象項目	ランク1	ランク2	ランク3	ランク4
乳脂肪(％)	3.7以上	3.5～3.69	3.0～3.49	3.0未満
タンパク質(％)	3.2以上	3.0～3.19	2.7～2.99	2.7未満
無脂固形分(％)	8.7以上	8.4～8.69	8.0～8.39	8.0未満
細菌数(万/ml)	―	30以下	31～100	110以上
生菌数(万/ml)	3以下	4～10	11～30	31以上
体細胞数(万/ml)	10未満	10～29	30～99	100以上

表5-3 風味のランク区分

風味区分	ランク
新鮮で良好な風味を有するもの	1
生乳特有の風味を有し，特定できる異常風味が感じられないもの	2
わずかに異常風味が感じられるもの	3
明らかな異常風味を有するもの	4

の設定がのぞまれる。この考えにたって，全国乳質改善協会では，表5-2と，表5-3のような「生乳の総合的評価基準」を提案している。

2 ■ 飼育管理作業の機械化とロボット化

　畜産部門の飼育管理作業の機械化，自動化は，畜産経営の規模拡大・企業化にともなって進展してきた。そして，これらの機械装置の大部分は現在電子制御式となっている。畜産部門の自動化は，養鶏経営の給餌・給水作業からはじまり，ついで，集卵・除ふん作業の自動化から，鶏卵の洗浄・選卵・包装・荷づくりの自動化へとすすんだ。養豚経営では，無看護分べん豚舎，自動給餌・給水器が開発された。ふん尿処理については，養鶏ではケージ鶏舎，養豚では，すのこ式豚舎の普及によって，ふん尿の畜舎からの搬出が機械化され，次に，鶏ふん，豚ふんの発酵堆肥化処理施設，豚尿および豚舎排水の活性汚泥浄化処理施設へと連結され，ふん尿処理が省力化された。最近では，発酵堆肥化処理中の悪臭防止のため脱臭装置が付属している。乳牛部門の機械化は遅れていたが，多労的な搾乳を中心にバケット式自動搾乳機の普及にはじまり，つなぎ牛舎のパ

❶畜産部門の機械化自動化は，経営規模の拡大とともに，労働力不足と労質が急上昇したことによる。
　いっぽう，この傾向に合わせて多くの飼育管理用の機械・装置の開発がすすめられた。

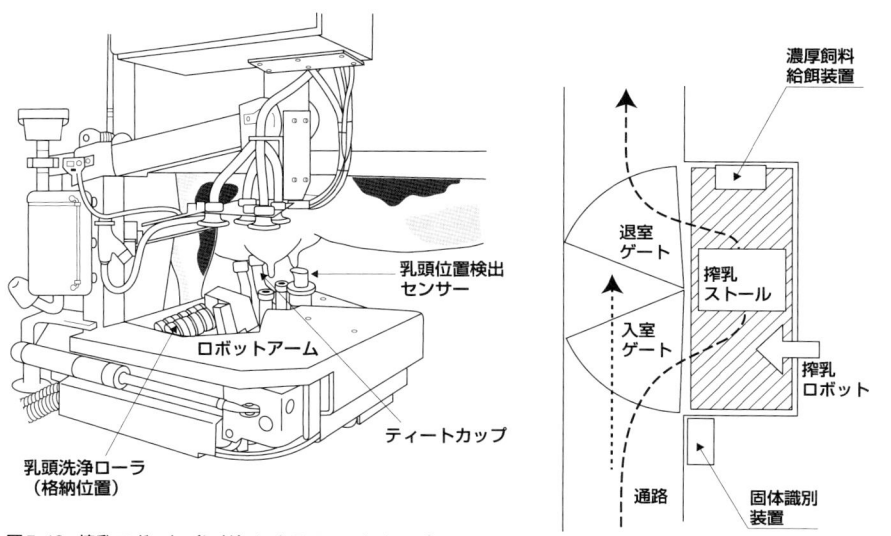

図5-10　搾乳ロボット（L社）によるティートカップの自動装着（本多原図　1999）

図5-11　搾乳ロボットストール平面図（本田原図　1999）

イプライン化，フリーストール牛舎・ミルキングパーラーなど機械化がすすんだ。いっぽう，飼育管理分野では，サイレージ取り出し給餌機，全混合飼料のための自走式飼料混合配餌車，高架コンベア式配餌装置などが普及した。フリーストール牛舎では，個体識別自動給餌機が普及している。ごく最近では，搾乳ロボット（完全自動搾乳装置）が国内外で開発され市販されるようになった（図5-10）。これによって，フリーストールをベースにして乳牛群の完全自動管理を行う農場がみられるようになった（図5-10）。肉牛部門では，管理が比較的簡単なため，作業機械を中心に省力化がすすめられている。

3■情報管理の進展

　畜産における個別のコンピュータ利用は，マイクロコンピュータの出現とともに，養鶏・養豚の規模拡大・企業化の過程で，家畜・家禽の飼料計算，個体または群の生産性の管理，財務管理・経営診断に導入され，農業関係では普及が早い方であった。しかし，この時期は利用者が自分に適したプログラムを作製しなければならなかった。その後，パーソナルコンピュータの時代となり，ハードウエアの急速な発達・能力向上と操作の簡単化，ソフトウエアの充実と多様化，価格の一層の低廉化などにより，大家畜を含めて畜産農家に急速に普及してきた。

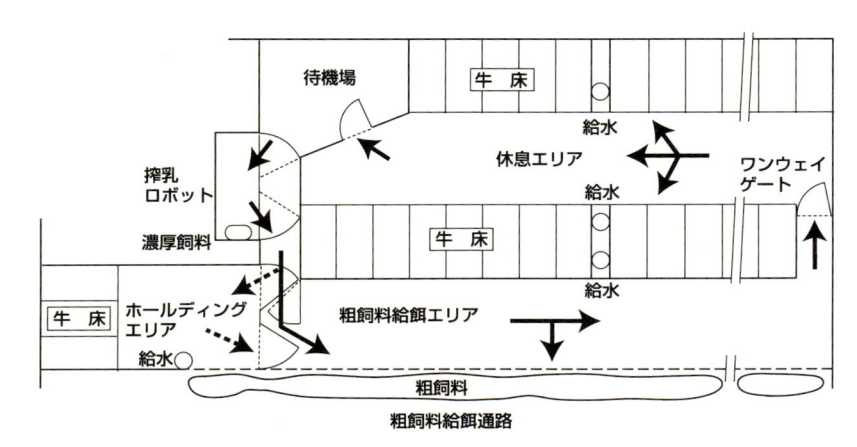

図5-12　搾乳ロボットにおける牛舎レイアウト例（本田原図　1999）

❶家畜の個体識別制度：これによって家畜の販売およびと殺時の家畜の識別が可能となり，個体のと体情報・衛生情報が生産者から加工業者まで一貫して得られることになり，生産物の品質の向上・食品安全対策への貢献が期待される。

❷HACCPシステム開発の背景：この方式の起源は1960年代に米国の宇宙開発計画が進むなか，宇宙食の高度な安全性を確保するための手段として開発された衛生管理方式で，その検査過程からHACCPの概念が形成された。従来は最終製品の検査に依存して安全性の確保が図られてきたのに対しHACCPシステムでは工程管理とくに重要管理点の制御に力を注ぐことになる。

❸衛生管理法承認制度食品加工工場は，自工場HACCPシステムの計画とその実行について規則の定める要件をみたし，厚生大臣に承認申請を行い，承認されると製品に厚生大臣のHACCP承認のマークを表示することができる。

ごく最近ではインターネットの発達により，自己農場内の情報管理を越えて広く情報を入手できるようになった。畜産情報ネットワーク（LIN）（http：//www.lin.go.jp）は，1996年より農畜産業振興事業団と畜産関係の中央団体等が連携し，「農林水産省畜産局」「家畜改良センター」および「都道府県」の情報を加えた畜産に関する多様な情報をインターネットで提供している。現在74の団体がLINに参加し，畜産関係の生産から流通，消費に関連する国内外の幅広い情報を提供している。

最近全国の家畜個体識別制度❶がEUおよびオーストラリアで試行されている。これには個体の永久識別デバイスと読み取り機がISO 11784とISO 11785のもとに国際規格化されている。わが国でもマイクロチップを内蔵する個体識別デバイスと読み取り器が開発されている。

4 ■ 生産物の品質管理・衛生管理へのHACCPの導入

HACCPとは

消費者の求める高品質で衛生的な食品を製造し，流通させるため，合理的に計画された日常の品質・衛生管理が重要となる。このための方式として，最近国際的にHACCP（危害度分析重要管理点）システム❷が活用されている。わが国では1995年に食品衛生法が改正され，1996年5月からHACCPシステムを取り入れた「総合衛生管理製造過程」と称する衛生管理法が承認制度❸として導入され，主に乳・乳製品・食肉製品が対象となっている。

HACCPシステムは，食品の危害度分析（HA）と重要管理点（CCP）の二つの部分からなっている。これは食品の原材料の生産

表5-4 危害因子の例：食肉製品において食品衛生上の危害の原因となる物質

生物的危害物質	黄色ブドー球菌，カンピロバクター，クリプトスポリジウム菌属，サルモネラ菌属，セレウス菌，旋毛虫，腸炎ビブリオ（魚介類またはその加工品を原料として用いる場合に限る），病原大腸菌，腐敗微生物
化学的危害物質	アフラトキシン，抗生物質およびその他の化学的合成品である抗菌性物質，殺菌剤，洗浄剤，添加物（食品衛生法第7条1項の規定により使用の方法の基準が定められるものに限る。内寄生虫用剤およびホルモン剤（法第7条1項の規定によるもの）。
物理的危害物質	異物：硬質異物（金属片，ガラス片，木片，硬質プラスチック片等） 軟質異物（ネズミ，昆虫，毛髪等）

に始まり，製造・加工，保存，流通を経て消費者の手にわたるまでの各段階で発生するおそれのある生物的危害因子，化学的危害因子，物理的危害因子(表5-4)について調査し，危害を防除する計画的な監視方式である。

HACCPの導入 導入に当たっては，あらかじめ食品製造工場に一般的衛生管理事項(GMP：適正製造基準)を徹底して衛生的な環境を確保する。これは工場内の重要管理点が多いと実質的な管理ができなくなるため，それを最小限度に留めて，HACCPの効果的な実施を可能にするための準備である。一般的衛生管理事項には，①施設設備の衛生管理，②従事者の衛生教育，③施設設備，機械器具の保守点検，④ねずみ，昆虫の防除，⑤使用水の衛生管理，⑥排水および廃棄物の衛生管理，⑦従事者の衛生管理，⑧食品等の衛生的取り扱い，⑨製品の回収方法，⑩製品等の試験検査に用いる機械器具の保守点検が規定されている。

HACCPシステムの実施の手順は，図5-13に示すように，手順1～5は手順6～12のHACCPシステムの7原則を実施する前提条件である。手順6は危害分析で，生産から製造加工および流通を経て消費に至るまでの過程に含まれる潜在的な危害について，危害とその発生条件等について情報を収集し，危害のおこりやすさや，おこった場合の危害の重篤性を明らかにし，評価することにより，いずれの危害が食品の安全性において重要であるかを決定する。手順

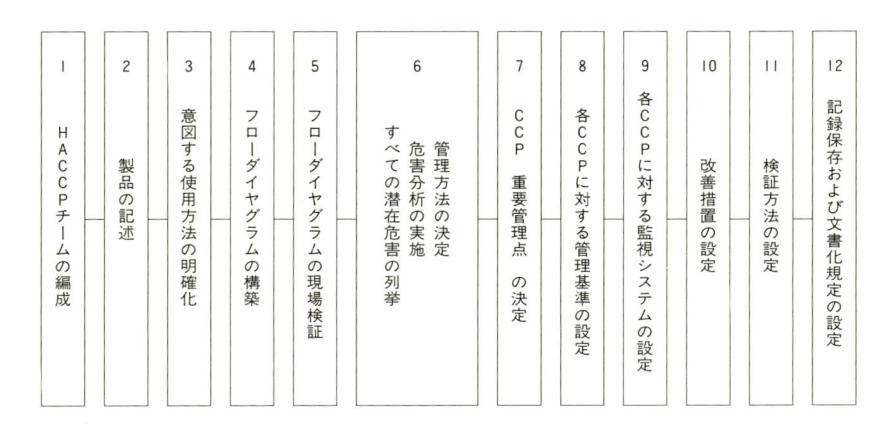

1	2	3	4	5	6	7	8	9	10	11	12
HACCPチームの編成	製品の記述	意図する使用方法の明確化	フローダイヤグラムの構築	フローダイヤグラムの現場検証	すべての潜在危害の列挙 危害分析の実施 管理方法の決定	CCP(重要管理点)の決定	各CCPに対する管理基準の設定	各CCPに対する監視システムの設定	改善措置の設定	検証方法の設定	記録保存および文書化規定の設定

図5-13 HCCPの適用順序(FAO/WHOのガイドライン)

7は重要管理点の決定で，プロセスのなかで危害要因を防止し，排除あるいは許容水準まで下げることの必要な点の決定である。手順8は設定された重要管理点について予防措置のための管理基準を設定する。手順9は設定した管理基準が維持されているかどうか規定された方法により確認・監視をする。手順10は管理基準から逸脱が認められた場合に取るべき改善処置を決定しマニュアル化しておく。手順11でHACCPシステムが適正にはたらいていることを検証する客観的な方法を定め，手順12で記録保存および文書化規定を設定する。

| **HACCPの家家畜生産現場への適用** | 近い将来，加工畜産物の原材料を供給する家畜生産現場に対しても，安全で高品質な畜産物を供給するため衛生管理体制の確立が求められよう。食

品製造工場と畜産農家では導入の状況が異なるため，現在畜種別に行政的・研究的な対応のため図5-14に示すように調査・検討がすすめられている。

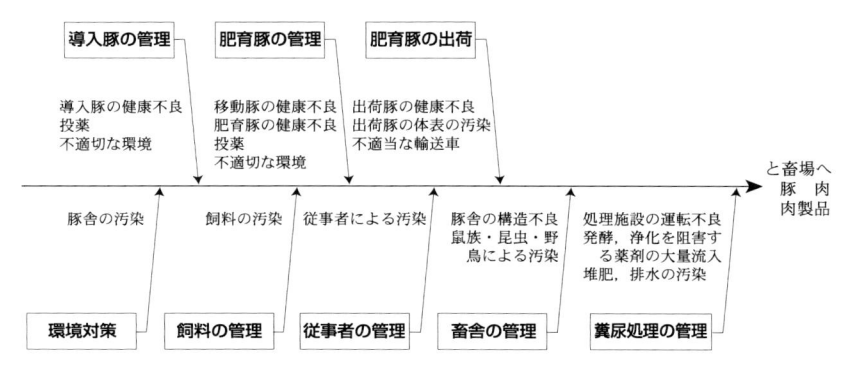

図 5-14　**危害特性要因図**（上村他原図　1999）
　肥育養豚場にHACCPを導入する場合に，図5-13の手順4フローダイアグラムの作成と手順5の同現場検証の結果から作成した危害特性要因図のテストケース。危害分析はサルモネラ菌属の検査を重点にすすめられ，畜舎排水とネズミのふんからSalmonella typhymuriumが検出され，感染を未然に防止した。

付録 飼養標準

1 ■ 鶏

養分要求量（風乾飼料中の養分含量）

(飼料中のパーセントまたは1kg中の含量　日本飼養標準　1992年版)

栄養素	区分	幼びな (0〜4週齢)	中びな (4〜10週齢)	大びな (10〜20週齢)	産卵鶏	種鶏	ブロイラー 前期 (0〜3週齢)	ブロイラー 後期 (3週齢以降)
M E	Mcal/kg	2.90	2.80	2.70	2.80	2.75	3.10	3.10
	MJ/kg	12.1	11.7	11.3	11.7	11.5	13.0	13.0
C P	%	19.0	16.0	13.0	15.0	15.0	21.0	17.0
カルシウム	%	0.80	0.70	0.60	3.40	3.40	0.90	0.80
全リン	〃	0.60	0.55	0.50	0.65	0.65	0.65	0.60
非フィチンリン	〃	0.40	0.35	0.30	0.35	0.35	0.45	0.40
カリウム	〃	0.37	0.34	0.25	0.25	0.25	0.30	0.24
ナトリウム	〃	0.15	0.15	0.15	0.12	0.12	0.15	0.15
塩素	〃	0.15	0.15	0.15	0.12	0.12	0.15	0.15
マグネシウム	〃	0.06	0.06	0.06	0.05	0.05	0.06	0.06
銅	mg/kg	8.0	6.0	6.0	6.0	8.0	8.0	8.0
鉄	〃	80.0	80.0	40.0	50.0	80.0	80.0	80.0
ヨウ素	〃	0.35	0.35	0.35	0.30	0.30	0.35	0.35
マンガン	〃	55.0	55.0	25.0	25.0	33.0	55.0	55.0
セレン	〃	0.12	0.12	0.12	0.12	0.12	0.12	0.12
亜鉛	〃	40.0	40.0	35.0	50.0	65.0	40.0	40.0
ビタミン A	IU/kg	2,700	2,700	2,700	4,000	4,000	2,700	2,700
ビタミン D_3	ICU/kg	200	200	200	500	500	200	200
ビタミン E	mg/kg	10.0	10.0	5.0	5.0	10.0	10.0	10.0
ビタミン K	〃	0.5	0.5	0.5	0.5	0.5	0.5	0.5
チアミン	〃	2.0	1.8	1.3	0.8	0.8	2.0	1.8
リボフラビン	〃	5.5	3.6	1.8	2.2	3.8	5.5	3.6
パントテン酸	〃	10.0	10.0	10.0	2.2	10.0	9.3	6.8
ニコチン酸	〃	29.0	27.0	11.0	10.0	10.0	37.0	7.8
ビタミン B_6	〃	3.1	3.0	3.0	3.0	4.5	3.1	1.7
ビオチン	〃	0.15	0.15	0.10	0.10	0.15	0.15	0.15
コリン	〃	1,300	1,300	500	500	500	1,300	750
葉酸	〃	0.55	0.55	0.25	0.25	0.35	0.55	0.55
ビタミン B_{12}	〃	0.009	0.009	0.003	0.003	0.003	0.009	0.004
リノール酸	%	1.0	1.0	0.8	1.0	1.0	1.0	1.0

2 ■ 豚

養分要求量

（風乾飼料中のパーセントまたは1 kgあたり含量　日本飼養標準　1987年版によって作成）

区分 項目	体重(kg)	子豚 1〜5[1)]	子豚 5〜10[2)]	子豚 10〜20	子豚 20〜35	肥育豚 35〜70	肥育豚 70〜110	繁殖豚 育成豚[5)]	繁殖豚 妊娠豚[6)]	繁殖豚 授乳豚[7)]	繁殖豚 種雄豚[8)]
C　　P (%)		28	22	18	16.5	15	13	13	12	15	13
D C P (〃)		25	20	16	14	12.5	10.5	10.5	10.0	12.5	10.5
T D N (〃)		93	84	77	75	73	73	70	70	75	70
D E (kcal/kg)		4,080	3,700	3,410	3,300	3,220	3,240	3,080	3,080	3,300	3,080
カルシウム (%)		0.90	0.80	0.65	0.60	0.55	0.50	0.75	0.75	0.75	0.75
リ　　ン (〃)[3)]		0.70	0.60	0.55	0.50	0.45	0.40	0.60	0.60	0.60	0.60
ナトリウム (〃)		0.10	0.10	0.10	0.10	0.10	0.10	0.15	0.15	0.20	0.15
塩　　素 (〃)		0.13	0.13	0.13	0.13	0.13	0.13	0.25	0.25	0.30	0.25
ビタミン A (IU)[4)]		2,200	2,200	1,750	1,300	1,300	1,300	4,000	4,000	2,000	4,000
ビタミン D (〃)		220	220	200	200	150	125	200	200	200	200
ビタミン E (〃)		11	11	11	11	11	11	10	10	10	10
ビタミン K (〃)		2	2	2	2	2	2	2	2	2	2
チアミン (mg)		1.3	1.3	1.1	1.1	1.1	1.1	1	1	1	1
リボフラビン (〃)		3.0	3.0	3.0	2.6	2.2	2.2	3	3	3	3
パントテン酸 (〃)		13	13	11	11	11	11	12	12	12	12
ナイアシン (〃)		22	22	18	14	12	10	10	10	10	10
ビタミン B_6 (〃)		1.5	1.5	1.5	1.1	1.1	1.1	1	1	1	1
コリン (〃)		1,100	1,100	900	700	550	400	1,250	1,250	1,250	1,250
ビタミン B_{12} (μg)		22	22	15	11	11	11	15	15	15	15

注 1) 早期離乳豚に適用する体重の範囲。
　　2) 普通離乳豚に適用する体重の範囲。
　　3) 少なくとも30％以上は無機リンを給与する。
　　4) β－カロチン1 mgはビタミンA 250 IUに相当するものとする。
　　5) 体重60〜120 kgまで，雄豚の育成もこれに準ずる。
　　6) 妊娠期間は受胎後約115日間。
　　7) 授乳期間は分べん後28日間。
　　8) 繁殖供用は，おおむね体重120〜200 kgのあいだ。

3 ■ 乳牛

養分要求量

(日本飼養標準　1987年版によって作成)

項目	週齢	増日量	体量	飼料量(乾物)	C P	D C P	T D N	D E	カルシウム	リン	ビタミンA
1) 雌牛育成に要する養分量											
体重kg	週	kg	kg	g	g	kg	Mcal	g	g	千IU	
45	1	0.3	0.7	116	99.5	0.79	3.50	5.7	3.9	3.0	
50	3	0.5	1.2	192	156	1.10	4.83	12	6.1	3.3	
75	8	0.7	2.2	358	251	1.74	7.67	22	8.7	5.0	
100	13	0.7	2.9	415	273	2.13	9.39	21	9.0	6.6	
150	24	0.7	4.1	502	304	2.83	12.5	23	9.8	9.9	
200	34	0.7	5.2	581	333	3.46	15.3	25	11	13	
250	45	0.7	6.3	651	360	4.02	17.7	26	13	17	
300	55	0.7	7.2	715	383	4.53	20.0	29	14	20	
350	65	0.6	7.9	736	377	4.82	21.3	28	15	23	
400	77	0.5	8.6	751	369	5.03	22.2	26	17	26	
450	92	0.4	9.1	758	359	5.17	22.8	25	17	30	
500	110	0.3	9.5	840	386	5.25	23.1	25	18	33	
550	135	0.3	9.9	866	398	5.50	24.2	27	20	36	
2) 成雌牛の維持に要する養分量											
体重kg											
350			5.0	365	219	3.02	13.3	12	9.2	23	
400			5.5	404	242	3.34	14.7	14	12	26	
450			6.0	441	265	3.65	16.1	16	14	30	
500			6.5	478	287	3.95	17.4	18	15	33	
550			7.0	513	308	4.24	18.7	20	17	36	
600			7.5	548	329	4.53	20.0	21	19	40	
650			8.0	581	349	4.81	21.2	23	20	43	
700			8.5	615	369	5.09	22.4	25	22	46	
750			9.0	647	388	5.36	23.6	27	23	50	
3) 産乳に要する養分量（1kgの牛乳の生産に対し維持飼料に加える量）											
乳脂率%											
3.0				65	43	0.280	1.23	2.6	1.6		
3.5				69	45	0.305	1.35	2.7	1.7		
4.0				74	48	0.330	1.46	2.8	1.8		
4.5				78	50	0.355	1.57	2.9	1.9		
5.0				82	53	0.380	1.68	3.0	2.0		
5.5				86	56	0.405	1.79	3.1	2.1		
4) 妊娠末期分べんまえ2か月間に維持に加える養分量											
			5.0	367	220	1.66	7.3	16	8	20	

4 ■ 肉用牛

養分要求量 （日本飼養標準 1987年版によって作成）

項　目	増日量	体量	飼料量(乾物)	C P	DCP	TDN	D E	カルシウム	リン	ビタミンA
1) 雌牛の育成に要する養分量（標準的な発育のばあい）（和牛）										
体重kg	kg	kg	kg	kg	kg	Mcal		g	g	千IU
25	0.8		0.6	0.21	0.19	0.7	3.0	12	7	2
50	0.8		1.0	0.23	0.21	1.2	5.1	12	8	3
75	0.8		1.6	0.27	0.23	1.6	6.9	12	8	5
100	0.8		2.3	0.30	0.25	2.0	8.6	13	9	7
125	0.8		2.9	0.36	0.29	2.3	10.2	13	10	8
150	0.8		3.5	0.39	0.31	2.6	11.7	14	11	10
175	0.8		4.5	0.55	0.34	3.0	13.1	25	12	12
200	0.8		5.0	0.57	0.34	3.3	14.5	24	12	13
250	0.6		5.6	0.54	0.30	3.5	15.3	20	12	17
300	0.6		6.4	0.58	0.31	4.0	17.6	20	13	20
350	0.4		6.6	0.55	0.27	3.9	17.2	17	14	23
400	0.2		6.6	0.51	0.24	3.6	15.8	16	14	26
450	0.2		7.2	0.55	0.25	3.9	17.3	17	16	30
2) 成雌牛の維持に要する養分量（和牛）										
体重kg										
350			5.0	0.38	0.20	2.5	11.2	10	12	23
400			5.5	0.42	0.22	2.8	12.4	12	13	26
450			6.0	0.45	0.24	3.1	13.5	14	15	30
500			6.5	0.49	0.26	3.3	14.6	15	16	33
550			7.0	0.53	0.28	3.6	15.7	17	18	36
600			7.5	0.56	0.30	3.8	16.8	18	20	40
3) 妊娠末期分べんまえ2か月間に維持に加える養分量（和牛）										
			注1	0.12	0.09	0.9	4.0	14	5	注2

注1　分べんまえ2か月間に維持に加える1日あたり乾物量は，1.5kgをめやすとする。
注2　ビタミンAの要求量は体重1kgあたり33IUを維持に加える。

4) 授乳中に維持に加える養分量（和牛）										
			注1	0.08	0.06	0.4	1.7	2.5	1.1	注2

注1　授乳量1kgあたり維持に加える乾物量は，0.5kgをめやすとする。
注2　ビタミンAの要求量は体重1kgあたり149IUを維持に加える。

参考　和牛のほ乳量　　　　　　　　　　　　　　　　　　　　　　　　kg/日

品種＼週齢	1	4	8	12	16	20	24
日本短角種	8.8	10.2	10.0	9.8	9.1	8.0	7.1
黒毛和種	6.9	7.0	6.3	5.6	4.9	4.2	3.6

注．平均的なほ乳量である。ほ乳量は3〜4産まで増加する傾向にある。初産のばあいは30%程度少ない。

5 ■ 肥育牛

1) 肉用種去勢牛の肥育に要する養分量(和牛)

濃厚飼料多給型① （日本飼養標準　1987年版によって作成）

体重	1日あたり飼料量(乾物)※	1日あたり増体重								カルシウム※	リン※	ビタミンA※	ビタミンD
		0.6 kg		0.8 kg		1.0 kg		1.2 kg					
		DCP	TDN	DCP	TDN	DCP	TDN	DCP	TDN				
kg	kg	kg	kg	kg	kg	kg	kg	kg	kg	g	g	千IU	
200	4.0	0.29	2.5	0.35	2.8	0.41	3.3	0.47	3.7	26	13	13	
250	4.7	0.30	3.0	0.35	3.4	0.41	3.8	0.46	4.4	26	14	17	
300	5.4	0.30	3.4	0.35	3.9	0.40	4.4	0.45	5.0	26	15	20	
350	6.0	0.31	3.8	0.35	4.3	0.40	4.9	0.45	5.7	26	16	23	
400	6.7	0.31	4.2	0.35	4.8	0.40	5.5	0.44	6.3	26	18	26	
450	7.3	0.31	4.6	0.35	5.2	0.39	6.0	0.43	6.8	26	19	30	
500	7.9	0.31	5.0	0.35	5.7	0.39	6.5	0.43	7.4	26	20	33	
550	8.5	0.32	5.3	0.35	6.1	0.38	6.9			26	21	36	
600	9.0	0.32	5.7	0.35	6.5	0.38	7.4			26	22	40	

※増体重0.8 kgのものを示す。

①摂取乾物中粗飼料の給与割合が35％未満のばあいをいう。

2) 乳用種去勢牛の育成・肥育に要する養分量

	※									※	※	※	※
50		0.20	1.0	0.25	1.1								
100	3.1	0.25	1.9	0.31	2.0	0.37	2.2	0.43	2.4	19	13	7	850
150	4.1	0.38	2.5	0.44	2.7	0.50	2.9	0.56	3.1	25	14	9	1,130
200	5.4	0.33	3.3	0.39	3.5	0.44	3.7	0.50	3.9	33	15	13	
250	6.4	0.34	3.9	0.39	4.1	0.45	4.3	0.50	4.6	32	16	17	
300	7.2	0.35	4.5	0.40	4.7	0.45	5.0	0.49	5.2	32	17	20	
350	8.0	0.35	5.0	0.40	5.3	0.45	5.6	0.49	5.9	31	18	23	
400	8.5	0.36	5.6	0.40	5.9	0.44	6.2	0.48	6.5	31	19	26	
450	9.2	0.36	6.1	0.40	6.4	0.44	6.7	0.48	7.1	31	20	30	
500	9.7	0.37	6.6	0.40	6.9	0.44	7.3	0.47	7.7	31	21	33	
550	10.4	0.37	7.1	0.40	7.4	0.44	7.8	0.46	8.3	30	22	36	
600	10.7	0.37	7.5	0.40	7.9	0.43	8.4	0.46	8.8	30	24	40	
650	11.2	0.38	8.0	0.40	8.4	0.42	8.9	0.45	9.4	30	25	43	
700	11.7	0.38	8.5	0.40	8.9	0.42	9.4			30	26	46	

※増体重1.0 kgのものを示す。

注．肥育牛の粗繊維の最低必要量は乾物中9％，粗飼料(乾物として)の給与割合は給与飼料全体の15％以上である。

さくいん

●あ
褐毛和種 …………………179, 181
後産 …………………78, 127, 189
アバディーンアンガス種
　…………………180, 181, 182

●い
育種 ………………………………183
育すう ………………………………30
一代雑種 ……………………………23
一代性歯 ……………………………83
イノシシ ……………………………66
インドこぶ牛 ……………………3, 171

●う
ウインドレス豚舎 …………………98

●え
エアシャー種 ……………………114
枝肉 …………………………………91
枝肉取引 …………………………222
えづけ ………………………………33
F_1 …………………………………23
ME …………………………………37

●お
追込式牛舎 ………………………213
黄体形成ホルモン ………………122
黄体ホルモン …………………36, 122
横はんプリマスロック種 …………21
大びな ………………………………33
オールインオールアウト …………40
オールマッシュ ……………………38
汚水浄化装置 ……………………101
帯状放牧 …………………………143

●か
カーテン豚舎 ………………………98
カーフスターター ………………131, 204
ガーンジー種 ……………………114
開放式牛舎 ………………………213
改良 ………………………………183
かさ型育すう器 ………………33, 44
可消化エネルギー …………………84

可消化粗タンパク質量 ……………84
可消化養分総量 ……………………84
画像解析 …………………………222
褐色レグホーン種 …………………21
カラザ ………………………………36
換羽 …………………………………16
カンニバリズム ……………………18

●き
機械鑑別法 …………………………29
脚帯 …………………………………42
キャトルサイクル …………………221
牛枝肉取引規格 …………………220
休産 …………………………………19
牛乳の取引 ………………………167
共進会 ……………………………196
去勢 ……………………88, 89, 193, 195
去勢肥育牛 ………………………175
近親交配 ……………………………23

●く
黒毛和種 …………………………179, 181
クローン …………………………228

●け
頸管鉗子法 ………………………124
蛍光光学方式 ……………………230
鶏卵処理室 …………………………55
鶏卵の規格 …………………………41
鶏卵の品質 …………………………41
ケージ ………………………………52
ケージ鶏舎 ……………………10, 52
血統 …………………………70, 183, 184
血統登録 …………………………116
血統登録牛 ………………………115
原牛 ……………………………………3
検定成績登録 ……………………116
検卵器 ………………………………25

●こ
子牛の取引 ………………………221
合成種豚 ……………………………71
高等登録 …………………………116
交配 ………………………75, 123, 183

肛門鑑別法 …………………………29
コーチン種 …………………………21
粉え …………………………………38
子豚登記 ……………………………70

●さ
さい帯 ……………………………127
削蹄 …………………………143, 196, 197
搾乳ロボット ……………………233
さし …………………………179, 199
雑種強勢 …………………………23, 71
里子ほ育 ……………………………78
三元雑種 ……………………………71
産肉登録 ……………………………70
産肉能力 ……………………………70
産卵鶏 …………………………34, 39

●し
CP ……………………………………31
指頭鑑別法 …………………………29
地鶏 …………………………………20
脂肪交雑 ………………179, 199, 221
霜ふり肉 …………………………199
ジャージー種 ……………………114
社会的順位 ………………………110
シャモ ………………………………20
種 ……………………………………24
雌雄鑑別法 …………………………29
就巣性 ………………………………16
集約プラント型経営 ……………165
種鶏 …………………………………27
種系牛登録 ………………………115
種豚審査標準 ………………………70
種豚登録 ……………………………70
種卵 …………………………………27
正羽 …………………………………15
初回発情 …………………………187
生涯記録 …………………………112
小国 …………………………………20
錠剤化凍結法 ……………………124
沼沢水牛 ……………………………3
上胎向 ……………………………126
飼養標準 …………………………238
ショートホーン種 ………………180

除角 ……………………193	代用乳 …………………204	●に
食鶏 ………………………45	大ヨークシャー種………68	肉用牛 …………………170
初生びな ……………29,30	だ鶏………………………40	肉用牛の育種 …………185
初乳 ……………………131	種牛……………………183	肉用牛の病気 ……207,208
除ふん装置………………55	タンク式バルククーラ……152	肉用牛の品種 ……176,179
人工授精法 ……………124		二代性歯………………83
人工授精 …………………75	●ち	日本飼養標準……………31
人工腟 …………………124	チェーン式バーン	日本短角種 ………180,181
人工乳 ……………131,204	クリーナ ……………162	乳牛 ……………………106
人工ふ化 …………………28	チックテスター…………29	乳牛の改良 ……………115
人工ほ育 …………………79	チャボ……………………20	乳牛の病気 ……………154
審査成績登録 …………116	中びな……………………33	乳牛の品種 ………113,114
迅速自動分析法 ………230	中ヨークシャー種………69	乳質検査 ………………152
シンメンタール種 ……179	超音波スキャニング …185	乳質自動測定機 ………225
	超音波妊娠診断器 ……125	乳質の規格 ……………153
●す	調教 ……………………196	乳飼比 …………………147
スクレーパ………………55	直腸検査 …………125,188	ニューハンプシャー種……21
ストロー法 ……………124	直腸腟法 ………………124	庭先取引 ………………104
スラリーインジェクタ……163		鶏……………………………14
	●つ	鶏の更新…………………40
●せ	つつきあい………………17	鶏の病気 ……………49,50,51
精子 …………………73,120	つなぎ飼い方式 ……158,159	鶏の品種 ……………20,21
性成熟 …………………187	つなぎ式牛舎 …………212	
性腺刺激ホルモン …36,72	角つきの順位 …………111	●ね
精巣 …………………73,120	つる牛 …………………176	ネックタッグ …………142
生体販売 ………………104		練りえ……………………38
生乳検査 ………………230	●て	
生乳質集中検査体制 …230	DE ………………………84	能力検定 ………………117
性ホルモン………………72	DCP ………………………84	ノンリターン法………77,125
赤外線分光方式 ………230	TDN …………………31,84	
赤色野鶏 …………………3	デュロック種 …………68,69	●は
セミウンドレス豚舎……98	点灯飼育 …………………40	バークシャー種 ……68,69
せり取引 ………………104	転卵 ………………………28	バーンスクレーパ ……162
選抜 ……………………183		胚盤 ………………………25
	●と	パイプラインミルカー …152
●そ	登録検査 ………………184	ハイブリッド豚…………71
早期離乳法 …………131,203	届出伝染病 ………………94	白色コーニッシュ種……21
側胎向 …………………126	ドナー細胞 ……………229	白色プリマスロック種……21
そ嚢………………………34		白色レグホーン種………21
	●な	バタリー…………………44
●た	名古屋種…………………21	バタリー育すう器………33
第一胃の恒常性 ……108,138	生ワクチン………………49	発情 ……………74,123,187
体外受精技術 …………226	軟脂豚……………………91	放し飼い方式 ………158,159
胎盤 …………………78,121		

繁殖……………73,122,187	●へ	●よ
繁殖経営………………217	へそのお ………………127	幼びな……………………33
繁殖障害………………128	別飼い…………………192	翼羽鑑別法………………29
繁殖登録…………………70	ペックオーダー…………18	四元雑種…………………71
繁殖豚…………………63,83	ヘテローシス ………23,71	
繁殖豚経営……………102	ペレット…………………38	●ら
繁殖能力…………………70	ヘレフォード種……180,182	酪農……………………164
反すう…………………108		卵子…………………72,121
反すう胃…………107,171	●ほ	卵巣……………36,72,121
ハンプシャー種………68,69	法定伝染病………………94	ランドレース種………68,69
半丸枝肉…………………91	ポーランドチャイナ種…68	卵胞刺激ホルモン……121
	ホッパ……………………54	卵胞内卵子………………76
●ひ	ホルスタイン種……114,182	卵胞ホルモン………17,36
肥育……………………198		
肥育牛…………………198	●ま	●り
肥育牛舎………………213	マーキング………………65	立体飼い鶏舎……………52
肥育経営………………219		立体ふ卵器………………28
肥育豚…………………63,82	●み	離乳…………………79,193
肥育豚経営……………102	三河種……………………23	リピートブリーダー……127
肥育素牛………………174	見島牛…………………176	輪換放牧法……………143
肥育素豚…………………88	三つのくさび型………106	
ヒートマウント	ミルカー……………150,152	●る
ディテクター………123		ルーメン………………171
平飼い鶏舎…………44,53	●む	
	無角和種……………180,181	●ろ
●ふ	無看護分べん……………78	ロードアイランドレッド種…21
フィードロット………175	無精卵……………………25	
ふ化………………………24	無窓鶏舎……………44,54	●わ
不活化ワクチン…………49		若どり……………………46
複合経営………………164	●め	ワクチン注射…………193
ふけ肉……………………91	綿羽………………………15	
豚…………………………60		
豚枝肉……………………91	●も	
豚枝肉取引規格…………92	毛羽………………………15	
豚共進会………………104		
豚の病気………93,94,95,96	●や	
豚の品種…………………66	野鶏………………………20	
豚部分肉取引規格………91		
歩どまり等級…………222	●ゆ	
ブラウンスイス種……114	遊牧………………………6	
ふ卵器……………………28	優劣順位………………111	
ブロイラー………………43	ユニットクーラ………152	

さくいん **245**

■ 編修

元鹿児島大学教授
渡邉昭三

元宮崎大学教授
福原利一

日本獣医畜産大学名誉教授
村田富夫

名古屋大学名誉教授
奥村純市

千葉県農業大学校農学科副科長
丸山淳一

江藤　賢

安楽年修

坂本　俊

冨樫敏明

徳重正昭

■表紙デザイン…(株)オーク

基礎シリーズ
畜産入門

| 2000年7月20日　第1刷発行 | 著作者 | 渡邉昭三 |
| 2019年1月30日　第9刷発行 | | ほか9名(別記) |

発行者　戸塚雄弐

印刷
製本　壮光舎印刷株式会社

発行所　実教出版株式会社
〒102-8377
東京都千代田区五番町5
電話〈営　　業〉(03) 3238-7765
　　〈企画開発〉(03) 3238-7751
　　〈総　　務〉(03) 3238-7700
http://www.jikkyo.co.jp/

ISBN 978-4-407-03179-9　C 3061

?! 基礎シリーズ

栽培環境入門
A 5/202 頁

東京大学名誉教授　農学博士　角田　公正
元東京大学教授　農学博士　松崎　昭夫　／編著
　　　　　　　　　　　　松本　重男

第1編　栽培環境のしくみ
第2編　栽培環境のしくみと作物生産
第3編　施設型農業の栽培環境とその管理
第4編　栽培環境と作物の生育

作物入門
A 5/256 頁

東京大学名誉教授　農学博士　角田　公正
元東北大学教授　農学博士　星川　清親　／編修
東京大学教授　農学博士　石井　龍一

第1章　作物とは何か
第2章　作物栽培の基礎
第3章　イネ
第4章　コムギ・オオムギ
第5章　トウモロコシ
第6章　アワ・キビ・ヒエ・ソバ
第7章　ジャガイモ・サツマイモ・コンニャク
第8章　ダイズ・アズキ・ラッカセイ
第9章　サトウキビ・テンサイ
第10章　チャ・タバコ・イグサ
第11章　作物の品種改良とバイオテクノロジー
第12章　耕地の有効利用と作物生産

そ菜入門

A 5/204 頁

千葉大学教授　農学博士　伊東　正　ほか／編修

第1章　野菜の種類と生産
第2章　野菜の生育特性と栽培技術
第3章　野菜の育苗
第4章　果実を利用する野菜の栽培
第5章　葉や茎を利用する野菜の栽培
第6章　根を利用する野菜の栽培
第7章　新しい野菜の栽培

花卉入門

A 5/220 頁

静岡大学教授　農学博士　大川　清
大阪府立大学教授　農学博士　今西　英雄

第1章　草花の現状と動向
第2章　草花の生育特性と栽培技術
第3章　草花の繁殖と育種
第4章　草花の生産施設・設備とその利用
第5章　切り花生産
第6章　鉢もの生産
第7章　花壇用草花の生産
第8章　球根生産

果樹入門

A 5/248 頁

元千葉大学教授　農学博士　永澤　勝雄
千葉大学教授　農学博士　松井　弘之　／監修
元果樹試験場育種部長　農学博士　土屋　七郎

第1章　果樹の種類と果樹栽培の動向
第2章　果樹の生育と栽培環境
第3章　果樹の栽培管理
第4章　果樹園の開設と更新
第5章　果樹栽培の施設・設備
第6章　カンキツ
第7章　リンゴ
第8章　ナ　シ
第9章　ブドウ
第10章　モ　モ
第11章　カ　キ
第12章　その他の果樹

農業経営入門

A 5/200 頁
宇都宮大学名誉教授　五味　仙衞武　ほか／編修

第1章　農業の動向と食料需給
第2章　農業経営の組織と運営
第3章　農業経営の診断と設計
第4章　農業市場と農産物流通
第5章　農村生活・農村社会と農業政策

農業機械入門

A 5/216 頁
東京大学名誉教授　農学博士　木谷　収　ほか／編修

第1章　農業の機械化
第2章　原動機
第3章　トラクタ
第4章　耕うん・整地用機械
第5章　育成・管理用機械
第6章　収穫・調整用機械
第7章　運搬用機械
第8章　施設園芸用機械装置
第9章　機械の構成要素
第10章　機械の整備
第11章　機械化作業の安全
第12章　機械化計画